dtv

20 Tage im 20. Jahrhundert

Herausgegeben von
Norbert Frei
Klaus-Dietmar Henke
Hans Woller

Brigitte Röthlein

Mare Tranquillitatis, 20. Juli 1969

Die wissenschaftlich-technische Revolution

Deutscher Taschenbuch Verlag

Ein Überblick über die gesamte Reihe findet sich auf S. 318/319

Im Andenken an Georges Köhler

Originalausgabe
Juni 1997

Umschlaggestaltung: christof berndt & simone fischer
Umschlagfoto: Aldrin betritt den Mond, 1969 (© AKG, Berlin)
Satz: Oreos GmbH., Waakirchen
Druck und Bindung: C. H. Beck'sche Buchdruckerei, Nördlingen
Gedruckt auf säurefreiem, chlorfrei gebleichtem Papier
Printed in Germany · ISBN 3-423-30613-0

Inhalt

Mare Tranquillitatis, 20. Juli 1969

Sonntag, 21.35 Uhr Ortszeit Houston, Texas: In Europa ist schon der folgende Tag angebrochen, hier schreibt man den 21. Juli, 4.30 Uhr morgens mitteleuropäischer Zeit. Neil Armstrong öffnet die Luke des Mondlandefahrzeugs, klettert auf die Leiter und steigt hinunter auf die Mondoberfläche. »Dies ist ein kleiner Schritt für einen Menschen, aber ein großer für die Menschheit.« Mit diesem Satz kommentiert der Astronaut die Bedeutung des Ereignisses. Zum ersten Mal in der Geschichte der Menschheit betritt ein Mensch einen anderen Himmelskörper.

Mit diesem Schritt wurde nicht nur der Wettlauf zwischen den Großmächten USA und UdSSR entschieden, wer den ersten Menschen auf den Mond bringen würde. Mit diesem Schritt dokumentierten Techniker und Wissenschaftler ihre vermeintliche Allmacht: Was man sich vornimmt, kann man erreichen, selbst wenn der Einsatz hoch ist. Eine Allmachtsvision, die sich in den Hirnen festsetzte und die zweite Hälfte des Jahrhunderts entscheidend mitprägte.

Dabei hätte der Tag um ein Haar mit einem Debakel geendet. Die Nacht vor der Landung verbrachten die drei amerikanischen Astronauten Neil Armstrong, Edwin Aldrin und Michael Collins an Bord der Apollo-11-Kapsel, an die das Mondlandefahrzeug angekoppelt war, während sie in rund 200 Kilometer Höhe den Erdtrabanten umkreisten. Am nächsten Morgen, nach gut vier Tagen gemeinsamen Flugs, wurden die beiden Einheiten getrennt. Das Trennungsmanöver verlief reibungslos, die Landefähre, »Adler« genannt, mit den beiden Astronauten Armstrong und Aldrin erreichte eine niedrigere Umlaufbahn um den Mond, während die Apollo-Kapsel mit Collins als Pilot weiterhin in einer höheren Bahn »parkte«. Begeistert rief Armstrong in das Mikrophon, das den Funkkontakt zur Erde herstellte: »Der Adler hat Flügel!« Lange hatte man nach geeigneten Namen für das Landefahrzeug und die Kapsel gesucht. Von »Romeo und Julia« bis »Owl and Pussycat« hatte man eine Unzahl von Kombinationen vorgeschlagen und getestet. Schließlich ergab sich der Name der Landefähre fast von selbst aus dem Emblem, das für die Mondlandung angefertigt worden war: Es zeigte einen Adler bei der Landung auf dem Mond. Für das Mutterfahrzeug wählte man einen Namen, der ebenfalls ein nationales Symbol bezeichnete – Columbia. Armstrong erklärte dessen Bedeutung: »Wichtig war der Hinweis auf den Geist des Abenteuers, des Entdeckertums und des Ernstes, mit dem Columbus sein Unternehmen 1492 durchgeführt hatte. Und selbstverständlich gab es auch eine Verbindung zu dem Entdeckungsroman von Jules Verne, in dem in mancher Weise Technik und Einzelheiten des Apollo-11-Fluges genau vorhergesagt waren.«[1]

Die Landefähre »Adler« war ein 15 Tonnen schweres Fahrzeug mit achtzehn großen und kleinen Raketen, fast 50 Kilometern Kabel, acht verschiedenen Funkanlagen und zwei Arten von Radar. Die Aufstiegsstufe, also der Teil, der wieder zum Mutterfahrzeug zurückkehren und dort andocken sollte, würde weniger als ein Drittel wiegen.

Zunächst aber begann anschließend an die Trennung der beiden Raumfahrzeuge der Abstieg der Landefähre zum Mond. Sie wurde dabei von einer Steuerrakete abgebremst, die entgegen der Flugrichtung gezündet wurde, bis »Adler« sanft auf der Mondoberfläche aufsetzen würde. Aus technischen Gründen mußte die Zündung dieser Rakete von der Erde aus gesehen hinter dem Mond stattfinden, also ohne Funkkontakt mit der Bodenstation in Houston, Texas. Die Spannung dort war hoch, bis endlich die erlösende Nachricht kam, der »Adler« befinde sich auf dem Abstiegsorbit.

Als Landeplatz hatte man ein Gebiet ausgewählt, das nahe am Mondäquator lag und gute Voraussetzungen zu bieten schien, daß die Landefähre dort aufsetzen konnte. Eigentlich sollte der »gebremste Abstieg« der Fähre vom Bordcomputer automatisch gesteuert werden. Plötzlich jedoch gab dieser Alarm. Das bedeutete, daß der Rechner, der die gemessene Entfernung zur Oberfläche mit den eingespeisten Werten verglich und entsprechende Reglerbefehle an das Landetriebwerk weitergab, wegen Überlastung ausgefallen war. Sein Programm sah für diesen Fall den Ausweg vor, die begonnenen Rechenoperationen noch einmal von vorn zu beginnen. Dadurch geriet der Ablauf völlig durcheinander. In der engen Kabine, in der Armstrong und Aldrin nur stehend ihre Kontrollinstrumente überwachen konnten, brach ein heilloses Chaos aus. Schriller Daueralarm ertönte. Den Astronauten war spätestens in diesem Augenblick klar: Der Bordrechner kann keine neuen Zahleneingaben mehr annehmen, er fiel für die letzte Anflugphase aus.

Der im Kontrollzentrum in Houston zuständige Flugführungskontrolleur Steve Bales erkannte jedoch, daß der Alarm nur von einer Überlastung des Computers herrührte, und gab das Signal, weiter abzusteigen. Mit einer Geschwindigkeit von 39 Metern pro Sekunde – das entspricht rund 140 Stundenkilometern – raste die Landefähre auf den Mond zu, nach und nach abgebremst durch den Gegenschub der Steuerdüse.

30 Sekunden vor dem geplanten Aufsetzen der beinahe tödliche Augenblick: Armstrong sieht, daß die Fähre auf einem mit gefährlich großen Gesteinsbrocken übersäten Krater aufsetzen würde, wenn sie ihre vorgesehene Bahn einhielte. Er entschließt sich deshalb blitzschnell, die Landung von Hand zu steuern. Später schildert er die entscheidenden Augenblicke so: »Als wir unter 1000 Fuß sanken, machte das System offensichtlich Anstalten, uns in einem unerwünschten Gelände innerhalb eines Geröllfeldes zu landen [...]. Ich war über die Größe der Geröllstücke überrascht; einige waren so groß wie kleinere Autos. Es sah in diesem Augenblick auch so aus, als ob wir ganz schön schnell auf sie zukämen. [...] Ich fühlte mich versucht zu landen, aber dann gewann mein besseres Urteilsvermögen die Oberhand. [...] Ich war felsenfest davon überzeugt, daß ich das Recht dazu hatte, nicht nur eine Wischi-Waschi-Vorstellung davon zu haben, wo ich landen würde. Worauf es jetzt ankam, war, Zeit zu gewinnen.«[2] Der Fernsehreporter Heinrich Schiemann schilderte die Lage im Cockpit des »Adlers«: »Eine unmittelbare Unterstützung erfährt Armstrong dadurch, daß Aldrin ihm schnell und dabei überaus beherrscht pausenlos die wesentlichen Werte wie Höhe, Sinkgeschwindigkeit und Vorwärtsgeschwindigkeit, die er vor sich abliest, zuruft. [...] So gelingt es Armstrong, über den Krater, um den es geht, hinwegzukommen und den Adler in einem ausreichend ebenen Stück Mondboden aufzusetzen. Freilich geschieht dies buchstäblich im letzten Augenblick. Denn als der Adler aufsetzt, ist in seinem Tank nur noch Treibstoff für 28 Sekunden. [...] Armstrong

ist sich der heiklen Situation, in der er sich zusammen mit Aldrin befindet, voll bewußt. Der Kontrollraum kann dies an seinem Herzschlag ablesen. Zu Beginn des gebremsten Abstiegs hat dieser 110 in der Minute betragen, im Augenblick des Aufsetzens ist er auf 157 hochgeschnellt. Was die Mission vor Ort rettet, ist das fliegerische Können eines Mannes, den man getrost als den besten Piloten der Welt bezeichnen kann.«[3]

Diese Augenblicke der Gefahr haben die Fernsehzuschauer, die rund um den Globus die Mondlandung verfolgten, gar nicht unmittelbar mitbekommen. Erst später, nach Auswertung der gesamten Daten, zeigte sich, wie knapp der »Adler« einer Katastrophe entgangen war.

Nach der Landung waren die ersten Worte Neil Armstrongs, die in Houston ankamen: »Hier Tranquillity Base«. »Meer der Ruhe« – davon war vorher nicht die Rede gewesen, aber man gestand dem Piloten das Recht zu, den Landeplatz nach seinem Geschmack zu benennen. Zunächst war allerdings wegen des unplanmäßigen Landemanövers für Stunden überhaupt nicht klar, wo der »Adler« denn nun wirklich gelandet war. Sowohl die Bodenmannschaft in Houston als auch Michael Collins, der im Mutterfahrzeug den Mond umkreiste, bemühten sich, die möglichst exakten Landekoordinaten ausfindig zu machen bzw. das Modul zu orten – vergeblich. Für den weiteren Verlauf der Mission und das Andockmanöver an Columbia war es nicht unabdingbar, den genauen Standort zu kennen, aber für viele andere Zwecke.

In den ersten Stunden nach dem Aufsetzen des »Adler« auf der Mondoberfläche mußten die beiden Astronauten zunächst überprüfen, ob sämtliche Systeme der Landefähre heil geblieben waren. Für den Notfall gab es verschiedene Szenarien, die von einem sofortigen Rückstart bis zu einem Start nach einigen Stunden reichten. Glücklicherweise stellte sich heraus, daß sämtliche Anlagen funktionstüchtig waren, und die Mannschaft konnte darangehen, ihr vorgesehenes Programm abzuspulen. Zuvor aber erlaubte sich Edwin Aldrin einen kleinen Alleingang: Er zelebrierte mit einigen extra zu diesem Zweck mitgebrachten Requisiten eine kleine Abendmahlsfeier und verbrachte mehrere Minuten in stillem Gebet. Danach begannen die beiden Männer in der Landefähre, ihren Ausstieg auf den Mond vorzubereiten. Dazu zählte in erster Linie die Überprüfung der lebenserhaltenden Geräte, anschließend zogen die Astronauten ihre Raumanzüge an. Diese waren zusammen mit dem Tornister, den man auf den Rücken schnallen mußte, mit allem ausgerüstet, was ein Mensch zum Überleben im luftleeren Raum benötigt. Für viereinhalb Stunden waren die Vorräte an Sauerstoff berechnet. Die Anzüge waren gegen Stöße gesichert, sie übten den nötigen Druck auf den Körper aus, und in der Unterwäsche waren unzählige Kanäle für das Kühlwasser eingewebt. Alles in allem ein Wunderwerk der Technik, aber sperrig und schwer. Da jedoch auf dem Mond nur ein Sechstel der Schwerkraft der Erde herrscht, konnten die Astronauten das Gewicht der Ausrüstung leicht ertragen. Sie mußten jedoch sorgfältig darauf achten, den Anzug nicht zu verletzen, denn ein Leck hätte den sicheren Tod bedeutet.

Nach mehreren Stunden der Vorbereitung stieg schließlich Neil Armstrong als erster aus der Mondfähre und sagte seine berühmt gewordenen Worte. Edwin Aldrin folgte ihm, nachdem er mit einem außen angebrachten Lift die ersten Gesteinsproben vom Mond ins Innere der Fähre gebracht hatte. Nun standen die beiden Männer zum ersten Mal auf dem Mond. Gemeinsam blieben sie einige Sekunden ehrfurchtsvoll stehen. »Neil und ich sind beide ziemlich zurückhaltende Leute«, bekannte Aldrin später. »Wir neigen nicht zu einem allzu freimütigen Austausch von Gefühlen. Selbst während unseres langen Trainings haben wir uns kaum einander mitgeteilt. Aber auf dem Mond hat es dann doch diesen Augenblick gegeben, einen kurzen Augenblick, in dem wir uns – wie man so sagt – ansahen und uns gegenseitig auf die Schulter klopften – so viel Bewegungsfreiheit hatten wir gerade noch – und sagten ›Wir haben es geschafft‹, ›eine gute Show‹ oder so etwas Ähnliches.«[4]

Während des Ausstiegs und ebenso während des gesamten Mondausflugs gaben die beiden Astronauten ständig jede Kleinigkeit ihrer Eindrücke per Funk an die Bodenstation weiter. Sie beschrieben Farbe und Konsistenz des Mondgesteins, den Einfall des Lichts und versuchten die Entfernungen zu markanten Punkten in der Landschaft abzuschätzen. Die Hauptaufgabe von Armstrong und Aldrin bestand aber darin, einige wissenschaftliche Experimente auf der Mondoberfläche aufzubauen. Dazu gehörte ein einfacher Seismograph zur Registrierung von Mondbeben, ein Reflektor, der einen Laserstrahl zurückwerfen konnte, den man von der Erde aus zum Mond lenken wollte. Damit würde man später die Entfernung Erde-Mond auf Zentimeter genau messen können. Als drittes Experiment hängten die Astronauten ein Stück Aluminiumfolie so auf, daß von der Sonne kommende Partikel senkrecht auftrafen. Am Ende der Mission sollten die beiden die Folie wieder mit in die Landefähre nehmen und mit auf die Erde bringen. Die größte Priorität hatte jedoch das Einsammeln von Mondgestein in eigens dafür vorgesehene Behälter. 25 Kilogramm wogen die Proben auf der Erde, welche die beiden Mondfahrer schließlich mitbrachten. Außerdem machten sie so viele Fotos wie möglich, mit unterschiedlichen Kameras.

Von mehr sentimentalem Wert war die letzte Handlung, die sie auf ihrem Mondspaziergang durchführten: Sie stellten die amerikanische Flagge auf der Mondoberfläche auf und brachten eine Plakette am Landemodul an, das später auf dem Mond zurückgelassen wurde. Darauf steht: »Hier haben Menschen vom Planeten Erde zum ersten Mal ihren Fuß auf den Mond gesetzt. Juli 1969 n.Chr. Wir sind in Frieden für die ganze Menschheit gekommen.«

Der Mondstaub und das Mondgestein wurden von Armstrong und Aldrin als weiß bis schwarz beschrieben, je nach Lichteinfall. Das Gestein ähnelte, so glaubten sie, dem Granit, den es auf der Erde gibt. Ein Phänomen erstaunte sie jedoch in besonderer Weise – sein Geruch: »Geruch ist etwas sehr Subjektives, aber für mich hatte das Mondmaterial einen ganz ausgeprägten Geruch –«, bemerkte Aldrin ebenso wie Armstrong, als er, ins Landemodul zurückgekehrt, wieder seinen Helm auszog, »stechend, wie Schießpulver oder leergeschossene Patronen von Pistolen. [...] Wir bemerkten den Geruch sofort. Es war eine einzigartige, beinahe mystische Umwelt dort oben.«[5]

Die Experten auf der Erde hatten für jeden Schritt der Mission Vorsichtsmaßnahmen eingeplant, um so viele Gefahren wie möglich auszuschalten. Dazu gehörte auch, daß die beiden Astronauten nach ihrer erfolgreichen Rückkehr zur Erde am Vormittag des 24. Juli sofort in Quarantäne gehen mußten. War man doch nicht sicher, ob es auf dem Mond nicht giftigen Staub, gefährliche Viren oder andere tödliche Mikroben gab. Einerseits wäre diese Entdekkung natürlich eine Sensation gewesen, andererseits hätten derartige Mikroben die Erde verseuchen können, wenn man nicht größte

Sicherheitsmaßnahmen ergriffen hätte. Und so kam es, daß die Helden der Nation nach ihrer Landung neben dem Flugzeugträger Hornet zunächst nur durch Glasscheiben zu bewundern und zu begrüßen waren.

Zunächst waren natürlich vor allem die Amerikaner begeistert von ihren neuen Helden. Die ›New York Times‹ druckte die dickste Schlagzeile ihrer Geschichte. Und Präsident Richard Nixon führte ein Telefongespräch mit den beiden Astronauten, in dem er betonte: »Für jeden Amerikaner muß dies der stolzeste Tag im Leben sein. Ich bin sicher, daß sich alle Menschen in der Welt den Amerikanern anschließen in Anerkennung der ungeheuren Leistung, die dies bedeutet. Mit dem, was Sie vollbracht haben, ist der Himmel ein Teil der menschlichen Welt geworden.«

In der Tat: Die Perspektiven hatten sich verändert. Der Mond, seit Anbeginn der Menschheit ferner und geheimnisvoller Trabant der Erde, hatte sich mit der Mondlandung in ein betretbares Gelände verwandelt, auf dem Staub und Steine liegen, auf dem die Astronauten mit Känguruhsprüngen umherhopsten, über dem die Sonne, aber auch die Erde aufgeht. Die Astronauten brachten Gesteinsproben von der Mondoberfläche mit zurück, die bei genauer Analyse ein Mindestalter von 16 bis 20 Milliarden Jahren ergaben. Damit wurde es möglich, das Mindestalter der Welt ebenso hoch zu veranschlagen, woraus sich umfangreiche Folgerungen für die Entstehung des Universums ableiten lassen.

Gleichzeitig warfen aber die Materialproben vom Mond neue Fragen auf: Sie bestätigten, daß der Aufbau des Mondgesteins aus den verschiedenen chemischen Elementen so verschieden von dem der Erde ist, daß der Mond nicht als Teil der Erde entstanden sein kann. Insbesondere der Eisengehalt, der auf der Erde rund 30 Prozent beträgt, liegt beim Mond bei maximal zehn Prozent. Für die Mondentstehung mußten also neue Theorien erdacht werden, beispielsweise die, daß die Erde vor rund 4,5 Milliarden Jahren einen zufällig in der Nähe vorbeikommenden kleinen Sonnenplaneten eingefangen und als Trabant auf ihre eigene Umlaufbahn gezwungen habe. Obwohl dies ein extrem unwahrscheinlicher Vorgang ist, und obwohl die geophysikalische Analyse des Mondgesteins dagegen spricht, stellt diese Hypothese auch am Ende des 20. Jahrhunderts noch die plausibelste dar.

Trotz dieses nach wie vor ungelösten Rätsels trug die Materialisierung des Mondes, seine Darstellung als ein Land jenseits der Erde, dazu bei, Astrophysik und Kosmologie auf den Boden der physikalisch-chemischen Tatsachen zurückzuholen. Die Fortschritte, die die Astronomie im 20. Jahrhundert brachte, zielten alle auf die Gewißheit: Auch die Himmelskörper bestehen aus den gleichen Materialien, die auf der Erde vorhanden sind, dort gelten dieselben physikalischen Gesetze; es gibt keine geheimnisvollen Wesen, die den Menschen Übles wollen, ebensowenig wie es dort unbekanntes Leben gibt. Mit anderen Worten: Die Erde ist ein Planet wie jeder andere, eine Kugel aus chemischen Elementen, die wie alle anderen durchs All rast, dabei getrieben von der Gravitation einerseits und von dem Schwung, der aus dem Urknall übrigblieb, andererseits. Für einen Gott, der die Welt persönlich erschaffen hatte oder sie immer noch lenkt, blieb dabei kein Platz. Ebensowenig für die Vorstellung, daß die Erde auf irgendeine Weise etwas Besonderes unter den Milliarden anderer Gestirne und Planeten sei. Auch im Weltall ist Gott nicht mehr zu Hause. Der Urknall, aus dem nach Ansicht der modernen Kosmologen der Kosmos hervorgegangen ist, hat für ein göttliches Eingreifen keinen Raum mehr gelassen. Und obwohl das Weltall mit zunehmendem Kenntnisstand als immer größer und immer älter eingeschätzt wurde, erschien es als ein rein materielles Phänomen, zu dessen Erklärung es keines Gottes bedurfte. Naturwissenschaft und Logik traten an dessen Stelle. Kein Wunder, daß fundamentalreligiöse Gruppen wie die Kreationisten, die sich in den USA etablierten, die modernen Erkenntnisse der Wissenschaften als Humbug ablehnen.

Immerhin blieb bis kurz vor Ende des Jahrhunderts noch die Hoffnung, die Erde sei zumindest die einzige Heimat von Leben. Aber auch dies schien sich 1996 als Illusion zu erweisen, als bakterienähnliche Strukturen auf dem Mars entdeckt wurden. Der Weg, der dazu führte, daß die Erde immer weiter an den Rand des Weltalls rückte, wird in Kapitel 3 beschrieben.

Die Mondlandung war ein weltweites Medienereignis. Meinungsforscher ermittelten, daß in den USA Menschen in fast 30 Millionen Haushalten am Fernsehgerät die Landung verfolgten, in Japan sahen geschätzte 70 Millionen Menschen fern. In den Tagen nach der Mondlandung fühlten sich alle Nationen der Erde den Astronauten verbunden. Selten, vielleicht nie zuvor, gab es ein derartig starkes Gemeinschaftsgefühl rund um den Globus. Natürlich war dies von den Amerikanern geschickt gesteuert worden: Sowohl in der Apollo-Kapsel als auch in und an der Landefähre befanden sich Fernsehkameras; es war also garantiert, daß die Menschheit die große Tat am Fernsehschirm live miterleben konnte. Und von der wertvollen Zeit, die zur Übertragung der technischen Daten für die Mondflugmission verfügbar war, wurden etliche Stunden zu Fernsehübertragungen verwendet. So war auch die allererste Handlung, die Armstrong auszuführen hatte, als er die Landefähre verließ, das Aktivieren einer Kamera, die außen an der Fähre angebracht war und nun dafür sorgte, daß die Erdenbürger den historischen Augenblick auch optisch miterleben konnten.

Dieses auf internationale Anteilnahme abgestellte Vorgehen war 1969 noch relativ neu. Die technischen Möglichkeiten gab es erst wenige Jahre: 1964 war der erste Fernsehsatellit, Syncom II, gestartet worden, der während der Olympischen Spiele in Tokio weltweite Sportübertragungen erlaubte. Live-Übertragungen bürgerten sich mit der zunehmenden Anzahl von verfügbaren Satelliten erst ganz allmählich ein, beginnend mit sportlichen Ereignissen oder eben den Berichten von Raumfahrtunternehmungen der USA. Millionen von Zuschauern saßen jeweils vor den Fernsehschirmen in dem aufregenden Bewußtsein, Augenzeuge bei einem weit entfernten Ereignis zu sein.

Dreißig Jahre später ist dieses Gefühl verschwunden, weltweite Kommunikation ist zum Alltag geworden. Eine schier unglaubliche technische Aufrüstung hat dies ermöglicht: Hunderte von Satelliten umrunden die Erde, die Übertragungsmöglichkeiten wurden durch neue Methoden der Datenverarbeitung vervielfacht, geniale Ver- und Entschlüsselungstechniken ermöglichen die Zuordnung der einzelnen elektromagnetischen Signale zu Sender und Empfänger. So ist es am Ende des Jahrhunderts ein leichtes, drahtlos von Kontinent zu Kontinent zu telefonieren, über Datenautobahnen auf Informationsbanken rund um den Globus zuzugreifen, per Fernsehen Nachrichten in Sekundenschnelle aus fast jedem Winkel der Welt zu erhalten. Die Folge: Jeder Interessierte kann jederzeit alle Informationen abrufen, die er haben will. Geheimhaltung ist kaum mehr möglich, zumal die Abhörtechniken parallel verfeinert wurden. Verbrechen, Katastrophen, Kriege werden innerhalb kürzester Zeit publik. Keiner kann – wie einst bei der Judenvernichtung im Dritten Reich – sich mehr darauf herausreden, er habe nichts wissen können. Seien es die Kriegsverbrechen im ehemaligen Jugoslawien, radioaktive Verseuchung in Rußland, der Bau einer Giftgasfabrik in Libyen oder Massaker in Liberia – die Weltöffentlichkeit weiß umgehend Bescheid. Ob damit auch eine Zunahme an Verantwortungsbewußtsein wenigstens bei den politisch Verantwortlichen zu verzeichnen ist, darf allerdings bezweifelt werden.

Die internationale Vernetzung hat vor allem die Wirtschaftswelt verändert. Zusammen mit der Beschleunigung der Verkehrsmittel, die Transporte von Personen und Waren verbilligen und erleichtern, führte der globale Datenaustausch in den neunziger Jahren dazu, daß vor allem große Firmen das nationalstaatliche Denken längst überwunden haben. Am Ende des 20. Jahrhunderts wird dort produziert, wo es am preisgünstigsten und logistisch vorteilhaftesten ist; nicht mehr dort, wo die Ware verkauft wird. So verlieren ehemals hochindustrialisierte Länder Arbeitsplätze, Entwicklungsländer werden zum Standort neuer Produktionsstätten. Vor allem die Schwerindustrie verliert an Bedeutung gegenüber dem Dienstleistungssektor und der Produktion von Waren auf höchstem technologischen Niveau. Datenverarbeitung und Gentechnik werden im nächsten Jahrtausend die Wachstumsbranchen sein. Dieser Prozeß der Globalisierung und seine technischen Hintergründe werden in Kapitel 1 dargestellt.

Tatsächlich feierte in den Tagen nach der geglückten Mondlandung die ganze Welt: In New York wurde ein Baseball-Spiel unterbrochen, um die Nachricht von der Landung bekanntzugeben, in Bayern bekamen die Schulkinder frei; Präsident Nixon gab den Bundesbediensteten in den USA einen freien Tag, damit sie Apollo 11 würdigen konnten. Die Nachrichtenagentur Associated Press meldete: »Europa mondtrunken.« Und die französische Zeitung ›Le Figaro‹ erklärte die Mondlandung zum »größten Abenteuer in der Geschichte der Menschheit«.

Ein weltweites Netz von Beobachtungsstationen hielt rund um die Uhr und rund um den Globus Funkkontakt mit Apollo 11: Die drei wichtigsten waren die Antennen in Goldstone in der Mojavewüste, im australischen Carnarvon und in Madrid. Wie unwichtig nationale

Grenzen plötzlich wurden, läßt sich an den weltweiten Friedensappellen und Segenswünschen ablesen. Auch die Sowjets, für die dieser Tag ein schwarzer Tag ihrer Raumfahrtgeschichte war, gratulierten höflich und boten internationale Zusammenarbeit an.

Aus der Mondentfernung von 360 000 Kilometern erscheint die Erde blau, und von nichts zeigten sich die Astronauten mehr beeindruckt als von diesem »Raumschiff Erde«, das nun, vom Mond aus gesehen, langsam seine Bahnen zog und ungeheuer verletzlich wirkte.

Nicht zuletzt dieser Blick aus dem All auf die Erde trug dazu bei, die Idee zu festigen, daß man dieses Raumschiff Erde, das allen gehört, in Ordnung halten sollte. Der ökologische Gedanke, der Ende der sechziger Jahre noch den meisten Menschen völlig fremd war, begann nun ganz allmählich Fuß zu fassen. Der Blickwinkel von außen, der die sichtbare Beschränkung des menschlichen Lebensraums dokumentierte, begünstigte eine Denkweise, die alle natürlichen Quellen als endlich begreift und im Umgang mit ihnen zur Vorsicht mahnt. Ausbeutung der Ressourcen der Erde, Verpestung des Globus mit Abfällen und Altlasten, später auch die Gefahr der Radioaktivität und einer Erwärmung der Atmosphäre, all diese Themen erschienen für den einzelnen nicht relevant, solange er sich nicht persönlich betroffen fühlte. Nun, da er von außen auf den Globus schaute und ihn als Raumschiff begriff, erkannte er, daß die Rohstoffquellen nicht beliebig groß sind und daß auch das, was die Menschen jenseits der Staats- oder Kulturgrenzen tun, für ihn selbst gravierende Auswirkungen haben kann.

Gleichzeitig wurden aufgrund der weltumspannenden Informationsnetze auch kritische Daten jederzeit für jedermann verfügbar. Die Welt ist geschrumpft, die Auswirkungen von Umweltschäden lassen sich nicht von Landesgrenzen aufhalten. So bildete sich einerseits eine neue Konzentration auf die Erde, ein erdzentriertes Weltbild, das jedoch dem des Kopernikus weit überlegen ist, andererseits eine globale Sicht, die Wechselwirkungen und Interdependenzen berücksichtigt und die Erde als vernetztes System begreift.

Ursache für einen Großteil der Umweltzerstörung war mit Sicherheit das starke Wachstum der Industrie im 20. Jahrhundert. Was der Menschheit einerseits große Vorteile brachte und die Lebensqualität entscheidend verbesserte, stellte sich andererseits als problematisch für die Umwelt heraus. Die hemmungslose Ausbeutung der Ressourcen wurde zunehmend als Irrweg erkannt. Als in den achtziger Jahren auch noch globale Umweltschäden wie das Ozonloch und die weltweite Erwärmung der Atmosphäre entdeckt wurden, war die Zeit zum Umdenken endgültig reif. Die letzten zehn Jahre des Jahrtausends stehen somit im Zeichen ökologischer Überlegungen, die – wenn auch langsam – zunehmend Priorität über ökonomische Gesichtspunkte erhalten. Der Mensch als Gestalter seiner Umwelt will nicht zu ihrem Zerstörer werden. Einen Abriß über den enormen Aufstieg insbesondere der chemischen Industrie und die zunehmende Einsicht, daß ein Umdenken nötig sei, bietet Kapitel 7.

Das Vertrauen in die Technik erreichte Ende der sechziger Jahre einen absoluten Höhepunkt. Zwar war die Mondlandung mit den gewaltigen Anstrengungen, die ihr vorausgegangen waren, nicht das erste Großprojekt gewesen, das man erfolgreich mit einem gigantischen Einsatz von Geld, Personal und Engagement durchgezogen hatte. Der Bau der Atombombe und die Entwicklung des Radars im Zweiten Weltkrieg waren ebenfalls US-Projekte gewesen, die ähnlich große Anstrengungen wie die Raumfahrt erfordert hatten. Aber beide waren unter strenger Geheimhaltung abgelaufen, ganz im Gegensatz zum Projekt Apollo, das nach der Aufforderung John F. Kennedys am 25. Mai 1961, noch »vor Ablauf des Jahrzehnts« einen Amerikaner auf den Mond zu bringen, in geradezu demonstrativer Öffentlichkeit zelebriert wurde. Die Astronauten wurden hochstilisiert zu Helden der Nation, die bei Konfettiparaden in den Straßen von New York umjubelt wurden. Und nach dem Sinn der Sache wurde nie gefragt. Es galt, den nationalen Mythos der technischen Überlegenheit der USA zu festigen. Das war Grund genug.

Mitten im Kalten Krieg war die Raumfahrt willkommener Anlaß für die Vereinigten Staaten, ihre Kräfte mit der Sowjetunion zu messen. In den Anfangsjahren waren die östlichen Raumfahrtexperten den Amerikanern noch weit voraus gewesen – sie hatten den ersten Satelliten ins All geschossen und 1961 Juri Gagarin als ersten Menschen in eine Erdumlaufbahn gebracht[6], und sie verfügten über mehr Flugerfahrung als die westlichen Konkurrenten. Aber wegen ihrer zum Teil rückständigen Technik und wegen einiger falscher Systementscheidungen fielen sie im Wettlauf mit den Amerikanern zurück. Nachdem im Februar 1969 die erste für den Mondflug vorgesehene Sowjetrakete N1 gut eine Minute nach dem Start durch technische Fehler explodierte und 50 Kilometer vom Startplatz in Baikonur entfernt auf dem Boden aufschlug, unternahmen die sowjetischen Ingenieure einen letzten, fast schon verzweifelten Versuch, die USA auf dem Weg zum Mond noch einzuholen, und starteten am 3. Juli 1969, zwei Wochen vor dem Abflug von Apollo 11, eine zweite N1. Jesco Freiherr von Puttkamer, der damals Mitarbeiter der NASA war, erzählte später: »Um 23.18 Uhr Moskauer Zeit hob die Rakete von der Startrampe ab. Wenige Sekunden später fielen die Triebwerke aus, als ein kleines Metallfragment eine Sauerstoffpumpe blockierte. Der Riese krachte aus 200 Metern Höhe zu Boden, während die vom Rettungssystem abgesprengte unbemannte Nutzlast einen Kilometer entfernt sicher landete. Die titanische Explosion zerstörte die Startrampe mit allen Anlagen.«[7]

So wurde die Landung der beiden amerikanischen Astronauten auf dem Mond gleichzeitig zum nationalen Triumph für die USA und zum sichtbaren Beweis für die Überlegenheit des kapitalistischen Systems über das kommunistische.

Vergessen waren die Katastrophen und Rückschläge, die auch das amerikanische Programm heimgesucht hatten: Am 29. September 1965 zerplatzte eine Teststufe im kalifornischen Seal Beach; eine zweite explodierte acht Monate später im NASA-Prüfstand in Mississippi. Am 20. Januar 1967 ging eine vollgetankte Raketenstufe beim Countdown in Sacramento am Boden in Flammen auf. Der Gesamtschaden betrug rund 19 Millionen Dollar. Nur eine Woche später kamen die drei Astronauten Virgil Grissom, Edward White und Roger Chaffee bei einem Brand in der Kommandokapsel auf der Startrampe beim Training ums Leben.[8]

Gerade diese Unfälle führten einen Aspekt vor Augen, der im Zeitalter der Raumfahrt stärker hervortrat als jemals zuvor: die zunehmende Abhängigkeit des Menschen von der Technik. Der Machbarkeitswahn, der alles für möglich und erreichbar hielt, was technisch durchführbar erschien, fand hier seine Grenzen. Gleichzeitig begann ein Trend, der für das letzte Drittel des Jahrhunderts zunehmend prägend wurde: Man erkannte, daß nicht mehr Einzelaspekte und punktuelle technische Lösungen entscheidend waren, um zu einem Ziel zu gelangen, sondern sogenanntes Systemdenken. Die Vernetzung vieler Teile anstelle einzelner Teilaspekte trat in den Vordergrund, eine Leistung, die das menschliche Gehirn im allgemeinen überfordert.

Aus diesem Grund erhielt der Computer mehr und mehr Bedeutung, wenn es um die Steuerung komplizierter Zusammenhänge ging. War es bei der Mondlandung einem hochintelligenten und erfahrenen Piloten gerade noch möglich, das Landefahrzeug per Hand und ohne Computerhilfe zu steuern, so überstieg beispielsweise die Berechnung der Rückkehrroute das menschliche Denkvermögen bei weitem. Hier hätte auch der beste Pilot der Welt versagen müssen. Im letzten Drittel des Jahrhunderts übernahmen Elektronenrechner vielfältige Aufgaben, von der automatischen Steuerung einer Supermarktkasse über das blockierfreie Bremsen im Auto oder das Speichern von Datenbanken bis hin zur vollautomatischen Lenkung und Stabilisierung eines Tornadojets. Möglich wurde all dies durch die Entwicklung von Siliziumchips mit höchster Speicherdichte und Rechengeschwindigkeit. Hand in Hand damit ging die Erfindung leistungsfähiger Ein- und Ausgabemedien, über die der Mensch mit dem Computer kommunizieren kann.

Der Aufschwung der elektronischen Industrie, der gekennzeichnet ist von der Produktion immer schnellerer, kleinerer Rechner mit immer höherer Kapazität, stellt eines der prägenden Phänomene der letzten drei Jahrzehnte im 20. Jahrhundert dar. Praktisch jeder Bereich des wirtschaftlichen, des geistigen oder des Alltagslebens wurde davon beeinflußt. Das »Computerzeitalter«, seine Entstehung und seine Auswirkungen schildert Kapitel 6.

Die Erfolge der elektronischen Steuerung bei ungeahnt vielen Vorgängen führten zu einer Weltsicht, die alle Systeme, auch die lebendigen, als steuerungsfähige vernetzte Systeme betrachtet. Bakterien und andere Einzeller enthüllten unter den verbesserten Mikroskopen die Geheimnisse ihrer Ernährung und Fortpflanzung, und im Rahmen der Bestrebungen zur Erhöhung der landwirtschaftlichen Erträge wurde der Stoffwechsel der Pflanzen zunehmend genauer erforscht. Schließlich schwand auch die Scheu, ins Innere lebender Wesen vorzudringen, Tierversuche zählten zunehmend zum Instrumentarium des Forschers. So lag es nahe, auch den Menschen lediglich als Zusammenspiel elektrischer, chemischer und mechanischer Vorgänge zu begreifen.

In der Tat beruhten eine ganze Reihe medizinischer Fortschritte auf dieser Sichtweise: der Mensch als Maschine, als »geniale Anhäufung tragbarer Installationen«, wie der Schriftsteller Christopher Morley ihn in seinem Roman ›Human Being‹[9] bezeichnet hat. Je besser die moderne westliche Medizin die Funktion der Organe verstand und je effektiver sie deren Fehler oder Krankheiten durch mechanisch-chemische Eingriffe beheben konnte, desto mehr trat alles, was mit Gefühl, Seele oder Geist zu tun hatte, in den Hintergrund. Dieser Trend ging so weit, daß selbst das Gehirn nur noch als chemische Anlage betrachtet wurde, die durch das Zusammenspiel verschiedener Botenstoffe Phänomene wie Gefühl, Geist oder Seele erzeugt. Die Entwicklung auf diesem Gebiet wird in Kapitel 5 geschildert.

Auch die Mechanismen der Fortpflanzung wurden in unserem Jahrhundert entschlüsselt. Man weiß heute so detailliert über die Gene und ihre Funktion Bescheid, daß es möglich geworden ist, in diese Vorgänge einzugreifen und die Fortpflanzung zu mechanisieren. In der Landwirtschaft hat sich daraus bereits eine Industrie entwickelt, die die menschliche Ernährung fast vollkommen bestimmt. Getreidesorten sind genormt, die dazugehörigen Dünger und Pflanzenschutzmittel werden dem Landwirt gleich im Paket mitverkauft. Neue Sorten, die gegen Unkrautvernichtungsmittel unempfindlich sind, werden gentechnisch hergestellt und verbreiten sich – ausgehend von den USA – über die Welt. Tiere werden nach Plan gezeugt, in Muttertiere eingepflanzt, gezüchtet, gemästet und geschlachtet – in großen Massen, um die Produktionskosten zu senken. Wenn dann »Betriebsunfälle« passieren wie die Übertragung der Krankheit BSE von Schafen auf Rinder, so ist dies momentan zwar ein Schock, bleibt aber ohne grundsätzliche Folgen.

Pflanzen und Tiere sind in diesem Jahrhundert zur Ware geworden. Davon zeugen auch die inzwischen für viele Zwecke sogar gesetzlich vorgeschriebenen massenhaften Tierversuche, bei denen Lebewesen dazu benutzt werden, neue chemische Produkte auszutesten. Millionen von Mäusen und Ratten, aber auch Katzen, Hunde und andere Tiere wurden dafür eigens gezüchtet und danach wie Konsumartikel verbraucht.

Aber die Mechanisierung der Fortpflanzung machte auch vor dem Menschen nicht halt: Die »Reproduktionsmedizin« wurde zu einem eigenen Zweig der Medizin. Befruchtete Eizellen werden Müttern eingepflanzt, auch wenn deren Alter weit jenseits der Fruchtbarkeitsgrenze liegt, oder gar Leihmüttern, die das ausgetragene Kind nach der Geburt »abliefern« müssen. In Samenbanken kann sich die fortpflanzungswillige Frau Sperma beliebiger Spender aussuchen: Der Supermarkt des Lebens floriert.

Gott, der – wenn auch nicht mehr als Schöpfer im wörtlichen Bibelsinn – immerhin zu Beginn des Jahrhunderts noch als Spender des Lebens oder als Erschaffer der menschlichen Seele angesehen wurde, hat auch diesen Platz räumen müssen. Die Entstehung des Lebens wurde in die chemische Retorte verlegt und kann nach Belieben manipuliert werden. Entsprechend hat man sich auch auf die Suche nach den Anfängen des Lebens insgesamt gemacht: Die Ursuppe, das Weltall oder Ferritkristalle in den Tiefen des Meeres gelten heute als Ursprung des Lebens auf der Erde. Die Naturwissenschaft hat die Vorstellungen von Urschöpfung und Urzeugung entmythologisiert. Einzelheiten sind in Kapitel 4 dargestellt.

Als Kontrapunkt zu der immer weiter zunehmenden Ernüchterung entwickelte sich eine Gegenbewegung beispielsweise in der Medizin, die es sich zur Aufgabe gemacht hat, seelisch-geistige Ursachen für Krankheiten zu erforschen und zu berücksichtigen. Am Ende des Jahrhunderts steht diese Forschungsrichtung noch ganz am Anfang, aber erste erstaunliche Ergebnisse wie beispielsweise der biochemische Zusammenhang zwischen der Aktivität des menschlichen Immunsystems und der Gemütslage treten bereits hervor.

Hand in Hand mit dieser Denkweise nahm in den letzten Jahrzehnten des 20. Jahrhunderts ein weiterer Trend zu, der zum Teil in Anlehnung an fernöstliches Gedankengut den Menschen als Ganzheit betrachtet, dessen unterschiedlichste Funktionen sich untereinander beeinflussen, auch wenn dies auf den ersten Blick nicht ohne weiteres erkennbar ist. Zweige der somatischen Medizin, der Psychotherapie ebenso wie der Religion befassen sich mit diesen Themen.

In die Physik übertragen führte diese ganzheitliche Sicht der Dinge zur Etablierung der sogenannten Chaosforschung, die in den achtziger Jahren entstand und alles untersucht, was nicht mit den althergebrachten Kategorien von Ursache und Wirkung zu beschreiben ist. Der grundsätzliche Unterschied zwischen Chaosforschung und klassischer Physik bzw. Chemie ist der, daß die Chaosforscher quasi der Unordnung freien Lauf lassen, die Welt nicht in ein vorgegebenes Korsett zwängen wollen. Damit stehen sie in direktem Gegensatz zu den herkömmlichen Naturwissenschaften. Denn seit Jahrhunderten versuchen diese, den Gang der Welt mit logischen Gesetzen zu erklären, die auch für die Zukunft vorhersagbare Ergebnisse liefern. Der Erfolg dieser Vorgehensweise ist offensichtlich; ohne sie gäbe es kein Fernsehen, keine Autos und auch keine Mondlandung. Die Theorie versagt aber in dem Augenblick, in dem es sich um komplexere Dinge handelt oder um Phänomene, die sich aus unzähligen kleinen Einzelabläufen zusammensetzen.

Klassische Beispiele für den Mißerfolg bei Vorhersagen sind Wetter, Aktienkurse oder politische Entwicklungen. Aber auch bei rein technischen Abläufen gibt es manchmal dramatische Zuspitzungen, die von den herkömmlichen Theorien nicht erfaßt werden können, etwa wenn das Zusammentreffen mehrerer Fehler zu einem Flugzeugabsturz oder zum Durchschmelzen eines Kernreaktors führt – trotz aller Sicherheitsmaßnahmen. Ein positives Beispiel für ein derartiges Chaos ist die menschliche Kreativität, die aus ungeordneten Ideen überraschende Ergebnisse hervorbringt und mit den Gesetzen der Logik nicht zu erklären ist.

Menschlicher Forschergeist fühlt sich herausgefordert, wenn er etwas nicht erklären kann, so auch beim Chaos. Gibt es nicht doch Prinzipien, die hinter der Unordnung stecken? Bisher hat man nur schwache Hinweise darauf gefunden, aber eines weiß man schon sicher: Winzigste Störungen können katastrophale Auswirkungen haben. Man nennt dies den »Schmetterlingseffekt« und meint damit, daß der Flügelschlag eines Schmetterlings in China theoretisch der auslösende Impuls für einen Wirbelsturm in der Karibik sein kann.

In der Chaosforschung besteht immerhin noch Hoffnung, daß man grundlegende Gesetze wird finden können. Gleichzeitig haben die Physiker aber im Lauf des 20. Jahrhunderts schmerzvoll erkennen müssen, daß ihr gesamtes Theoriegebäude auf tönernen Füßen steht. Die Naturgesetze, wendet man sie auf das Allerkleinste an, bestehen nur noch aus statistischen Aussagen, aus Wahrscheinlichkeiten, Schimären. Daß man davon im Alltagsleben meist nicht viel bemerkt, liegt an der großen Zahl von Atomen und Teilchen, deren Unsicherheiten sich ausmitteln. Sobald man aber in kleinste Dimensionen vorstößt, muß man sich damit abfinden, daß man die Geschwindigkeit eines Teilchens nicht mehr genau bestimmen kann, wenn man seinen Aufenthaltsort exakt wissen will, oder daß man sich genaugenommen Atome, also die Bestandteile der gesamten Welt, als Wahrscheinlichkeitsverteilungen von Feldern vorstellen muß, die überdies noch durch Antimaterie vernichtet werden können. Vordenker und Revolutionäre waren auf diesem Gebiet die Physiker Max Planck und Albert Einstein. Ihre Theorien und deren Einfluß auf die Weltsicht der Wissenschaft beleuchtet Kapitel 2.

Die neu erworbene Skepsis relativierte die zu Beginn des Jahrhunderts ungebremste Begeisterung über neue Errungenschaften und Erkenntnisse, die Freude, Dinge tun zu können, die bis dahin unmöglich schienen. In der Tat hat das 20. Jahrhundert Leistungen hervorgebracht, die fast unglaublich klingen: weltumspannender Verkehr, sekundenschnelle Kommunikation rund um den Globus und ins Weltall, bewegte Bilder per Fernsehschirm, Hilfe gegen fast jede Krankheit, Computer, die mehr leisten und schneller arbeiten als menschliche Gehirne, Fernrohre, die unvorstellbar weit ins Weltall hinauszublicken imstande sind und deshalb einen Blick in die ferne Vergangenheit ermöglichen, neue Werkstoffe, Energie in Form von elektrischem Strom, der die vielfältigsten Geräte antreibt.

Natürlich spielten die beiden Weltkriege bei der Bewertung der Technik und ihrer Bedeutung eine große Rolle. Bereits im Ersten Weltkrieg führte die Wilhelminische Flottenrüstung, die durch einen regelrechten Werbefeldzug popularisiert worden war, den Trend zur Technik exemplarisch vor. »Sie machte«, so betont der Historiker Joachim Radkau, »die Kriegstechnik in einem historisch neuartigen Ausmaß zur Triebkraft technischer Innovationen in der Stahlindustrie. [...] Von nun an war die Vorstellung möglich, daß die Rüstung das Zugpferd des technischen Fortschritts sei, wenn dieser Glaube auch in der wilhelminischen Ära noch längst nicht in dem Maße zur Obsession wurde wie in den sechziger Jahren, als sich der Rüstungswettlauf auf den Weltraum ausdehnte.«[10]

Erst nach dem Zweiten Weltkrieg entstand auch Skepsis, ob alles, was verwirklicht wurde, auch sinnvoll sei. Ob nicht manches mehr Schaden angerichtet, als es Nutzen gebracht hat. Ob nicht kleiner, intelligenter, vernetzter besser wäre als größer, stärker, teurer. Man erkannte, daß die Technik nicht nur die Herrschaft über die Natur, sondern auch die über Menschen zu verstärken imstande ist. Dennoch hielt sich zunächst die Technikgläubigkeit, die große Teile des Jahrhunderts bestimmte. Ausdruck dieser Idee wurde der vielzitierte Satz, etwas sei »Stand der Technik«. Sie speist ihr Vertrauen aus den vielfältigen Erfolgen der technischen Entwicklung, von denen die Mondlandung nur ein Beispiel ist. Daß immer bessere und ausgefeiltere Technik Risiken begrenzt oder gar beseitigt, ist ihr Credo.

Geradezu typisch für diese Denkweise ist der Glaube der technischen Intelligenz an die friedliche Nutzung der Kernenergie. Anfängliche Probleme und Defekte sowie vereinzelt auftretende Unfälle mit mehr oder minder schweren Folgen wollte man durch immer bessere Sicherheitsmaßnahmen technischer Art für die Zukunft verhindern. Auch das prägende Ereignis der achtziger Jahre, die Katastrophe von Tschernobyl 1986, konnte diese Denkweise nicht umkehren. Lediglich die Skepsis weiter Bevölkerungskreise gegen die unreflektierte Technikgläubigkeit bremste ihren Siegeszug.

Aber in den achtziger Jahren galt in der Forschungspolitik noch das Motto: Erfolg hat, was groß ist. Die Ikonen von Forschung und Technik konnten nicht gigantisch, nicht prächtig und nicht teuer genug sein: Wer hat den stärksten Laser? Den längsten Teilchenbeschleuniger? Die dickste Rakete? Den größten Roboter? Das schnellste Auto? Die komfortabelste Raumstation? Das raffinierteste Kernkraftwerk?

Selbst bei der »sanften Technik«, die Mitte der achtziger Jahre ein wenig in Mode kam, konnte man sich vom Denken in Superlativen nicht lösen: Man plante Riesen-Solarkraftwerke in der Sahara und baute einen gigantischen Windpropeller mit 100 Metern Durchmesser mit dem bezeichnenden Namen GROWIAN an der Nordseeküste. Daß er kurze Zeit später kaputtging, war für viele Skeptiker ein willkommener Beleg dafür, daß Windkraftanlagen – wie alle sanften Technikformen – eben doch noch nicht ausgereift seien.

High-Tech gleich Gigantomanie gleich Ausreizen der technischen Möglichkeiten bis an die Grenzen: Diese Gleichung galt jahrzehntelang als die Erfolgsformel im Technologiebereich. Hier erwies sich die deutsche Forschungsförderung als international voll konkurrenzfähig. Geradezu symptomatisch ist beispielsweise die Aufteilung der Fördermittel des Bundesministeriums für Forschung und Technologie in den sechziger Jahren: Ein paar hundert Millionen Mark für die

Kernenergieforschung, ein paar hundert Millionen für die Raumfahrt, ein paar hundert Millionen für die Fusionsforschung usw. Möglichkeiten, auf neue Ideen und Entwicklungen flexibel zu reagieren und die politischen Vorgaben schnell den real existierenden Bedürfnissen anzupassen, blieben damit so gut wie keine mehr. Langfristige Verträge für Großprojekte lähmen den Apparat noch heute. Und dies, obwohl man auch in Deutschland mittlerweile erkannt hat, daß die Zukunft kleinen, intelligenten, vernetzten Systemen gehört.

Ein Gedanke, der nicht gerade völlig neu ist. Grüne und Umweltbewegte fordern ein Umdenken in diese Richtung schon seit dem Ende der siebziger Jahre. Mit der Forderung nach Intelligenz geht die Entwicklung zu mehr Integration und Vernetzung einher, verbunden mit zunehmender Miniaturisierung. Nicht nur die Elektronik benötigt immer weniger Raum, sondern auch die Sensorik und die Mechanik werden immer winziger. Eine fast absurde Entwicklung: Die wichtigsten Geräte werden in Zukunft unsichtbar sein, denn sie sind so klein, daß sie für das menschliche Auge nicht mehr erkennbar sind.

Bedingung für diese Miniaturisierung ist die totale Beherrschung der Materie: Atom für Atom wird der Forscher der Zukunft Oberflächen aufbauen und Moleküle basteln, die er vorher auf dem Computer entworfen hat. Die Werkstoff- und Materialtechnik wird im nächsten Jahrhundert extrem hohe Bedeutung haben. Darüber sind sich Fraunhofer-Gesellschaft, private Wirtschaftsberater wie Arthur D. Little oder die umfassende Delphi-Studie, in der regelmäßig alle wichtigen Forscher Japans nach ihrer Einschätzung der Zukunft befragt werden, einig.

So vollzieht sich allmählich zum Ende des Jahrhunderts der Übergang zu einer neuen Denkweise, welche die Erkenntnis mit einbezieht, daß nicht alles Machbare realisiert werden muß und daß die Grundlagen der Natur unbestimmt sind. Eine Denkweise auch, die sich darüber im klaren ist, daß die Erde nicht die einzig denkbare aller Welten, sondern vielleicht nur eine von vielen Alternativen ist. Daraus resultierend ergeben sich neue Maßstäbe für das Handeln: Ressourcen schonen, das Raumschiff Erde erhalten, ganzheitlich denken und Vernetzungen erkennen. Über die Veränderungen in der Wissenschaftspolitik, in der Einstellung der Öffentlichkeit sowie über die Veränderungen in den Köpfen der Forscher selbst berichtet Kapitel 8.

Kapitel 1

Die Erde schrumpft

Überwindung der räumlichen Grenzen

›In 80 Tagen um die Welt‹ heißt der Zukunftsroman, den der französische Dichter Jules Verne im Jahr 1873 geschrieben hat. Am 17. August 1995 stellte ein Passagierflugzeug vom Typ Concorde den neuesten Weltrekord auf: Es benötigte genau 31 Stunden, 21 Minuten und 14 Sekunden, um die Erde zu umrunden. So hat die Wirklichkeit die Phantasie weit überholt. Das moderne Verkehrsmittel ist mehr als sechzigmal so schnell wie ein Reisender in Jules Vernes kühnsten Träumen. Aber auch der normale Tourist schafft in den neunziger Jahren die Reise einmal rund um den Globus in wenigen Tagen – dank des Flugzeugs. Jules Verne, der 1905 starb, konnte zumindest noch die ersten Anfänge der Fliegerei miterleben.

Der Traum vom Fliegen ist so alt wie die Menschheit; verwirklicht wurde er erst im 20. Jahrhundert. Über die ersten Flugversuche mag man heute lächeln; um die Jahrhundertwende waren es Sensationen. Otto Lilienthal, der in Berlin Maschinenbau studiert und zunächst sein Geld mit dem Bau und Verkauf von Dampfkesseln verdient hatte, beschloß 1888, sich ganz seiner Leidenschaft, den Untersuchungen über das Fliegen, zu widmen. Durch die Beobachtung des Vogelflugs, unzählige Laborversuche und durch Berechnungen erarbeitete er sich grundlegendes Wissen über die Formgebung von Tragflügeln. Er war beispielsweise einer der ersten, die erkannten, daß die Wölbung des Flügels günstig für den Auftrieb ist.

Seine Ergebnisse veröffentlichte Lilienthal unter dem Titel ›Der Vogelflug als Grundlage der Fliegekunst‹. Darin machte er bereits erstaunlich moderne Aussagen über die Kräfteverteilung beim Fliegen, über den Auftrieb und das Gleichgewicht von Flugzeugen. 1891 wagte er den Schritt von den Experimenten im Labor zu Flugversuchen im Freien: Mit seinem selbstgebauten

Flugapparat von elf Metern Spannweite erprobte er stehend, gehend und rennend die Möglichkeiten, sich damit in die Lüfte zu erheben. Er schaffte zunächst Sprünge von sechs bis sieben Metern. Später verlegte er seine Flugversuche nach Derwitz, wo er Flüge bis zu fünf Metern Höhe und 25 Metern Weite vollbrachte. Der französische Flugpionier Ferdinand Ferber sagte 1898 in einem Vortrag in weiser Voraussicht: »Den Tag des Jahres 1891, an dem Lilienthal erstmals 15 Meter weit die Luft durchmessen hat, fasse ich auf als den Augenblick, in dem die Menschheit das Fliegen gelernt hat.«[1]

Lilienthals Geräte bestanden jeweils aus einer Struktur aus Weidenrohr, die er mit imprägniertem Baumwollstoff bezogen hatte. Sie wurden mit Draht und Spannschlössern zusammengehalten. 1893 und 1894 baute er Fluggeräte, die man zusammenfalten und zu geeigneten Versuchsplätzen mitnehmen konnte. Trotz eines vorn liegenden Leitwerks ließ die Steuerung sehr zu wünschen übrig. Er verließ sich auf seine fast artistische körperliche Gewandtheit. Er steuerte und stabilisierte den Flug durch Schwenken des Unterkörpers, das heißt, durch Verlagerung des Schwerpunkts.

Der Flugpionier schaffte schließlich Flüge bis zu 250 Metern Weite und erlangte weltweite Berühmtheit. In Zeitungen und Zeitschriften wurden Fotos von ihm veröffentlicht, denn gerade zu jener Zeit wurde die Momentfotografie perfektioniert. So konnte ein Millionenpublikum die Wagnisse des Deutschen miterleben. Am 9. August 1896 stürzte Lilienthal bei einem Flugversuch ab und starb am darauffolgenden Tag an seinen schweren Verletzungen. Einen Motor zum Antrieb seiner Flugapparate hatte er nie benutzt; allerdings hat er Experimente mit schlagenden Motorflügeln durchgeführt.

So blieb der Ruhm der ersten Motorflüge den amerikanischen Brüdern Wilbur und Orville Wright vorbehalten. Sie waren es, die 1903 erfolgreich den Schritt vom Segler zum motorgetriebenen Flugzeug wagten – damals keine Kleinigkeit, da es noch keine Hochleistungsmotoren gab, die PS-Stärke mit geringem Gewicht verbanden. Auch optimal geformte Propeller gab es noch nicht. So bauten die flugbesessenen Wrights aus Dayton/Ohio sowohl den 12-PS-Vierzylindermotor als auch die beiden

Druckluftschrauben für ihr erstes Motorflugzeug selbst. Nach einigen kleineren Fehlversuchen war es dann am 17. Dezember 1903 endlich soweit: Orville Wright hob vor fünf Zeugen um 10.35 Uhr mit seinem »Flyer I« vom Boden ab, um nach einem Flug von zwölf Sekunden Dauer knapp 40 Meter vom Startpunkt entfernt heil wieder aufzusetzen. Bis zum Mittag unternahmen die beiden Brüder mit ihrem Doppeldecker noch drei weitere Flüge, deren längster über eine Strecke von immerhin schon rund 900 Metern führte.

Während die Wrights in den USA euphorisch gefeiert wurden, erregten ihre Erfolge in Europa hauptsächlich Skepsis und Mißtrauen. Dies änderte sich erst, als Wilbur Wright 1908 nach Frankreich und sein Bruder Orville 1909 nach Deutschland zu Demonstrationsflügen kamen. Die Menschen waren begeistert. Louis Blériot, der später durch seine Kanalüberquerung selbst weltberühmt werden sollte, jubelte: »Für uns in Frankreich und überall in der Welt hat eine neue Ära des mechanischen Fluges begonnen [...] Es ist wunderbar!«

Trotzdem blieb es in Deutschland, ja in ganz Europa, in den folgenden Jahren ziemlich ruhig, was flugtechnische Entwicklungen betraf. Hier begeisterte man sich am Anfang des Jahrhunderts mehr für die soeben aufkommenden Luftschiffe. Das von Graf Ferdinand von Zeppelin gebaute Großluftschiff LZ1 unternahm am 2. Juli 1900 seine 18minütige Jungfernfahrt über den Bodensee. Die vielbestaunte Riesenzigarre hatte eine Länge von 128 Metern und erreichte eine Geschwindigkeit von 32 Kilometern pro Stunde.

Der in Brasilien geborene Erfinder Alberto Santos-Dumont hatte sich auf »unstarre« Luftschiffe spezialisiert, bei denen die Form des Trageballons lediglich durch den Gasdruck aufrechterhalten wurde, während die Zeppeline stets ein Tragegestell besaßen. Santos baute in Paris mehrere kleinere Luftschiffe, mit denen er Fahrten über der französischen Hauptstadt unternahm. Als auf einer Sitzung des Pariser Aéroclubs der Finanzier, Ölmagnat und Sportenthusiast Henry Deutsch de la Meurthe im April 1900 zu Ehren des neuen Jahrhunderts einen Preis von 100 000 Francs ausschrieb für denjenigen, der es schaffen würde, in weniger als einer halben Stunde mit seinem Luftschiff vom Aéroclub

St. Cloud zum Eiffelturm zu fahren, ihn zu umrunden und dann wieder in St. Cloud zu landen, fühlte Santos sich herausgefordert. Mit erstaunlicher Zähigkeit verfolgte er seinen Plan, den Preis zu gewinnen. Er baute mehrere Luftschiffe, die jedoch jeweils auf der Preisfahrt abstürzten. Nur dank mehrerer glücklicher Zufälle kam Santos dabei nicht ums Leben. Schließlich wagte er einen erneuten Versuch mit der »Nr. 6«. Douglas Botting beschreibt das Abenteuer: »Nur neun Minuten nach dem Start hatte die Nr. 6 bereits den Eiffelturm umrundet. Die unter dem Turm zusammengeströmte Menschenmenge jubelte [...] Da Santos-Dumont noch 21 Minuten Zeit für die Rückfahrt nach St. Cloud hatte, schien ihm der Preis sicher zu sein, obwohl er auf diesen 5,5 Kilometern Gegenwind hatte. Aber nach etwa 500 Metern begann sein Motor zu stottern und lief langsamer. Santos-Dumont mußte aus seinem verhältnismäßig sicheren Korb klettern und im Kielgerüst nach hinten zum Motor gehen. Er war dabei nicht gesichert, obwohl dieser Drahtseilakt in 300 Meter Höhe stattfand. Auf den Straßen stockte der Verkehr, und ganz Paris beobachtete gebannt die kleine Gestalt, die sich in schwindelnder Höhe um den störrischen Motor bemühte. Tatsächlich gelang es Santos-Dumont, den Motor wieder zum Laufen zu bringen, aber inzwischen hatte er kostbare Zeit verloren. Die Spannung wuchs ins Unerträgliche, als sich das Luftschiff gegen den Wind nach St. Cloud zurückkämpfte, wo die Preisrichter und eine große Zuschauermenge es gespannt erwarteten. Santos-Dumont überquerte die Startlinie 29 Minuten und 20 Sekunden nach dem Start, aber er brauchte noch etwa eine Minute zur Landung, nach der die Uhr endgültig angehalten wurde.«[2] Nun entbrannte ein erbitterter Streit darüber, ob Santos den Preis gewonnen habe, da er die vorgeschriebene Zeit um rund 40 Sekunden überzogen hatte. Schließlich wurde er ihm zuerkannt, und der 28jährige verteilte den Betrag unter den Armen von Paris und seinen Mitarbeitern.

Santos baute noch eine ganze Reihe weiterer Luftschiffe, aber diese kamen über das Stadium der Kuriosität nicht hinaus. Anders Graf Zeppelin. Er eröffnete 1908 in Friedrichshafen am Bodensee die »Luftschiffbau Zeppelin GmbH«, und bereits 1910 wurde ein regelmäßiger Passagierdienst eröffnet. Bis in die dreißiger Jahre machten die Luftschiffe den Flugzeugen heftig Konkurrenz. 1928 nahmen sie den regelmäßigen Flugverkehr über den Atlantik auf, und der Komfort für die Fluggäste war phänomenal: Jeder der Passagiere besaß eine eigene Schlafkabine und ein Bad mit fließend warmem Wasser. Lange gläserne Wandelgänge in der Gondel boten den Reisenden eine faszinierende Aussicht auf die Erde. Und wenn die Passagiere im Luxusrestaurant das aus zehn Gängen bestehende Menü eines französischen Küchenchefs einnahmen, wurden ihre Ohren von sanfter Klaviermusik verwöhnt, die auf einem eigens für den Zeppelin angefertigten Leichtmetallflügel gespielt wurde.

Zwischen 1928 und 1935 überquerten Zeppeline 144mal den Atlantik und transportierten dabei 13 110 Passagiere von Deutschland nach New York oder Rio de Janeiro und zurück. Mehrere fahrtechnische Höchstleistungen gelangen den »sanften Riesen« im Jahr 1917: Die längste Fahrt dauerte 101 Stunden, die höchste erreichte Höhe war 7300 Meter, und die weiteste Fahrt ging von Jamboli in Bulgarien nach Khartoum in Afrika und zurück. Der schreckliche Unfall 1937 in Lakehurst, als die »Hindenburg« bei der Landung Feuer fing und in Flammen aufging und 33 der 96 Passagiere den Tod fanden, beendete die Karriere der Luftschiffe abrupt.

Trotz dieses ruhmlosen Endes trugen die gasgefüllten Riesenfahrzeuge dazu bei, daß die Erde kleiner wurde: Im Jahr 1929 umrundete ein Luftschiff die Erde in 21 Tagen; einige Jahre zuvor hatte die erste Erdumrundung durch Flugzeuge noch achtmal so lang gedauert.

Gegen 1910 begann auch in Europa, trotz der Konkurrenz durch die Luftschiffe, der Aufstieg der Flugzeugtechnik. Wie überall in der Welt entwickelten nun auch hier Pioniere Flugzeuge. Bereits 1906 hatte der Ungar Trajan Vuia in Paris eine Maschine fertiggestellt, die eine bis dahin nicht übliche Form hatte: Sie trug den Propeller vorn und das Leitwerk hinten. Louis Blériot griff dieses Konzept 1907 auf. Damit begann die Ära der modernen Flugzeuge. Der Franzose überquerte am 25. Juli 1909 den Ärmelkanal von Frankreich nach England. Oft gaben hochdotierte Wettbewerbe einen zusätzlichen Anreiz, neue Rekorde aufzustellen. So zum Beispiel auf dem Flugtag bei Reims im August 1909, an dem bereits 38 Flugzeuge teilnahmen. 23 von ihnen kamen in die Luft, sie flogen um Rekorde und Preise. Henri Farman legte 180 Kilometer in drei Stunden zurück; die höchste Fluggeschwindigkeit über die Zehn-Kilometer-Strecke erreichte mit knapp 77 Stundenkilometern Louis Blériot; die größte Flughöhe mit 155 Metern schaffte Hubert Latham auf einer »Antoinette« des Konstrukteurs Levasseur.[3]

Nachdem Flugapparate jahrelang nur eine Beschäftigung für Liebhaber, Bastler und Spinner gewesen waren, begann sich in diesen Jahren ganz allmählich der Gedanke durchzusetzen, daß Flugzeuge außer zu Sport und Rekord auch zu etwas Praktischem nütze sein könnten, vor allem zum Transport von Post, Waren oder Passagieren. Und nun entdeckte auch das Militär das Gebiet der Luftfahrt, was zur Folge hatte, daß die Entwicklungsarbeiten vielfach staatliche Unterstützung erhielten. Dennoch waren sich die Militärs über die Einsatzmöglichkeiten von Flugzeugen weitgehend uneins. Man erwog die Möglichkeiten, taktische Bewegungen des Feindes aus der Luft zu beobachten, Infanterieoperationen mit Bomben und Bordwaffen zu unterstützen und den Nachschub des Gegners zu stören. Die meisten jedoch stimmten darin überein, daß Flugzeuge in erster Linie zur Aufklärung und zur Feuerleitung für die Artillerie eingesetzt werden könnten, was sich später als eklatante Fehleinschätzung herausstellte.

Am 21. Oktober 1911 wurde zum ersten Mal ein Flugzeug zu militärischen Zwecken eingesetzt: Es handelte sich um einen italienischen Aufklärungsflug im Feldzug der Italiener gegen die Türken in Libyen. Kurz darauf erfolgte der erste kriegsmäßige Abwurf von vier Zwei-Kilogramm-Bomben aus einer italienischen Maschine. In den Balkankriegen 1912/13 setzten Bulgaren, Türken, Serben und Rumänen ebenfalls bereits Flugzeuge ein, und die Franzosen operierten ab 1913 in Marokko gegen rebellierende Eingeborene aus der Luft mit Brandpfeilen und ab April 1914 mit den ersten Drei-Kilogramm-Bomben.

Als im August 1914 der Erste Weltkrieg ausbrach, verfügten die meisten Länder aber nur über wenige Flugzeuge. Deutschland führte mit 230 Stück, es folgten Frankreich und Italien mit je 150 und Großbritannien mit 90. Die USA besaßen 1917 ganze 55

Maschinen.[4] Doch nun begann eine stürmische Entwicklung der Flugzeugindustrie. Um die immensen Kosten aufzubringen, die die Flugzeugentwicklung in Deutschland verschlang, hatte Prinz Heinrich von Preußen, welcher der Fliegerei großes Interesse entgegenbrachte, die Öffentlichkeit bereits 1912 zu einer »Nationalflugspende« aufgerufen. 7,6 Millionen Mark kamen zusammen. Der Erfolg der deutschen Flugzeugbauer in den darauffolgenden Jahren ist allein schon daran ablesbar, daß immer mehr deutsche Namen in den Rekordlisten auftauchten. Bereits Anfang 1913 hielten deutsche Piloten und Maschinen mit Ausnahme des absoluten Geschwindigkeitsrekordes alle Weltbestleistungen.

Einer der bedeutendsten Flugzeugbauer Deutschlands wurde der Holländer Anthony Fokker. 1915 erregte er Aufsehen mit seinem berühmten Eindecker, der an der Westfront eingesetzt wurde. Die Maschine war nicht nur leicht und sicher zu fliegen, sondern sie besaß auch eine Neuheit, die Fokker entwickelt hatte: ein synchronisiertes Maschinengewehr, das durch den Drehkreis des Propellers schoß. Dies ermöglichte es dem Piloten, genauer zu zielen, da das Gewehr in der Längsachse des Flugzeugrumpfes lag. Dem Eindecker folgte der Doppeldecker Fokker D VII, der in Schwerin entwickelt und gebaut wurde. Er war wohl das beste Jagdflugzeug des Ersten Weltkrieges. Und schließlich baute Fokker auch noch einen Dreidecker, der ab 1917 eingesetzt wurde. Einen davon flog Manfred von Richthofen, der Jagdpilot des Ersten Weltkrieges mit den meisten Abschüssen. Fliegerasse wie der »Rote Baron« wurden als Helden gefeiert und mußten von den sinnlosen Materialschlachten und dem großen Leid auf der Erde ablenken. Zu einem kriegsentscheidenden Einsatz waren die Flugzeuge damals aber noch nicht geeignet.

Das Flugzeugbau-Fieber erfaßte die gesamte deutsche Industrie – es gab damals sogar ein Jagdflugzeug von Siemens, den Siemens-Schuckert-Jagdeinsitzer D I, ein Nachbau der erbeuteten französischen Konstruktion Nieuport 17c »Scout«. Insgesamt wurden im Ersten Weltkrieg in deutschen Flugzeugwerken über 47000 Maschinen hergestellt. Die Kapazität nahm ständig zu, im Sommer des letzten Kriegsjahres hatte sie die gigantische Zahl von 2000 Flugzeugen pro Monat erreicht. Weltweit wurden 200 000 Flugzeuge produziert. Natürlich gab es bei diesem rasanten Boom eine ganze Reihe technischer Entwicklungen im Flugzeugbau, die revolutionär waren, allen voran der Metallflugzeugbau, der nun zum Standard wurde.

Nach dem Ersten Weltkrieg bestimmte zunächst die Verkehrsluftfahrt die weitere Entwicklung. Drei neue Typenreihen wurden weltberühmt: Junkers entwickelte 1919 aus seinen ersten erfolgreichen Ganzmetall-Jagdflugzeugen seine legendäre Ju F 13 aus Wellblech. Von ihr führte später der Weg zur Ju 52, der berühmten »Tante Ju«, die heute noch fliegt. Ebenfalls 1919 baute Fokker in Schwerin seine F2, die vier Passagiere transportieren konnte. Sie wurde später in Form der dreimotorigen »Southern Cross« in den USA weiterentwickelt. Die Firma Douglas gewann 1933 einen Wettbewerb der Fluggesellschaft TWA. Aus dem Siegerflugzeug entstand die äußerst erfolgreiche DC-Typenreihe. Die DC 3 wurde mit 12 000 Exemplaren das meistgebaute Verkehrsflugzeug der Welt und fliegt ebenfalls noch immer.

Da damals die Reichweite auch großer Verkehrsflugzeuge noch nicht genügte, um den Atlantik ohne Auftanken zu überqueren, hatte der deutsche Konstrukteur Claudius Dornier mit seinen Flugbooten großen Erfolg. Sie wurden auch für den Postverkehr über den Atlantik eingesetzt. Zum Auftanken wasserten die Maschinen in der Nähe der im Atlantik stationierten Versorgungsschiffe »Westfalen« oder »Schwabenland« und schoben sich mit eigener Kraft auf ein Schleppsegel, um dann mit Hilfe eines Krans an Bord gehievt zu werden. Der Start von dort erfolgte dann mit einer Katapultanlage.

Zum zehnjährigen Jubiläum der Flugzeugwerke Heinkel brachten diese am 1. Dezember 1932 eine wirkliche Neuheit heraus: die Heinkel »Blitz« He 70, das erste stromlinienförmige Flugzeug mit einer völlig glatten Metalloberfläche und einziehbarem Fahrwerk. Es erreichte eine Höchstgeschwindigkeit von 357 Kilometern pro Stunde und bot vier Passagieren Platz. Rund 300 Exemplare dieses Typs wurden gebaut.

Der gewaltige technische Fortschritt im Flugzeugbau zwischen den zwanziger und vierziger Jahren hatte zur Folge, daß die Luftwaffe im Zweiten Weltkrieg ein bestimmender Faktor wurde. Das Flugzeug, das gerade noch im Begriff gewesen war, als Verkehrsmittel die Nationen und Kontinente zu verbinden, wurde schlagartig zur furchtbaren Waffe – auf beiden Seiten.

In allen am Krieg beteiligten Ländern liefen nun immer höhere Stückzahlen verschiedener Flugzeugtypen vom Band: in Deutschland die Me 109 von Messerschmitt, die Fw 190 und die Ju 87 und 88, in England die Spitfire, der Standardjäger der Royal Air Force, in den USA die P-51 Mustang, um nur einige zu nennen. Vor allem bei den Jagdflugzeugen steuerte die Entwicklung auf immer höhere Geschwindigkeiten zu. Das »Düsenzeitalter« brach an.

Auch bei optimaler Auslegung und trotz Anwendung aller technischer Finessen stößt die Geschwindigkeit, die man mit einem Propeller erreichen kann, irgendwann an Grenzen – spätestens dann, wenn die Drehzahl so hoch wird, daß die Propellerspitzen in die Nähe der Schallgeschwindigkeit kommen. Für noch schnellere Flugzeuge mußten also neuartige Antriebe gefunden werden.

Das erste Strahltriebwerk, das erfolgreich in einem Flugzeug eingesetzt wurde, stammte von dem Göttinger Physiker Hans Joachim Pabst von Ohain und wurde bei Heinkel gebaut. Nach vielen und teils erfolglosen Vorversuchen wurde ein Prototyp in die eigens zu diesem Zweck konstruierte He 178 eingebaut. Erich Warsitz, Heinkels Testpilot, unternahm am 27. August 1939 den Jungfernflug. Trotz des erfolgreichen Tests wurde die Maschine nie zur Serienreife entwickelt, weil das Reichsluftfahrtministerium keine Gelder dafür bewilligte.

Die Wehrmacht hatte nämlich auf eine andere Düsenmaschine gesetzt, die Me 262, die Messerschmitt konstruiert hatte und die mit BMW-003- oder Junkers-004-Triebwerken ausgerüstet war. Sie ging schließlich in Serie und war zu Kriegsende das überlegene Jagdflugzeug. Adolf Galland, damals General der Jagdflieger in Deutschland, schilderte in seinen Memoiren seine erste Begegnung mit dem Flugzeug: »Der 22. Mai 1943, an dem ich zum ersten Mal in meinem Leben ein Düsen-Flugzeug flog, ist mir unvergeßlich [...] Die damals phantastische Fluggeschwindigkeit von 850 Kilometern pro Stunde im Horizontalflug bedeutete einen Vorsprung von mindestens 200 Kilometern pro Stunde gegenüber den schnellsten Propellerjägern der Welt. [...] Ich fliege zum ersten Mal mit Rückstoßantrieb! Kein Motor vibriert. Kein Drehmoment und keine peitschenden Geräusche der Luftschraube. Von einem pfeifenden Schall begleitet schießt mein Turbo in die Luft. – Es ist, als wenn ein Engel schiebt, sage ich später, als man mich fragt, wie's war.«[5]

Das Strahltriebwerk setzte sich nach dem Zweiten Weltkrieg sowohl in der zivilen als auch in der militärischen Luftfahrt durch. Spezialisten aus Deutschland wurden nach Kriegsende in alle Welt zerstreut und gaben dort ihr Wissen an die Ingenieure der Gastländer weiter. So finden sich ursprünglich deutsche Entwicklungen in vielen ausländischen Flugzeugen. Zuerst erschien die »Comet« in England, später die Caravelle in Frankreich. Von den USA aus trat dann die Boeing 707 – zuerst als Tanker für die Air Force, dann als Passagierflugzeug –, gefolgt von Douglas und Lockheed, ihren Siegeszug um die Welt an.

Ein modernes Verkehrsflugzeug kann jeden Punkt des Erdballs in längstens 20 Stunden erreichen, ein Traum, der zu Anfang des Jahrhunderts noch Science-fiction war. Auch was die Größe der Verkehrsflugzeuge betrifft, haben sich die Maßstäbe ins Gigantische verschoben. Das stärkste, schwerste und leistungsfähigste Zivilflugzeug, die Boeing 747, besser bekannt unter dem Namen »Jumbo«, kann bis zu 500 Passagiere aufnehmen, ihre Frachtversion kann rund 125 Tonnen Güter befördern.

Im militärischen Bereich begann Mitte der vierziger Jahre die Jagd auf die Überschallgeschwindigkeit. Schon seit den dreißiger Jahren wußten die Flugzeugbauer, daß sich bei Annäherung der Fluggeschwindigkeit an die des Schalls (also auf Meereshöhe rund 1200 Kilometer pro Stunde, in größeren Höhen liegt die Schallgeschwindigkeit niedriger) die aerodynamischen Eigenschaften verändern. Die Folgen waren teilweise katastrophal: So ließen sich die amerikanischen Jagdeinsitzer P-38 Lightning ab einer bestimmten Geschwindigkeit praktisch nicht mehr steuern, das Höhenleitwerk riß unter den enormen Belastungen ab. Voller Pessimismus sprachen Anfang der vierziger Jahre manche Wissenschaftler davon, daß wohl kein Flugzeug je die Schallmauer durchbrechen könne, ohne dabei Schaden zu nehmen.

Auf Anregung der US Air Force begann man 1944 bei Bell, ein Flugzeug nur zu dem Zweck zu entwickeln, mit ihm die Schallmauer zu durchbrechen, also schneller als der Schall zu fliegen. Das Raketenflugzeug, angetrieben von Alkohol und flüssigem Sauerstoff, war besonders stromlinienförmig, hatte extrem dünne Flügelprofile und wurde wegen der erwarteten Belastungen außerordentlich stabil gebaut. Sein Name: »X-1«. Mit ihm erlangte der damals erst 24jährige Testpilot Chuck Yeager Weltruhm, als er am 14. Oktober 1947 als erster Mensch Schallgeschwindigkeit erreichte.

Nachdem nun bewiesen war, daß die Schallmauer nicht unüberwindlich ist, begann man auch Flugzeuge zu bauen, die mit »normalen« Düsentriebwerken, also ohne Raketenantrieb, Überschallgeschwindigkeit fliegen konnten. Dabei kam den Konstrukteuren eine Entdeckung des deutschen Ingenieurs Adolf Busemann zugute: Er hatte herausgefunden, daß der Widerstand, den das Flugzeug bei Überschallgeschwindigkeit entwickelt, wesentlich geringer ist, wenn man die Tragflächen in Pfeilform nach hinten stellt. Diese Idee hat sich unter dem Namen »Pfeilflügel« durchgesetzt. Es entstand eine ganze Generation gepfeilter Überschall-Jagdflugzeuge bei den verschiedensten Herstellern: in den USA die Sabre, in der Sowjetunion die MiG 15 und in Frankreich die Mystère.

Die Jagd nach immer höheren Geschwindigkeiten ging weiter. Im Frühjahr 1958 stellte die Firma Lockheed der US-Luftwaffe den Entwurf für ein neues Aufklärungsflugzeug vor, das in 24 000 Meter Höhe mit Mach 3 (also dreifacher Schallgeschwindigkeit) operieren sollte. 1960 erteilte die amerikanische Regierung der Firma den Auftrag, zwölf Versuchsflugzeuge dieses Typs zu bauen. Unter dem Codenamen A-12 entstand die Maschine, die wegen der angestrebten hohen Geschwindigkeit ganz neue, bis dahin unbekannte Anforderungen erfüllen mußte. So war es beispielsweise nötig, daß ihre Außenhaut 550 Grad Hitze standhielt – man verwendete deshalb dafür als Werkstoff Titan.

Mitte 1963 absolvierte der Testpilot Louis W. Schalk unter großer Geheimhaltung den ersten Mach-3-Flug mit diesem Flugzeugtyp. Eingehüllt in einen 18 Kilogramm schweren Druckanzug, der ihm das »Aussteigen« auch in großen Höhen ermöglicht hätte, saß er im Cockpit. Nach dem reibungslosen Start erreichte er zunächst 11 000 Meter Höhe, wobei er die Schallmauer durchbrach. Er stieg und beschleunigte weiter – nach wenigen Minuten hatte er eine Höhe von 20 000 Metern und eine Geschwindigkeit von 3200 Kilometern pro Stunde, also Mach 3, erreicht. Der Test war gelungen. Im Februar 1964 gab US-Präsident Lyndon B. Johnson offiziell bekannt, daß die USA über ein solches Flugzeug verfügten. Wegen ihrer schwarz lackierten Außenhaut erhielt die Maschine schnell ihren Spitznamen »Blackbird«.

Zwei absolute Rekorde aber hält eine andere Maschine, nämlich das Raketenflugzeug X-15, das bereits ein Mittelding zwischen Flug- und Raumfahrzeug darstellt. 1955 erhielt die North American Aviation den Auftrag, drei solcher Flugzeuge zu bauen. 1963 erreichte der Testpilot Joe Walker mit seiner X-15 eine Flughöhe von 107 960 Metern. Vier Jahre später stellte eine X-15 mit 7300 Kilometern pro Stunde, also Mach 6,72, einen Geschwindigkeitsrekord auf. Beide Höchstleistungen sind bis heute noch von keinem Flugzeug übertroffen worden. Die X-15 wurden im Jahr 1968 ausgemustert.

Eine gewaltige Entwicklung: von ein paar unbeholfenen Hopsern zu einem Flugzeug, das in über 100 Kilometer Höhe mit einer Geschwindigkeit von rund zwei Kilometern pro Sekunde dahinrast – und das alles innerhalb von nur sieben Jahrzehnten! Niemand hätte Anfang des Jahrhunderts eine solche Leistung für möglich gehalten. Aber noch viel unwahrscheinlicher erschien eine andere Errungenschaft, die schon am Horizont heraufzog, als die USA mit der X-15 experimentierten: ein weltumspannendes Netz zur drahtlosen Informationsübertragung.

»Am Anfang war das Wort«, beginnt das Johannes-Evangelium der Bibel. Dieser Satz gilt auch für das 20. Jahrhundert, jedoch sollte er den Zusatz enthalten: »Und am Ende war das Bit«. Wörter konnte man um 1900 bereits übertragen, aber es gab weder Radio noch Fernsehen, und auch das Telefon war noch recht neu. Im Jahr 2000 jedoch, nur 100 Jahre später, wird über elektronische Netze in Sekundenschnelle die gesamte Welt ins Wohnzimmer geholt. Zunächst jedoch lief alles noch über Drähte. Philipp Reis war es 1861 erstmals gelungen, die menschliche Stimme elektrisch zu übertragen; damit hatte er die Grundlage für die

Übermittlung gesprochener Nachrichten gelegt. Nachdem Alexander Graham Bell 1876 das elektromagnetische Telefon und Thomas Alva Edison und David Hughes 1877 das Kohlemikrophon erfunden hatten, setzte sich die Fernsprechtechnik schnell durch. Da die Zahl der Teilnehmer rasch zunahm, wurde eine effektive Vermittlungstechnik immer dringender, und 1889 erfand der Amerikaner Almon Strowger ein auf dem Zehnersystem beruhendes automatisches Vermittlungssystem, das über Wählscheiben funktioniert und die mühsame Handvermittlung überflüssig machte. Dieses System wird im Prinzip immer noch verwandt.

Um 1900 konnten in Deutschland die ersten Münzfernsprecher eingeführt werden, mit denen man über etwa 1000 Ortsnetze rund 200 000 Teilnehmer erreichen konnte.[6] In den USA gab es um 1900 bereits 1,6 Millionen Kilometer Fernsprechleitungen. Und der Ausbau ging rapide weiter: Bis zum Beginn des Ersten Weltkrieges waren in Deutschland bereits 2,1 Millionen Kilometer Telefonleitungen in Betrieb. Die Drähte zogen sich wie ein Netz über das ganze Land und wurden als Wunder der Technik gepriesen: »Regenbogenzarte Pfade sollen sie den feiner beseelten Schwingungen der Elektrizität darbieten, auf denen diese Göttern gleich mit unhörbaren Schritten dahinwandeln können. Nicht von der Erde nach Walhall hinauf führt der Weg, er läuft von einer Menschenstätte zur anderen, aber was die mit unirdisch geschwinden Schritten Dahinwandelnden mit sich tragen, ist göttliches Gut, das höchste, das es auf Erden gibt: der Gedanke«[7], schrieb Artur Fürst 1923 in seiner technischen Enzyklopädie.

Ein entscheidender Nachteil der Drahtübertragung war jedoch, daß das Signal auf längeren Strecken so stark geschwächt wurde, daß es nicht mehr registriert werden konnte. Erst als Michael Pupin, der damals an der Columbia University in New York lehrte, 1894 seine sogenannte Ladungsspule erfand, deren Patent sich die Bell Company 1900 sicherte, wurde die Übertragung über Strecken von mehr als 2000 Kilometern möglich. Im selben Jahr übernahm die Firma American Telephone and Telegraph (AT&T), die Dachgesellschaft von Bell, das gesamte amerikanische Fernmeldenetz. 1907 betrieb das Unternehmen etwa die Hälfte aller Telefone in den Vereinigten Staaten, während die Konkurrenten in den meisten Fällen nur Orts- und keine Ferngespräche anboten.

1915 nahm AT&T zur Eröffnung der Panama-Pazifik-Ausstellung die erste Telefonverbindung zwischen der amerikanischen Ost- und Westküste in Betrieb. Diesem Ereignis war ein spannender Wettlauf mit der Zeit vorausgegangen: Die Ingenieure des Unternehmens hatten erkennen müssen, daß die Pupinsche Ladungsspule nicht ausreichte, um eine Telefonleitung quer über den ganzen Kontinent zu betreiben; die Übertragung reichte von New York aus lediglich bis Denver, Colorado. Chefingenieur John Carty hatte deshalb erklärt, das Problem erfordere »besonders umfangreiche und umfassende Untersuchungen im Laboratorium«[8]. So konzentrierte die Firma ihre Kräfte auf das Ziel, einen wirksamen Verstärker zu finden. Sie richtete 1911 ein Forschungslabor ein, das zur Keimzelle der später weltberühmten Bell Labs werden sollte. Dort wurde eine Mischung aus Grundlagen- und angewandter Forschung betrieben, und man bemühte sich, die Atmosphäre so frei und aufgeschlossen wie an den Universitäten zu halten. Das Prestige eines Wissenschaftlers an der Universität war wesentlich höher als in einem Industrieunternehmen, und diesem Mangel wollte man damit abhelfen.

1906 hatten der amerikanische Erfinder Lee de Forest und der Österreicher Robert von Lieben die Dreielektrodenröhre entwickelt, eine Verstärkerröhre, die über eine Gitterelektrode gesteuert wird. Es handelt sich dabei um eine luftleer gepumpte Glasröhre mit einer Glühkathode, von der aus ein Strom freier Elektronen auf eine Auffangplatte, die Anode, fließt. Wesentlicher Bestandteil der Röhre ist ein Gitter, durch das sich die Elektronen hindurchbewegen. Je nachdem, ob es positiv oder negativ aufgeladen wird, läßt es den Strom hindurch oder hält ihn auf, so daß sich die Stromstärke im Rhythmus der aufgeprägten Wechselspannungen ändert. Damit war der Grundstein für die Radiotechnik gelegt, aber bei AT&T vermutete man, daß das Gerät auch als Verstärker für die Telefonkabel in Frage käme. 1912 erwarb das Unternehmen deshalb das Patent.

In den nächsten Jahren arbeiteten 25 Forscher daran, aus dem unzuverlässigen und störungsanfälligen Prototyp einen leistungsfähigen Verstärker zu entwickeln. Es gelang. Am 25. Januar 1915 sprach Alexander Graham Bell von New York aus per Telefon mit seinem ehemaligen Assistenten Thomas Watson in San Francisco. Der Physiker Robert Millikan kommentierte dieses Ereignis in seiner Autobiographie so: »Das Elektron – bis dahin eigentlich nur ein Spielzeug der Wissenschaftler – war nun zu einer bewegenden Kraft geworden, die es ermöglichte, dringende kommerzielle und industrielle Bedürfnisse des Menschen zu befriedigen.«

Trotzdem blieb die drahtgebundene Übertragung von Informationen problematisch. Die nötige Infrastruktur war teuer, und immer wieder gab es Rückschläge, wie etwa bei der Winterkatastrophe im November 1909. Artur Fürst berichtete darüber: »Damals fand ein Schneefall statt, wie er in Deutschland äußerst selten ist. Vierundzwanzig Stunden lang gingen große Flocken nieder [...] Der feuchte Schnee fror [...] an den Leitungen fest, und immer neue Lagen setzten sich an. Auf diese Weise bildeten sich um zahlreiche Drähte schließlich Schneezylinder, die, wie das Archiv für Post und Telegraphie verzeichnete, einen Durchmesser von vier bis sieben, vereinzelt sogar von zehn Zentimetern hatten. Das bedeutete eine ungeheure Belastung der Gestänge [...] Der Eisansatz erstreckte sich über weite Gebiete, und so war es nicht verwunderlich, daß, als am Morgen des 17. November ein starker Wind auftrat, die überlasteten Gestänge in langen Reihen niederbrachen. 13284 Kilometer Leitungsführungen wurden damals umgeweht [...] Allein im Bezirk Berlin waren 120 Telegraphenleitungen gestört [...] Die Kosten für die Ausbesserungen betrugen rund 2½ Millionen Mark.«[9]

Nicht zuletzt aufgrund derartiger Probleme bedeutete die drahtlose Telegraphie einen enormen Fortschritt. Der Italiener Guglielmo Marconi und der Russe Alexander Popow wurden zu ihren Vorreitern. Marconi wurde 1874 in Bologna geboren und beschäftigte sich mit experimentellen Arbeiten zu den elektromagnetischen Wellen, die Heinrich Hertz, Professor in Bonn, 1888 entdeckt hatte. Artur Fürst würdigte seine Leistung mit den Worten: »Durch seine sehr geistvollen Untersuchungen legte Hertz den Grund für das Riesengebäude der drahtlosen Telegraphie. Leider blieb es ihm versagt, die hochbedeutenden Folgen seiner Entdeckung zu sehen, da er schon in seinem 37. Lebensjahr (1894) gestorben ist.«[10] Popow gelang die erste funktelegraphische Übertragung über eine Entfernung von fünf Kilometern im Jahr 1897 zwischen zwei Schiffen.

Das erste Funktelegramm der Welt wurde im selben Jahr von Marconi von einer kleinen Kanalinsel namens Flatholm zur britischen Küste übermittelt. Adolf Slaby, Professor an der Technischen Hochschule Berlin, wohnte dem Ereignis bei und schilderte es später in seinem Buch ›Entdeckungsfahrten in den elektrischen Ozean‹: »Es wird mir eine unvergeßliche Erinnerung bleiben, wie wir, des starken Windes wegen, in einer großen Holzkiste zu fünfen übereinandergekauert, Augen und Ohren mit gespanntester Aufmerksamkeit auf den Empfangsapparat gerichtet, plötzlich, nach Aufhissung des verabredeten Flaggenzeichens, das erste Ticken, die ersten deutlichen Morsezeichen vernahmen, lautlos und unsichtbar hinübergetragen von jener felsigen, nur in undeutlichen Umrissen wahrnehmbaren Küste, herübergetragen durch jenes unbekannte geheimnisvolle Mittel, den Äther, der die einzige Brücke bildet zu den Planeten des Weltalls.« In der Tat glaubte man damals noch an die Existenz eines Äthers als Trägermedium für Licht und elektromagnetische Wellen (siehe auch Kapitel 2).

Man muß sich die Tragweite dieser Entdeckung plastisch vor Augen führen: Sie war ungefähr so geheimnisvoll, wie es am Ende des 20. Jahrhunderts ein experimenteller Beweis für die Existenz der Telepathie, also der Gedankenübertragung zwischen zwei Menschen, wäre. Zu Beginn dieses Jahrhunderts schien es undenkbar, geheimnisvolle Phänomene wie die elektromagnetischen Wellen technisch in größerem Maßstab zu nutzen. Trotzdem ließ sich diese Technik nicht aufhalten, und der Erste Weltkrieg trug seinen Teil dazu bei. Bereits 1899 erzielte die britische Marine mit dem neuen Verfahren bei einem Manöver Sendeweiten bis 100 Kilometer.

Nach seinem Umzug nach England gründete Marconi 1897 die Firma Wireless Telegraph Co. und rüstete Leuchttürme und Feuerschiffe mit Funkanlagen aus. 1901 gelang es ihm, mit einer Funkverbindung zwischen Poldhu in England und Glace Bay auf Neufundland den Atlantik zu überwinden. Der erste Buchstabe, der von Cornwall nach Neufundland gesendet wurde, war ein »S« – drei Punkte im Morsealphabet.

Damit Übertragungen des gesprochenen Worts möglich wurden, mußten neue Sender konstruiert werden. Der dänische Physiker Valdemar Poulsen entwickelte zwischen 1902 und 1904 einen Lichtbogensender für ungedämpfte Schwingungen mit einem Hochfrequenz-Wechselstromgenerator. Im Dezember 1900 hatte der amerikanische Elektrotechniker Reginald Fessenden bereits drahtlos Sprache übertragen, die von einigen Funkstationen »schlecht, aber verständlich« gehört wurden. Siegfried Richter schreibt in dem Buch ›Geschichte der Technik‹: »Dieser Premiere im Kleinen folgten weitere Experimente und schließlich im Dezember 1906 die erste Rundfunksendung. Fessenden strahlte von Brand Rock (Massachusetts) ein Musik- und Sprachprogramm aus, das von überraschten Hörern an der Atlantikküste bis nach Virginia gehört wurde. Reichlich 4 Jahre später ertönte die Stimme des berühmten Caruso, aus der Metropolitan Opera übertragen, aus dem Äther.«[11]

Im ersten Jahrzehnt des 20. Jahrhunderts überschlugen sich die Ereignisse, was die drahtlose Kommunikation betraf. Marconi selbst entwickelte den gekoppelten Schwingkreis und eine Hohlspiegel-Richtantenne für Ultrakurzwellen. 1907 wurde die erste Pressenachricht drahtlos von England nach Kanada geschickt. Weltweite Aufmerksamkeit lenkte 1912 der Untergang der »Titanic« auf die drahtlose Telegraphie. Das Schiff war mit einer Funkanlage ausgestattet und wurde über diese auch vor Eisbergen gewarnt; die Besatzung ignorierte jedoch diese Warnungen, das Schiff rammte einen Eisberg und sank.

1905 konnten bereits Radiostationen mit hoher Sendeleistung errichtet werden – beispielsweise »Radio Norddeich« –, die unter anderem die Verbindung zwischen Deutschland und den Kolonien aufrechterhalten sollten. Nach Kriegsende begannen um 1920 die Anfänge des privaten Rundfunks. 1921 nahm der damals leistungsstärkste Sender der Welt, »Comintern«, in Moskau den Betrieb auf.

1923 wurde in Deutschland das Verbot von privaten Rundfunkempfängern aufgehoben. Ausgerechnet auf dem Höhepunkt der Inflation in Deutschland – 1 Dollar war 4,2 Billionen

Mark wert – begann hier der Rundfunk: »Hier Sendestelle Berlin, Vox-Haus, Welle 400! Meine Damen und Herren, wir machen Ihnen davon Mitteilung, daß am heutigen Tag der Unterhaltungsrundfunk mit Verbreitung von Musikvorführungen auf drahtlos-telephonischem Wege beginnt. Die Benutzung ist genehmigungspflichtig. Als erste Nummer bringen wir: Cello-Solo mit Klavierbegleitung, Andantino von Kreisler, gespielt von Herrn Kapellmeister Otto Urack. Am Flügel: Herr Fritz Goldschmidt.«[12]

Der Rundfunk erwies sich bald als Konkurrenz für die Zeitung. Lag die registrierte Teilnehmerzahl Ende 1923 etwa bei 10 000, betrug sie zwei Jahre später schon über eine Million. Und die Möglichkeiten der politischen und werblichen Beeinflussung der Massen wurden schnell erkannt. Vor allem die Nationalsozialisten bauten den Rundfunk zielstrebig aus und nutzten ihn für Propagandazwecke. Fast jeder Haushalt besaß einen sogenannten Volksempfänger, der für 75 Reichsmark verkauft wurde. Allein im Jahr 1938 gingen rund 2,5 Millionen davon über den Ladentisch. So wurde im Dritten Reich der Rundfunk zum wichtigsten Mittel der staatlichen Beeinflussung. Unter Joseph Goebbels wurde sie institutionalisiert im »Ministerium für Volksaufklärung und Propaganda«. Unter Einsatz aller rationaler und irrationaler Mittel sprach man weniger den Verstand als vielmehr die Gefühle der Massen an. Ständige Wiederholungen, Überfrachtung mit Attributen, schillernde Bildersprache – mit solchen Mitteln wurden die propagandistischen Lehren in die Köpfe der Zuhörer gehämmert. Die offizielle nationalsozialistische Sprache war keine lineare Verkettung von Argumenten, sondern sie arbeitete mit beschwörenden Aufrufen, die ständig wiederholt wurden und damit eine Art Hypnose erzeugten. Die Massenhysterie gipfelte in der begeisterten Zustimmung zu Goebbels' Rede im Berliner Sportpalast am 18. Februar 1943, in der er zum »totalen Krieg« aufrief. Um weiteren Mißbrauch zu verhindern, wurden die nach dem Zweiten Weltkrieg neu gegründeten Rundfunkanstalten öffentlich-rechtlich kontrolliert.

In den USA war die Westinghouse Electric Company die erste Rundfunkstation, die sich an jedermann wandte. Ab 1930 gab es auch UKW-Sender. Im Gegensatz zum gedruckten Text, der erst durch die Phantasie des Lesers zum Leben erweckt wird, vermittelt der Hörfunk den Anschein des Authentischen, zumindest dann, wenn Originalsprache und -töne gesendet werden. Für den Hörer ist nicht ohne weiteres unterscheidbar, was Realität und was Fiktion ist – ein schwerwiegendes Dilemma, das immer wieder von skrupellosen Journalisten und Propagandisten zu ihren Zwecken ausgenutzt wurde. Wie stark die Wirkung derartiger pseudorealistischer Hörfunksendungen sein kann, bewies in erschreckender Weise das Hörspiel ›The war of the worlds‹ des amerikanischen Regisseurs Orson Welles, das 1938 gesendet wurde und in Reportageform von einem angeblich soeben stattfindenden Angriff der Marsbewohner auf die Erde handelte. Viele Hörer glaubten, die Reportage sei echt, es spielten sich panikartige Szenen ab, das Hörspiel mußte schließlich abgebrochen werden, um eine Massenhysterie zu vermeiden.

Noch einen Schritt weiter als der Hörfunk ging schließlich das Fernsehen, das nicht nur Töne, sondern auch Bilder in die Häuser der Menschen brachte. Es begann ebenfalls in den zwanziger Jahren. Zwar hatte der Berliner Student Paul Nipkow bereits 1883 das Grundprinzip des Fernsehens erdacht, aber praktische Anwendungen gab es erst später: Der Deutsche Julius Plücker und sein Schüler Johannes Wilhelm Hittorf entwickelten die »Geißlerschen Röhren«, die farbige Lichterscheinungen im Vakuum hervorgerufen hatten, weiter. Als erstes elektronisches Bild erzeugte Hittorf ein Kreuz.

1925 fanden erste Versuche zur drahtlosen Bildübertragung statt, die technischen Mittel jedoch waren noch äußerst unzureichend. 1931 führte Manfred von Ardenne auf der Funkausstellung in Berlin seine elektronische Bildröhre vor. Den Durchbruch schaffte das Fernsehen aber erst mit der Entwicklung der elektronischen Filmkamera. 1935 wurde in Deutschland der Fernsehbetrieb aufgenommen, an drei Abenden der Woche. Erste Bewährungsprobe für das Fernsehen waren die Olympischen Spiele 1936 in Berlin, die zu einem Triumph der nationalsozialistischen Propaganda wurden. Es gab öffentliche Fernsehstuben, in denen man sich die Übertragungen ansehen konnte. Drei Jahre später wurde analog zum Rundfunk-Volksempfänger der Fernseh-Volksempfänger gebaut. Bedingt durch den Zweiten Weltkrieg kam er jedoch nicht zu nennenswertem Einsatz.

In der Bundesrepublik begann das regelmäßige Fernsehprogramm im Jahr 1952. Zu diesem Zeitpunkt gab es in den USA bereits knapp 30 Millionen Geräte, darunter sogar schon Farbfernseher. Das deutsche Programm wurde erst 1963 auf Farbe umgestellt. Noch immer aber konnte man Fernsehprogramme nicht weltweit übertragen. Dies änderte sich mit dem Einsatz von Satelliten. Der erste Fernsehsatellit, Syncom II, wurde 1964 gestartet, zu den Olympischen Spielen in Tokio. Nachrichten, Kriegsberichterstattung und vor allem Sportereignisse, die zeitgleich in alle Länder der Welt gesendet werden, sind am Ende des Jahrhunderts eine Selbstverständlichkeit. Das bisher größte Ereignis in der Geschichte des Fernsehens aber bleibt die Live-Übertragung am 21. Juli 1969 vom Mond, als Neil Armstrong als erster Mensch seinen Fuß auf die Mondoberfläche setzte.

Was zu jener Zeit noch allgemeine Aufmerksamkeit erregte und die Menschen begeisterte, war zwei Jahrzehnte später Alltag. Ein Leben ohne Fernsehkonsum ist zum Ende des Jahrhunderts kaum mehr denkbar. Kinder beziehen ihr Wissen, ihre Vorstellungen von der Welt und ihre moralischen Maßstäbe zu einem nicht unerheblichen Teil über dieses Massenmedium. Die Diskussionen, ob Fernsehen die Gewaltbereitschaft bei Kindern fördert, wurden wissenschaftlich zwar nie befriedigend zu Ende geführt, aber Mordfälle in den neunziger Jahren, bei denen Kinder die Täter waren, geben Hinweise darauf, daß für manche Kinder die elektronische Welt die Realität bereits weitgehend ersetzt hat.

Wie stark das Fernsehen spätestens in den neunziger Jahren die Lebenswelt insbesondere der jüngeren Generation geprägt hat, zeigt sich auch daran, daß die Mondlandung, die einst als Triumph der Technik gefeiert wurde, von den Kindern und Jugendlichen, die damals noch gar nicht geboren waren, heute als eine Art Computerspiel empfunden wird. Vielfach wird sogar die Meinung vertreten, die Astronauten seien nur in einem auf der Erde gedrehten Film aufgetreten. Das Fernsehen und die Computerwelt überholen die Realität und werden als glaubwürdiger angesehen als jene – ein Indiz für die Macht der Telekommunikation.

Diese machte die Welt zum Dorf, Flugzeuge erlaubten das schnelle Reisen, aber keine andere Technologie hat das 20. Jahrhundert so entscheidend geprägt wie das Automobil. Es wird in die Geschichte eingehen als das »Jahrhundert des Automobils«. Das Auto wurde zum bevorzugten Fortbewegungsmittel, es war Statussymbol, Konjunkturbarometer und Beleg des technischen Fortschritts, ja geradezu Fetisch. Der Besitz eines Führerscheins und eines Autos wurde in den Industriestaaten zur Selbstverständlichkeit. Der Straßenbau prägte zunehmend die Landschaft. Und die Automobilindustrie wurde zur Leitindustrie der modernen Gesellschaft. Gleichzeitig verursachte gerade der automobile Verkehr die größten Umweltprobleme: Vom sauren Regen und der Ausbeutung der Ressourcen über die Ozonbelastung der Luft bis zum Treibhauseffekt.

Um 1900 hatte alles ganz harmlos begonnen: In praktisch allen Industrieländern gab es erste Automobile; unterschiedliche Marken konkurrierten bereits um die Gunst des Käufers. Obwohl die Erfindung des kraftgetriebenen Wagens in die achtziger Jahre des 19. Jahrhunderts fiel, dauerte es eine gewisse Zeit, bis das Konzept ausgereift war. Das Fahrzeug, das als erstes modernes Auto der Welt bezeichnet werden kann, schuf Wilhelm Maybach im Jahr 1900/01 mit dem »Mercedes« für die Daimler-Motoren-Gesellschaft. Er wurde bereits von einem 35-PS-Motor mit vier Zylindern angetrieben und konnte eine Höchstgeschwindigkeit von 72 Kilometern pro Stunde erreichen.

Den Reiz der Geschwindigkeit zu erleben, dies war von Anfang an ein Motiv für das zunächst noch recht mühselige Autofahren. Im Gegensatz zur Eisenbahn ermöglichte das Auto die Erfahrung schneller, scheinbar selbstbeweglicher Individualität. Autofahren war anfangs ein Abenteuer, das vor allem das prickelnde Vergnügen verschaffte, Angst zu überwinden. Aber dafür winkte dann auch hoher Lohn; man konnte sich sagen, mit der atemberaubenden Geschwindigkeit von rund 20 Stundenkilometern gefahren zu sein. Der Automobilfahrer jener Tage war in erster Linie ein sportlicher Abenteurer, der die Technik an die Zügel nahm. So war es denn auch der Automobilsport, der das Auto zum Tagesgespräch machte. Das erste Rennen Paris–Bordeaux im Jahre 1895 war eine Sensation. Vier Jahre später, bei der ersten deutschen Wettfahrt Berlin–Potsdam–Berlin, kam der Sieger auf eine Durchschnittsgeschwindigkeit von 24,6 Kilometer pro Stunde.

»Tempo«, schreibt Joachim Radkau, »war um 1900 ein besonders erregendes Zeichen der neuen Zeit. [...] In jener Zeit bekam das Wort ›Tempo‹ eine neue Bedeutung: Meinte es vorher ›in angemessenem Zeitmaß‹, so bedeutete es seitdem: ›hohe Geschwindigkeit‹ – diese war für den neuen Geschwindigkeitsrausch, der zunächst vom Fahrrad, dann aber vom Automobil erzeugt wurde, das ›angemessene Zeitmaß‹«.[13] Hand in Hand mit diesem Streben nach Tempo ging nun eine neue Modekrankheit, die »Nervosität«, die vorher unbekannt war und um die Jahrhundertwende den Namen »amerikanische Krankheit« erhielt.

Weil Schnelligkeit von Anfang an ein Ziel der Autobauer war, gab es bereits zu Beginn des Jahrhunderts Autorennen. Zu den bekanntesten zählten die »Gordon-Bennett-Rennen«, die für jeweils dreiköpfige Nationalteams ausgeschrieben wurden. Das Auto sowie die Reifen und alle Zubehörteile mußten aus dem Heimatland der Fahrer stammen. Auf der Strecke Paris–Lyon, die 556 Kilometer betrug, gewannen schließlich die Franzosen auf Panhard. Die Durchschnittsgeschwindigkeit betrug 61,8 Kilometer pro Stunde. Nicht einmal schlecht, wenn man bedenkt, in welchem Zustand sich die Straßen damals befanden. Wer in den (noch offenen) Autos fahren wollte, mußte Schutzkleidung, Mütze und Brille tragen, um sich vor Staub und Schmutz zu schützen. Große Staubmäntel kamen damals in Mode. Ausgebaute und geteerte Straßen waren so gut wie unbekannt, und insbesondere in den Alpen zogen sich die Paßstraßen auf oft abenteuerlichen Wegen über die Berge. So war es beim Rennen Paris–Wien 1902, bei dem der Arlberg überwunden werden mußte, für manche Fahrer nicht möglich, die starke Steigung zu nehmen. Dieses dreitägige 1700-Kilometer-Rennen, an dem 137 Fahrer teilnahmen, gewann der Franzose Louis Renault haushoch. Als er zwei Stunden früher als angenommen im Wiener Prater eintraf, war noch nicht einmal die Jury anwesend. Der Fahrer wurde von der Wiener Bevölkerung begeistert gefeiert. Auch die deutschen Mercedes-Wagen errangen Triumphe: Der erste bedeutende Sieg gelang dem Cannstatter Monteur Werner auf dem

Fahrzeug des Barons Rothschild beim Rennen Nizza–Salon–Nizza am 25. März 1901.

Ganz allmählich wurden Automobile auch für den Normalbürger erschwinglich. Die gebauten Stückzahlen waren zu Beginn des Jahrhunderts allerdings noch gering, Frankreich lag an der Spitze mit über 10 000 Autos im Jahr 1900. Diesen Vorsprung hielt es bis 1905; im Jahr 1903 wurden in Frankreich sogar mehr Automobile hergestellt als in allen anderen Ländern der Welt zusammen.[14]

Während in Deutschland die Autoproduktion relativ langsam anlief, stiegen die Stückzahlen in England ab 1901 schnell an. In den USA wurden vor 1902 keine Autos gebaut; dies änderte sich aber schnell: »1903/04 entdeckt Amerika plötzlich das Automobil, die Produktionsziffern schnellen nun in einer für uns kaum vorstellbaren Weise in die Höhe und übertreffen bereits 1906 – also zwei Jahre, ehe das Ford-Modell T eingeführt wurde – die französischen Zahlen. [...] Von 1906 an übernahmen die USA die Rolle, die sie bis heute spielen: die Automobilproduzenten mit den höchsten Stückzahlen.«[15] Ende der fünfziger Jahre existierten auf der Welt bereits etwa 100 Millionen Autos.

Während der Wagen von Daimler 1886 noch von einem in der Mitte stehenden Einzylinder-Viertaktmotor mit Glührohrzündung und einer Leistung von 1,5 PS über Wellen und Zahnräder angetrieben wurde und nur zwei Geschwindigkeitsstufen kannte, setzte sich um die Jahrhundertwende ein mehr dem Motorantrieb angepaßter Aufbau des Autos und seines Fahrgestells durch. Die Erfindung des Luftreifens, der elektrischen Zündung und des Spritzdüsenvergasers ermöglichten zunehmenden Fahrkomfort.

Zur Massenware wurde das Automobil jedoch erst mit dem Ford-T-Modell. Der amerikanische Ingenieur Henry Ford konstruierte 1892 sein erstes Automobil und gründete 1903 die Ford Motor Company. Am 3. Oktober 1908 veröffentlichte er eine ganzseitige Anzeige in der ›Saturday Evening Post‹, in der er das Modell T vorstellte. In den ersten Monaten gab es den Wagen als offenen Viersitzer oder als Dreisitzer. Bald wurde aber nur noch die viersitzige Version produziert. Mit dem 2,8-Liter-Motor von 20 PS erreichte das Auto eine Spitzengeschwindigkeit von 60 bis

70 Kilometern pro Stunde. Der Motor mußte noch mit einer Kurbel angelassen werden, erst 1919 erhielt er einen elektrischen Anlasser.

Anfangs war der wirtschaftliche Erfolg des Ford-T nicht überwältigend. Erst vier Jahre nach seiner Einführung begann das Geschäft mit dem »Volkswagen Amerikas« zu boomen. Er kostete zunächst 850 Dollar, wobei im Preis »Zubehörteile« wie Windschutzscheibe, Verdeck, Laternen und Reserverad nicht enthalten waren. Aufgrund des großen Erfolgs und der wachsenden Produktionsziffern verbilligte sich der Wagen zunehmend. 1911 konnte man ihn bereits für 690 Dollar kaufen. Richard von Frankenberg dokumentierte den weiteren Preisverfall: »Von Jahr zu Jahr wurden die Preise gesenkt, bis man 1917 bei 360 Dollar angekommen war. Kurz nach dem Krieg kam wieder ein leichter Preisanstieg, aber schließlich im Jahr 1925 sank die Summe, die man für Fords Volksautomobil ausgeben mußte, auf 290 Dollar herab: die niedrigste Summe, um die jemals ein komplettes vollwertiges Automobil verkauft und geliefert worden ist.«[16]

15 176 888 Ford-T wurden insgesamt gebaut und verkauft. »Die Popularität des Wagens spiegelt sich am besten darin wider, daß bei Aldous Huxley in seinem so berühmt gewordenen Zukunftsroman ›Schöne neue Welt‹, der 1932 erschien, die Menschen den ›großen Ford‹ als Gott verehren, ihre Zeitrechnung nach ihm richten und zum Zeichen dieser Verehrung nicht ein Kreuz, sondern ein T schlagen.«[17]

Henry Ford führte nicht nur das Förderband und die Massenproduktion von Autos ein, sondern machte sich auch Gedanken über Technik, Lebenswelt und Philosophie. Dabei war er immer vom Nutzen und Segen der Technik überzeugt. So schrieb er in seinem Buch ›Das große Heute, das größere Morgen‹: »Wenn man von der steigenden Ausdehnung der Maschinen- und Industriewelt spricht, entsteht das Bild einer kalten, metallischen Welt, in der die großen Fabriken an die Plätze der Bäume getreten sind und in der keine Blumen, keine Vögel und keine grünen Felder mehr existieren. Einer Welt, in der es überhaupt nur noch Maschinen und zu Maschinen gewordene Menschen gibt. Mit all diesen Anschauungen stimme ich nicht überein. Nur wenn wir nicht über die Maschinen und ihren richtigen Gebrauch genau

Bescheid wissen, wenn wir nicht die mechanisierte Seite des Lebens ganz verstehen können, werden wir keine Zeit haben, um uns an Bäumen und Vögeln, Blumen und grünen Feldern zu erfreuen.«

Die Voraussetzungen für die Ausbreitung des Automobilismus in Deutschland wurden während der Zeit der Nationalsozialisten geschaffen, die den Volkswagen als preisgünstiges Auto für jedermann einführten und den Ausbau der Autobahnen betrieben. G. Armanski schrieb in seinem Buch ›Wir Geisterfahrer e.V.‹ dazu kritisch: »Sozialmoralisch, ästhetisch und materiell erhielt das Auto eine Schlüsselstellung im nationalsozialistischen Gesellschaftsentwurf. Auf der Grundlage eines staatlichen Schutzes für das Kfz-Wesen gedieh die Ideologie einer ›motorisierten Volksgemeinschaft‹. [...] Im Autorausch der Nachkriegszeit und in den Verlautbarungen des ADAC lassen sich bis heute Spuren dieses Unwesens verfolgen. Die Autobahnen, von denen bis 1939 4000 Kilometer gebaut wurden, sollten die Kathedralen des Reichs und Ingebilde des neuen Gefühls herrschaftlicher Ordnung werden.«[18] Und Otto Ulrich kommentierte die weitere Entwicklung zur Automobil-Kultur in Deutschland im ›Öko-Almanach 91/92‹ so: »Obwohl der Staat eine Eisenbahn besaß und für das Gedeihen dieses vergleichsweise umweltverträglichen Verkehrssystems verantwortlich gewesen wäre, nahm er eindeutig Partei für das Kraftfahrzeug. Zwischen 1960 und 1982 wurden 2500 km Bundesbahnlinien vollkommen stillgelegt, und auf 5800 km wurde der Personenverkehr eingestellt. Die Anzahl der Nahverkehrszüge ging in diesem Zeitraum um mehr als ein Drittel zurück. Im gleichen Zeitraum wurde ein rigoroser Ausbau von Straßen aller Art betrieben: 5200 km zusätzliche Autobahnen, über 30 000 km zusätzliche, meist als Schnellstraßen ausgebaute überörtliche Bundes-, Landes- und Kreisstraßen und außerdem noch rund 80 000 km zusätzliche überörtliche Gemeindestraßen. Zwischen 1960 und 1980 wurden 216 Milliarden DM in den Kraftfahrzeugstraßenbau investiert, aber nur rund 16 Milliarden DM in Bahnanlagen.«[19]

Die Verkehrssituation verschlechterte sich trotzdem, denn der Neubau von Straßen konnte mit der zunehmenden Zahl von Autobesitzern nicht Schritt halten. Insbesondere vielen Großstädten droht am Ende des Jahrhunderts der Verkehrsinfarkt, obwohl viele Städte ein teures System für den städtischen Personenverkehr unterhalten.

Der Aufschwung der Nahverkehrsmittel hatte schon gegen Ende des 18. Jahrhunderts begonnen. Durch die Entstehung der großen Städte wurde es notwendig, neue Verkehrsmittel zu entwickeln, die eine Vielzahl von Passagieren schnell und sicher befördern konnten. So entstanden die Stadtschnellbahnen. Besonders Untergrundbahnen, also Tunnelbahnen mit der erforderlichen technischen Ausrüstung, belasten das Straßennetz nicht, benötigen keine niveaugleichen Kreuzungen und gewährleisten hohe Durchlaßfähigkeit, Pünktlichkeit sowie Verkehrsgeschwindigkeit der Züge.[20]

Es ist deshalb kein Zufall, daß die erste Untergrundbahn in London entstand, das in der zweiten Hälfte des 19. Jahrhunderts die größte Stadt der Welt war. 1860 bis 1863 baute die Firma »Metropolitan Railway« eine Unterpflasterbahn in geringer Tiefe, sie war 3,6 Kilometer lang und wurde mit Dampflokomotiven betrieben. Bis 1882 entstanden vier weitere Streckenabschnitte, danach begann ein schnelles Wachstum des Londoner Stadtschnellbahnnetzes. Ab 1890 baute man auch tiefere Tunnel. Am Ende des 20. Jahrhunderts besitzt London mit rund 400 Kilometern das längste U-Bahnnetz der Welt. Nach London erhielt 1897 Glasgow eine Untergrundbahn. Große Bedeutung hatte für diese Verkehrsmittel der Übergang vom Dampf- zum elektrischen Antrieb in den neunziger Jahren, da die Verschmutzung der Tunnel durch Rauch und Ruß aufhörte.

Nach und nach zogen andere europäische Großstädte nach: Budapest erhielt ab 1896 eine U-Bahn, die bereits im ersten Jahr mehr als vier Millionen Fahrgäste beförderte, Wien folgte 1898. Die Inbetriebnahme der Pariser Metro fand 1900 zur Eröffnung der Weltausstellung statt. Berlin folgte 1902, Hamburg 1912, Madrid 1919 und Athen 1925. Auf dem amerikanischen Kontinent verkehrte die erste Untergrundbahn 1868 in New York. Es folgten Chicago 1892, Boston 1901 und Philadelphia 1907.

Bereits im letzten Drittel des 19. Jahrhunderts hatte der Aufschwung der elektrischen Energie begonnen. Nachdem Forscher wie Faraday, Ohm, Volta und Oersted die theoretischen und praktischen Grundlagen der Elektrizität erforscht und formuliert hatten, entstanden immer neue Erfindungen, die den Strom für die Allgemeinheit nutzbar machten. 1882 baute Werner von Siemens in Deutschland die erste Glühlampenfabrik. Ihre Tagesproduktion betrug anfangs 40, später bis zu 80 Stück. Der Preis pro Lampe lag bei rund sieben Mark – mehr als zwei Tagelöhne eines Maurers. Und der Vierteljahresverdienst eines Handwerkers mußte für die Installation jeder Lampe bezahlt werden: etwa 230 Mark. Obwohl Siemens & Halske 1889 bereits 650 000 Lampen herstellten und die Preise dadurch stark sanken, blieb die elektrische Beleuchtung noch lange Zeit das Privileg öffentlicher Einrichtungen und einiger wohlhabender Familien, die es sich leisten konnten: 80 Pfennige plus eine Grundgebühr von jährlich sechs Mark für jede angeschlossene Glühlampe kostete die Kilowattstunde Ende der achtziger Jahre. Bedenkt man, daß einer Arbeiterfamilie für Lebensmittel täglich nur zwei bis drei Mark zur Verfügung standen, wird deutlich, daß »Glühlicht« für Kunden mit kleinerem Geldbeutel unerschwinglich war. Erst als Elektrizität Massenware wurde, gingen die Preise zurück.

Im Jahr 1900 versorgten bereits 652 Elektrizitätswerke in Deutschland etwa 2,6 Millionen Glühlampen und 50 000 Bogenlampen mit Strom. 1903 wurde in Chicago der größte Generator der Welt mit fünf Megawatt Leistung in Betrieb genommen. 1923 nahm in Los Angeles eine Hochspannungsleitung für 220 000 Volt ihren Betrieb auf. Und 1937 wurde bereits ein Turbogenerator eingeschaltet, der 100 Megawatt Leistung erzeugte.

Auch die Industrie stieg zunehmend von Dampf auf elektrischen Strom um. Während der Zensus-Report für das Jahr 1880 die industrielle Anwendung elektrischer Energie überhaupt nicht erwähnt, weist der Report für 1900 eine elektrische Kapazität von 200 000 PS für die amerikanische Wirtschaft aus. Den Siegeszug dieser neuen Energieform in den Fabriken spiegelt auch ein Beispiel aus Berlin wider[21]: 1895 gab es 1184 Gasmotoren mit insgesamt 5400 PS sowie 663 Elektromotoren mit 2400 PS. 1912 waren Elektromotoren mit insgesamt etwa 150 000 PS in Betrieb, während die Zahl der Gasmotoren konstant blieb. Die ersten elektrisch betriebenen Werkzeugmaschinen waren 1900 auf der Pariser Weltausstellung zu sehen. In Deutschland dominierte der

Dampfantrieb der Werkzeugmaschinen zwar bis in die zwanziger Jahre des 20. Jahrhunderts, aber danach war der Einsatz elektrischer Geräte im Gewerbe nicht mehr aufzuhalten. Er reichte bald von Pumpen, Kränen und Bohrmaschinen im Baugewerbe über elektrische Drehbänke, Schleif- und Poliermaschinen in der Metallbearbeitung bis hin zu Teigknetmaschinen und elektrischen Backöfen in den Bäckereibetrieben. Auch in der Landwirtschaft eroberte sich die elektrische Kraft für Hebevorrichtungen, Mühlen und Dreschmaschinen ihren Platz. Der Elektromotor hat so viele Vorzüge, daß ab 1900 auch die Dampflok durch die moderne E-Lokomotive Konkurrenz erhielt. Im großen Stil setzte die Elektrifizierung des Streckennetzes allerdings erst nach 1950 ein.

In den Haushalten stand die Technisierung weniger unter dem Aspekt der Bequemlichkeit als unter dem der Sparsamkeit. Nach dem Zweiten Weltkrieg wurden viele Elektrogeräte auch für den Durchschnittshaushalt erschwinglich. Das wird besonders deutlich am Elektroherd, der damals die größten Zuwachsraten aufwies: 1929 waren in Deutschland 35 000 elektrische Herde registriert, zehn Jahre später kochte man bereits auf rund 800 000 Herden mit Strom. 1959 war diese Zahl sogar auf sechs Millionen Haushalte angewachsen. Eine ähnliche Bedeutung erlangte schnell der elektrische Kühlschrank. Der vielleicht tiefste Einschnitt im Hausfrauenalltag war aber, so meint Joachim Radkau, die Mechanisierung der »großen Wäsche«, der mühseligsten Arbeit. »Aber die Entwicklung einer für die Masse der Haushalte erschwinglichen Waschmaschine, die nicht nur rasant rotierte, sondern auch sauber und stoffschonend reinigte, ohne daß eine Nachbearbeitung nötig war, zog sich bemerkenswert lange hin: ein Vorgang, der auf die Probleme hinweist, die sich ergaben, als sich die der männlichen Welt verhafteten Techniker einen weiblichen Erfahrungsbereich anzueignen suchten.«[22]

Zur Jahrtausendwende werden weltweit mehr als zwei Millionen Megawatt elektrischer Energie erzeugt. Der Preis für eine Kilowattstunde beträgt nur noch wenige Pfennige.

Elektrischer Strom hat zusammen mit den Errungenschaften der Elektronik (siehe Kapitel 6) und der drahtlosen Informationsübertragung die Welt so klein gemacht, daß Kontakte rund um den Globus innerhalb von Sekunden herstellbar sind. Der einst als »göttliches Gut« bezeichnete Gedanke – man könnte sagen: die Information – umrundet die Erde mit Lichtgeschwindigkeit. So schnell konnten materielle Gefährte nicht sein, trotzdem steigerte sich im Zeitalter der Raumfahrt die bereits durch Flugzeuge erreichbare Geschwindigkeit noch einmal um ein Vielfaches. Auch dieses Zeitalter begann im 20. Jahrhundert.

1903 prophezeite Konstantin Ziolkowsky, einer der ganz großen Raumfahrtpioniere, den man manchmal den Vater der russischen Raketentechnik nennt: »Die Erde ist die Wiege der Menschheit, doch die Menschheit wird nicht ewig in der Wiege bleiben.« Ziolkowsky, der 1857 in Ischewskoje geboren wurde, war ein einfacher Lehrer, der sich zunächst aus Liebhaberei mit Fragen der Raumfahrt beschäftigte. Seine theoretischen Überlegungen sind erstaunlich, wenn man bedenkt, daß es damals noch keine Raketen, geschweige denn andere Raumfluggeräte, gab. Viele seiner Berechnungen blieben gültig, und er machte hellsichtige Vorhersagen: Er entwarf eine Rakete mit Flüssigtreibstoff, nämlich Wasserstoff und Sauerstoff, entwickelte die sogenannte Grundgleichung der Raketentheorie und erdachte das Konzept der Stufenraketen. Sein Hauptwerk ›Die Erforschung der Welträume durch Rückstoßapparate‹ trägt die Jahreszahlen 1903–1911.[23] Später baute er den ersten Windkanal und entwarf ein Ganzmetallflugzeug.

Auf dem Grabstein Ziolkowskys im russischen Kaluga steht ein Nachsatz zu seinem »Wiegensatz«: »In seinem Streben nach Leben und Raum wird der Mensch sich zaghaft über die Grenzen der Atmosphäre erheben und fortschreiten, bis er das gesamte Sonnensystem erobert hat.«[24] Ziolkowsky starb im Jahr 1935, 26 Jahre vor Kennedys Aufruf zum Wettrennen auf den Mond. Für das 20. Jahrhundert mag Ziolkowskys Vorhersage zu optimistisch erscheinen, aber der erste Schritt, der zum Mond, ist immerhin gelungen.

Ein Deutscher machte es sich Anfang des 20. Jahrhunderts zur Aufgabe, die günstigsten Flugbahnen für Raketen zu anderen Planeten zu berechnen: Ernst Friedrich Hohmann veröffentlichte 1925 sein einziges Buch. Es trug den Titel ›Die Erreichbarkeit der Himmelskörper‹. Die Berechnung der Flugbahn und die

Auswahl des »Startfensters« beispielsweise für eine Mondmission sind keine einfache Angelegenheit. Es ist relativ schwierig, den Mond überhaupt zu treffen, ganz zu schweigen von einem bestimmten Landegebiet auf seiner Oberfläche. Noch 1965 verfehlte die unbemannte russische Mondrakete Luna 6 den Mond um rund 160 000 Kilometer. Mit modernen Computern ist das Problem leichter zu lösen, diese jedoch standen Hohmann natürlich noch nicht zur Verfügung.

In Rumänien geboren, aber danach ebenfalls in Deutschland zu Hause, arbeitete Hermann Oberth, den der Raumfahrtspezialist Harry O. Ruppe als »Vater der Raumfahrt« bezeichnet, die grundlegenden Theorien aus. Sein Lehrbuch ›Wege zur Raumschiffahrt‹ ist ein Standardwerk. Ein dritter Deutscher schließlich, Eugen Sänger, vertrat die Position, daß man Raumfahrt nicht mit »Wegwerfraketen« betreiben könne. Er engagierte sich für wiederverwendbare Raumfahrzeuge, die auf Flugplätzen landen konnten. So entwickelte er das Hochleistungsflugzeug mit Raketenmotor, dessen Prototyp nach ihm benannt wurde. Daß seine Ideen realistisch waren, zeigt der Erfolg des Space-Shuttle, mit dem die USA Sängers Idee verwirklicht haben.

Auch in den USA gab es erste Versuche in den zwanziger Jahren: Robert Goddard erkannte, daß die Raketenmotoren das Hauptproblem bei der Verwirklichung der Raumfahrt darstellten. Konsequenterweise beschäftigte er sich deshalb mit festen und flüssigen Treibstoffen. In den zwanziger Jahren entwickelte er eine erste Rakete mit flüssigem Treibstoff, die er am 16. März 1926 startete. Sie flog zwölf Meter hoch und 56 Meter weit. 1930 gelang es ihm, eine drei Meter lange Rakete immerhin schon in 600 Meter Höhe zu schicken.

Weitaus bekannter wurde der deutsche Physiker Wernher von Braun, der nach dem Krieg in die USA ging, um dort bei der NASA am amerikanischen Weltraumprogramm mitzuarbeiten. Seit 1942 war er in Peenemünde technischer Direktor der Heeres-Versuchsanstalt gewesen. Dort wurde unter seiner Leitung die Fernrakete A4 konstruiert, die im Zweiten Weltkrieg als »Vergeltungswaffe« V2 eingesetzt wurde. In den USA entwickelte er unter anderem die Jupiter-C-Rakete, mit der der erste amerikanische Erdsatellit 1958 gestartet wurde, sowie die Saturn-Rakete als Voraussetzung für das Apollo-Programm. Dadurch wurde sein Name untrennbar mit der ersten Mondlandung verknüpft. Ab 1970 arbeitete von Braun als Chef der NASA-Planungsabteilung.

Daß die Sowjetunion mit ihrem Start des Sputnik-1 am 5. Oktober 1957 von Baikonur aus die Nase in der Raumfahrt vorn hatte, lag vor allem daran, daß es dort bereits starke Raketen für militärische Zwecke gab. Insbesondere die Wasserstoffbombe, die die Sowjets im Sommer 1953 zu testen begonnen hatten, war groß und schwer. Wenn man mit dieser Waffe weit entfernte Staaten wie die USA bedrohen wollte, benötigte man starke Raketen zu ihrem Transport. Der ukrainische Chefkonstrukteur der sowjetischen Raumfahrzeuge, Sergeij Koroljow, kommentierte den Start des Sputnik, mit dem sein Land die Welt überraschte, in jener Nacht mit den Worten: »Heute sind wir Zeugen, wie der Traum in Erfüllung geht, der einige hervorragende Menschen, unter ihnen Ziolkowsky, beschäftigte. Er hatte prophezeit, daß die Menschheit nicht ewig auf der Erde bleiben wird. Der Sputnik ist die erste Bestätigung seiner Vorhersagen. Die Erschließung des Alls hat begonnen.«[25] Der Sputnik war im Grunde nur ein ganz einfacher Satellit, der seine Position durch Funksignale zu erkennen gab. Wissenschaftliche Erkenntnisse konnte man allenfalls aus der Abbremsung seiner Umläufe ziehen: Die Stärke der Abbremsung gab Hinweise auf die Dichte des extraterrestrischen Gases. Er blieb rund drei Monate im All; am 4. Januar 1958 verglühte er beim Eintritt in die Atmosphäre.

Nur zwei Wochen nach der Sensation des Sputnik kündigte die Sowjetunion bereits den nächsten Schritt an: Nun, da man gezeigt hatte, daß es möglich war, einen Satelliten in eine Umlaufbahn um die Erde zu bringen, ging es bereits um erste Forschungsziele: »Um zu Raumflügen mit Menschen überzugehen, ist es notwendig, die Einflüsse solcher Flüge auf lebende Organismen zu untersuchen. Wie das bei den Höhenraketen der Fall war, wird von der Sowjetunion ein Satellit mit Tieren gestartet werden.«[26] So kam die Polarhündin Laika zu der zweifelhaften Ehre, rund einen Monat später in einer weiteren, jedoch wesentlich größeren Raumkapsel ins All geschossen zu werden. Sie enthielt neben den Funkeinrichtungen eine Klimaanlage zur Lufterneuerung, Futter für eine Woche, Meßgeräte für die wichtigsten Körperfunktionen des Hundes und zur Kontrolle der Kabinenatmosphäre. Ob angesichts der sensiblen Öffentlichkeit später ein derartiger Tierversuch noch möglich gewesen wäre, darf bezweifelt werden; für Laika war der Raumflug jedenfalls kein Vergnügen. Durch die Aufregungen beim Start verdreifachten sich ihre Atmungs- und Herzfrequenz; später, in der Schwerelosigkeit, normalisierten sie sich wieder. Laika mußte eine Woche lang in ihrer Kapsel angeschnallt bewegungslos verharren, bis die Versorgungsaggregate leer waren und sie vergiftet wurde.

Die USA forcierten nun ihr eigenes Raumfahrtprogramm und zogen mit dem Start einer Redstone-Rakete mit dem Satelliten Explorer 1 am 31. Januar 1958 nach. Im März folgten Vanguard 1 und Explorer 3 in jeweils höhere Umlaufbahnen. Der nächste wichtige Schritt bestand darin, einen Erdsatelliten aus seiner Umlaufbahn wieder intakt zur Erde zurückzubringen. Nur wenn man dies beherrschte, konnte man daran denken, bemannte Kapseln ins All zu befördern. Der erste Satellit, der wieder heil landete, war Discoverer 13 im August 1960. Der nur eine Woche später gestartete Discoverer 14 konnte sogar in der Luft geborgen werden. Die Nummern 13 und 14 weisen darauf hin, daß zwölf vorhergehende Versuche fehlgeschlagen waren. Der Sowjetunion gelang ihre erste Rückholaktion mit Sputnik 5 am 19. August 1960.

Seit Beginn der Raumfahrt erschien der Mond als lohnendes Ziel, zunächst wollte man ihn mit unbemannten Sonden erreichen. Im September 1959 startete die Sowjetunion Luna 2, die USA zogen erst am 28. Juli 1964 mit Ranger 7 nach. Er zerschellte auf der Mondoberfläche, übermittelte vorher aber noch Fernsehbilder zur Erde. Nie zuvor hatte man den Mond so nah gesehen; man konnte auf den Fotos Einzelheiten erkennen, die nur zehn Zentimeter groß waren. Am 31. Januar 1966 gelang es der sowjetischen Mondsonde Luna 9 als erstem Objekt, weich auf dem Erdtrabanten zu landen. Wieder einmal kurz danach setzte die US-Sonde Surveyor am 30. Mai 1966 auf der Mondoberfläche auf.

Nun galt es, Menschen ins Weltall zu bringen. Wieder waren die Russen den Amerikanern einen Schritt voraus: Am 12. April

1961 umrundete erstmals ein Mensch die Erde in einer Raumkapsel. Es war der Kosmonaut Juri Gagarin, dessen außerirdische Reise 1,8 Stunden dauerte. Die amerikanische Raumfahrtbehörde NASA hatte bereits am 9. April 1959 ihre Astronautenanwärter bekanntgegeben: sieben Männer mit einem Durchschnittsalter von 34,5 Jahren, einem Durchschnittsgewicht von 74 Kilogramm und einer Durchschnittsgröße von 176,5 Zentimetern. Alle waren verheiratet und hatten Kinder, waren Piloten und Mitglieder der US-Streitkräfte. Zum ersten bemannten amerikanischen Miniraumflug kam es aber erst gut drei Wochen nach Gagarins Premiere; Alan Shepard unternahm einen 15minütigen Flug ins All hinaus und wieder zurück. Die Erde umkreiste er noch nicht; dies blieb John Glenn vorbehalten, der im Februar 1962 die Erde als erster Amerikaner dreimal umrundete.

Bezeichnenderweise nannten die drei Astronauten Armstrong, Aldrin und Collins, die später den berühmten Apollo-11-Flug zum Mond unternahmen, den 25. Mai 1961, den Tag, an dem Präsident Kennedy das Signal zum Mondlandeprogramm gab, den »Tag der Mobilmachung«. In ihrem gemeinsamen Buch kommentierten sie Kennedys Entscheidung so: »Im Vergleich zu der industriellen und technischen Mobilmachung, die Kennedy für friedliche Zwecke proklamierte, erschien jede vorher von irgendeiner Nation unternommene militärische Mobilmachung nichtig – jedenfalls im qualitativen Sinne. Der Wagemut des Menschen? Er rief wirklich die Shakespeareschen Geister aus der wüsten Tiefe, nicht sicher, allenfalls intuitiv wissend, daß sie kommen würden. Er setzte sogar eine Zeitgrenze für dieses Ziel: bevor dieses Jahrzehnt vorbei ist!«[27]

Gegen Ende des Jahrhunderts weiß man, daß das Ziel erreicht wurde. Die »Mobilmachung« aller technischen, finanziellen und psychologischen Kräfte hat die Landung von Menschen auf dem Mond möglich gemacht. Ob außer der ideellen Bedeutung dieser Tat für die Zukunft etwas Substantielles überdauern wird, läßt sich heute noch nicht abschließend beurteilen.

Einige Errungenschaften und technische Fortschritte haben die Raumfahrtaktivitäten jedoch mit Sicherheit gebracht. So führten die Ausflüge ins Weltall exemplarisch vor, wie problematisch die Vorstellung eines in sich abgeschlossenen Systems ist.

Dort draußen, abgeschnitten von der lebensspendenden Umgebung der Erde, waren die Astro- oder Kosmonauten völlig auf sich allein gestellt. Alles, was sie benötigten, mußten sie mitnehmen: Sauerstoff, Wasser, Nahrung, Energie. So entwickelten die Ingenieure für die Raumfahrzeuge Hilfsmittel, die Spitzeninnovationen und technische Meisterleistungen der Lebenserhaltung darstellten. Energie, soweit man sie nicht in Form von Treibstoff mitgenommen hatte, bezog man mit Hilfe von Solarzellen von der Sonne. Außerdem hatten die meisten Kapseln Brennstoffzellen an Bord, die aus mitgeführtem Wasserstoff und Sauerstoff Strom und Wasser erzeugten.

Ausgerechnet Apollo 13, das am 11. April 1970 zur dritten Mondexpedition startete, scheiterte an einem Defekt der Sauerstoffversorgung. Wegen eines ausgefallenen Thermostaten hatte sich ein Sauerstofftank zu stark erhitzt und war explodiert. Die Kommandokapsel war deshalb zum großen Teil ohne Stromversorgung, die Astronauten mußten in die mitgeführte Mondlandefähre umsteigen, um die dort noch funktionierende Stromversorgung zu nutzen. An eine Landung auf dem Mond war unter diesen Umständen natürlich nicht mehr zu denken. Apollo 13 umrundete ihn lediglich und flog auf dem schnellsten Weg zurück zur Erde. Kurz bevor die Mondlandefähre abgesprengt werden mußte, damit sie die Landemanöver nicht behinderte, krochen die Astronauten aus ihrem »Rettungsboot« wieder in die Kommandokapsel zurück. Die Sorge der NASA, bei der Explosion sei vielleicht auch der Hitzeschutzschild des Raumfahrzeugs beschädigt worden und es könne sich beim Eintauchen in die Atmosphäre zu stark erhitzen, bewahrheitete sich zum Glück nicht, die drei Astronauten landeten sicher im Pazifik.

Nicht ganz so gefährlich, aber dafür noch abenteuerlicher war eine ähnliche Panne bei den Sowjets. Als 1985 in der sowjetischen Station Salut 7 ein Defekt die Leitung von den Solarzellen zu den Batterien im Inneren der Kapsel unterbrach, war glücklicherweise kein Kosmonaut an Bord. Die Bodenstation stellte lediglich fest, daß jeglicher Funkkontakt zu Salut abgerissen war. Sollte man die Station, die drei Jahre einwandfrei gearbeitet hatte, aufgeben? Man entschloß sich dazu, ein Rettungsmanöver zu wagen. Am 6. Juni 1985 startete das Raumschiff Sojus T 13 mit den beiden Kosmonauten Wladimir Dschanibekow und Viktor Sawinych, um an die defekte Kapsel anzudocken. Da die Bodenleitstelle aus ihren Bahnberechnungen wußte, an welchem Standort im All sich die Salut-Station etwa befinden mußte, steuerten die beiden Kosmonauten ihr Fahrzeug punktgenau dorthin. Es gelang ihnen tatsächlich, Salut 7 in den Weiten des Weltalls zu finden und per Handsteuerung an die trudelnde Kapsel anzudokken. Wegen der erwarteten Weltraumkälte warm angezogen, ausgerüstet mit Gasmaske und Taschenlampe, stiegen die beiden Männer in die tote Raumstation um. Dort fanden sie den Defekt im Energieversorgungssystem, behoben ihn und machten damit die Kapsel wieder bewohnbar. Ohne Energiezufuhr waren Heizung, Funkkontakt und Lagestabilisierung der Raumstation ausgefallen.

Im Gegensatz zur Heizung war die Kühlung der Raumfahrzeuge kein großes Problem, denn dabei konnte die Kälte des Weltalls ausgenutzt werden. So versetzte man praktisch bei allen Raumfahrtmissionen mittels Steuerdüsen das System in langsame Rotation, damit die Sonne nicht immer auf die gleiche Stelle scheine und das Gefährt erhitze. Atemluft für die Besatzung wurde aus den mitgeführten Gastanks zusammengemischt, Druck, Temperatur und Feuchtigkeit geprüft. Die Abluft wurde ständig abgepumpt und gereinigt. Ein großes Problem war wegen der Schwerelosigkeit die Ernährung. Da feste und flüssige Nahrung schwerelos durch den Raum treiben, ist an ein Kochen im erdgebundenen Sinn nicht zu denken. So drückten sich die ersten Kosmo- und Astronauten Nahrung aus Tuben in den Mund. Aber für längere Flüge war dies keine befriedigende Lösung. Heute benutzt man gefriergetrocknete Speisen, die in einer speziell dafür konstruierten Apparatur mit Wasser versetzt und erwärmt werden.

Auch bei der »Entsorgung« der Exkremente der Astronauten mußte man zu besonderen Maßnahmen greifen, da auch hierbei die Schwerelosigkeit stört. So gab es in allen Raumfahrzeugen besondere Toiletten mit Absaugvorrichtungen. Die Raumanzüge, die beispielsweise die Astronauten auf ihren Mondausflügen trugen, enthielten Beutel zum Sammeln des Urins und Schichten, die mit Chemikalien getränkt waren zur Neutralisierung des Stuhlgangs, der durch entsprechende Ernährung sowieso so gering wie möglich gehalten wurde.

Nachdem Anfang der siebziger Jahre das emotionale und finanzielle Vakuum, das der Mondfahrt-Euphorie gefolgt war, überwunden war, besann man sich in Ost und West auf neue Ideen. Zwei Ziele standen dabei im Vordergrund: einerseits der Bau einer Raumstation als Teststand und Keimzelle für eine Weltraumkolonie, andererseits die Eroberung ferner Planeten, zunächst die Reise zum Mars. Heinrich Schiemann beschrieb die Situation so: »Nachdem die Amerikaner den Mond erreicht und die Sowjets eine Mondlandung aufgegeben hatten, entschlossen sich beide Nationen dazu, ihre Aktivitäten im erdnahen Weltraum zu intensivieren. Im Orbit wollten sie Raumstationen betreiben, in denen sich die Auswirkungen langdauernder Schwerelosigkeit auf die Gesundheit und Arbeitsfähigkeit des Menschen studieren ließen. Was man auf längere Sicht vor allem wissen wollte, war, ob Menschen Flüge zu unserem Nachbarplaneten Mars mit Reisezeiten hin und zurück von je einem Jahr überstehen würden, ohne Schaden zu nehmen. Auch war zu klären, wie lange Zeit man für den Aufenthalt von Besatzungen im Orbit ansetzen könnte, die mit der Fabrikation von neuartigen Werkstoffen in Schwerelosigkeit beschäftigt sein sollten. Schließlich wollten die Amerikaner nach dem Ende der Mondflüge wiederverwendbare, nach Flugzeugart landende Raumfähren entwickeln, die alle bislang zur Beförderung von Nutzlasten in den Weltraum verwendeten Wegwerfraketen ersetzen sollten.«[28]

Das Ziel, das Weltall als Lebensraum für den Menschen zu erobern, lag noch in weiter Ferne. Raketentechnik, Funküberwachung und Steuerung der Raumfahrzeuge waren nach dem Ende des Apollo-Programms reichlich erprobt, was man jedoch noch kaum kannte, war die Reaktion des Menschen selbst auf den Aufenthalt im Weltraum. Wie würden sich Muskeln, Knochen, Kreislauf, Stoffwechsel, Orientierungsfähigkeit und psychische Belastbarkeit der Raumfahrer ändern, wenn sie monate- oder jahrelang der Schwerelosigkeit ausgesetzt sind? Eine Raumstation, in der ein längerer Aufenthalt möglich war, mußte dafür entwickelt werden.

Wieder verfolgte man in Ost und West das gleiche Ziel auf getrennten Wegen: 1969 koppelten zwei Sojus-Komplexe aneinander an und bildeten die erste Raumstation der Welt. Später benutzten die sowjetischen Raumfahrtexperten Stationen aus der Salut-Baureihe. Die erste wurde am 3. Juli 1974 in eine Erdumlaufbahn gebracht. Sojus-Raumschiffe beförderten neue Besatzungen zur Orbitalstation, der unbemannte Raumtransporter Progress versorgte sie mit Brennstoff, Lebensmitteln, Atemluft, wissenschaftlichen Geräten und Reparaturteilen. Im April 1982 wurde eine modernisierte Version, Salut 7, ins All geschossen, die durch die angekoppelte Sojus-T14-Kapsel und einen Modulsatelliten Kosmos 1686 erweitert wurde. Der gesamte Komplex war 40 Meter lang, wog 50 Tonnen und hatte ein Volumen von 150 Kubikmetern. Dies entspricht etwa den Abmessungen eines mittleren Verkehrsflugzeugs für 120 Passagiere. Später, im Jahr 1986, folgte die noch größere Raumstation Mir, die immer noch ihren Dienst versieht und seit ihrem Start ununterbrochen von unterschiedlichen Kosmonautenmannschaften und auch von ausländischen Gästen bewohnt wird.

Nach dem Ende des amerikanischen Mondprogramms waren noch Geräte vorhanden, für die man nun eine sinnvolle Verwendung suchte. So entstand aus der dritten Stufe der Saturn-5-Trägerrakete das Skylab, die erste und bisher einzige US-Raumstation. Harry O. Ruppe schildert die Absicht der Raumfahrtingenieure: »Der ursprüngliche Plan bestand darin, diese Rakete unbemannt in eine Erdumlaufbahn zu bringen. Wenn die letzte Stufe dort ankommt, sind ihre Tanks leer, sie hat ja den Treibstoff aufgebraucht. In diesen leeren Tanks sollte dann durch die Mannschaften der nachfolgenden Flüge ein Laboratorium eingerichtet werden. Tatsächlich wurde aber etwas anders vorgegangen: Das Laboratorium wurde bereits auf der Erde in der dritten Saturn-5-Stufe eingerichtet. Aus der Stufe war der Motor entfernt worden [...] Zwei große, im Weltraum auszubreitende Flügel wurden angebracht, die mit Sonnenzellen belegt wurden. Damit sollte die elektrische Bordversorgung sichergestellt werden.«[29]

Das Skylab startete am 14. Mai 1973. Leider war es nicht von Anfang an voll funktionstüchtig, denn die eben beschriebenen Sonnenpaddel lieferten nur rund die Hälfte des vorgesehenen Stroms. Erst nach aufwendigen Reparaturarbeiten, die von einer

Apollo-Mannschaft im darauffolgenden Monat ausgeführt wurden, stand die Raumstation für einen längeren Aufenthalt von Astronauten bereit. Am 22. Juni 1973 startete das Team, das sich dann 84 Tage in Skylab aufhielt.

Während die sowjetische und später russische Seite ihre Raumstation Mir kontinuierlich betrieb und Kosmonautenteams dort viele Monate ihre Versuche durchführen ließ, stellte die NASA ihre Langzeitversuche in der Schwerelosigkeit weitgehend ein. Sie verlegte sich auf Kurzzeitflüge mit dem wiederverwendbaren Space-Shuttle, das mit Raketen ins All geschossen wird und auf normalen Flugplätzen landen kann. In der Ladebucht dieses Shuttle wurden die unterschiedlichsten Nutzlasten ins All befördert, von Satelliten bis zu Forschungslabors. Die geplante Raumstation Freedom, die ursprünglich 1996 starten sollte, trat in den Hintergrund. Ob sie je verwirklicht wird und in welcher Form, ist vor allem eine Frage des Geldes.

Die Europäer, die seit 1962 Satellitenprogramme durchführten, nahmen an der bemannten Raumfahrt nur in sehr begrenztem Umfang teil. Einige Astronautenteams wurden in Zusammenarbeit mit der NASA ausgebildet, und einige deutsche Wissenschaftler flogen auf Missionen mit, die mit Hilfe des Space-Shuttle durchgeführt wurden. Ein DDR-Kosmonaut und später zwei (gesamt-) deutsche Astronauten beteiligten sich an russischen Missionen. Größere Bedeutung für die europäische Raumfahrt hat die Europarakete Ariane, die zur Beförderung von Nutzlasten ins All gebaut wurde. Sie arbeitet als kommerzielles System und befördert meist Satelliten von ihrem Startplatz Kourou in Französisch Guyana ins All.

Insgesamt läßt sich sagen, daß die Begeisterung für die Raumfahrt in den letzten zwei Jahrzehnten des 20. Jahrhunderts deutlich abgenommen hat. Der ungeheure Kostenaufwand trat im Bewußtsein der Öffentlichkeit mehr und mehr in den Vordergrund, die Faszination, die einst die Raumfahrtaktivitäten der sechziger Jahre beflügelt hatte, verschwand. So wurde auch das Projekt, Menschen auf den Mars zu transportieren, nicht mehr ernsthaft weiter verfolgt. Das Schwergewicht der Aktivitäten verlagerte sich zunehmend auf die Produktion und Plazierung von Satelliten im All. Sie übernahmen immer mehr Aufgaben: Es begann mit Bildern zur Wetterbeobachtung, später folgten Nachrichtensatelliten, die Rundfunk-, Fernseh- und Telefonsignale rund um den Globus schickten. Weltweite Live-Übertragungen beispielsweise von Sportereignissen galten Anfang der siebziger Jahre noch als sensationell; in den neunziger Jahren sind sie längst Alltag geworden, ebenso wie das Telefonieren rund um die Welt. Nicht zu reden von den militärischen Beobachtungssatelliten, die alle Aktivitäten der jeweils gegnerischen Seite zentimetergenau aufzeichnen und übertragen.

So ist die Welt nicht in erster Linie kleiner geworden, weil sie aus dem All wie eine überschaubare Kugel wirkt, sondern weil durch die Satellitentechnik die Informationswege dramatisch verkürzt worden sind. Weltweite Netzwerke zwischen Telefonen und Computern eröffnen die Möglichkeit, Daten aus allen Winkeln der Erde augenblicklich verfügbar zu haben. Die »Datenautobahn« wurde zum Schlagwort der neunziger Jahre. Gemeint sind damit superschnelle Datenleitungen, die dem Benutzer weltweit Zugang zu allen für ihn wichtigen Informationen verschaffen.

Im Zeitalter der On-line-Kommunikation wird es zunehmend unwichtiger, wo der Informationshungrige sich aufhält. Wichtig ist nur noch, daß er die entsprechenden Geräte bei sich hat: Computer, Modem und Funktelefon. Über ein Netz von Knotenpunkten kommuniziert er über Funk mit sogenannten Servern, die den Datenverkehr regeln und jedem Zugang zu dem gewünschten Datennetz verschaffen. Die Vernetzung der Netze macht Informationen global allgegenwärtig. Damit gibt sie nicht nur die Chance, wichtige Informationen global stets zur Verfügung zu haben, sie nimmt auch jedem daran Beteiligten die Möglichkeit, seine Augen zu verschließen vor Dingen, die eine moralische Bewertung erfordern. War es einst noch möglich, sich »herauszuhalten«, nichts gewußt zu haben, am Ende dieses Jahrhunderts gilt diese Ausrede nicht mehr. Jeder muß sich jederzeit mit der Tatsache auseinandersetzen, daß er in diesem Sinne mitverantwortlich ist für die Dinge, die rund um den Globus passieren.

Kapitel 2

Zweifel an der Logik

Die materielle Welt wird zur Fiktion

Die wissenschaftlichen Revolutionen im 20. Jahrhundert unterscheiden sich von denen im 19. Jahrhundert dadurch, daß sie nicht nur den Menschen und die Gesellschaft beunruhigen, sondern sogar die als sicher geglaubten Naturgesetze bedrohen, ja außer Kraft setzen. Die neuen Erkenntnisse bringen nicht Weiterentwicklungen, sondern totale Brüche, einen Aufruhr in den Naturwissenschaften. Alles, was man für unumstößlich erachtet hat, wird nun in Frage gestellt.

Dabei erschien die Lage der Naturwissenschaften, insbesondere der Physik, am Ende des 19. Jahrhunderts als ausgesprochen positiv, hatte sie doch Erkenntnisse und Fortschritte hervorgebracht, die sich in beispiellosen technischen Neuerungen niederschlugen. Die Errungenschaft der Elektrizität war nur eine davon, andere waren die Dampfmaschine oder der Telegraph. Flugzeuge gab es noch nicht, aber Eisenbahnen, und die ersten Autos tauchten auf den Straßen auf.

Die Natur erschien erklärbar. Ihre Gesetze beruhten nach damaliger Ansicht in erster Linie auf mechanischen Prinzipien. Die meisten Forscher glaubten zwar daran, daß es Atome als kleinste Teilchen gebe, hielten diese Theorie aber mehr für ein Denkmodell, das keine praktischen Auswirkungen habe. »Haben Sie eines gesehen?«, raunzte der gefürchtete Physikprofessor Ernst Mach noch Ende des letzten Jahrhunderts jeden an, der es wagte, von Atomen zu sprechen. Er wandte sich grundsätzlich gegen die Tendenz, Naturerscheinungen durch theoretische mechanische Modelle zu erklären, und die Atomtheorie, die sich damals insbesondere bei Chemikern großer Beliebtheit erfreute, war ihm dabei ein besonderer Dorn im Auge. Selbst Max Planck, der als einer der größten Physiker des 20. Jahrhunderts gilt, zögerte um die Jahrhundertwende noch, der Atomistik Glauben zu schenken. In seiner ›Wissenschaftlichen Autobiographie‹ bekannte er, daß er der atomistischen Theorie »nicht nur unentschlossen, sondern sogar etwas ablehnend« gegenüberstand.

Durch die Theorie des Elektromagnetismus, die der Brite James Clerk Maxwell in den sechziger Jahren des letzten Jahrhunderts entwickelt hatte, konnte man elektrische Phänomene nun ebenfalls erklären; die Vorstellung eines elektromagnetischen Feldes setzte sich allmählich durch. Und die Thermodynamik, der Zweig der Physik, der sich mit Energie und allen damit verbundenen Umsetzungen beschäftigt, erlebte um 1900 eine Blüte. Die Welt schien im großen und ganzen in Ordnung.

So setzte sich um die Jahrhundertwende in den Köpfen vieler Experten die Vorstellung fest, die Physik sei eine praktisch abgeschlossene Wissenschaft. Albert Abraham Michelson, der amerikanische Physiker, der später dadurch unsterblich wurde, daß er die Größe der Lichtgeschwindigkeit experimentell bestimmte, schrieb nieder, was viele dachten: »Die wichtigsten Grundgesetze und Grundtatsachen der Physik sind alle schon entdeckt; und diese haben sich bis jetzt so fest bewährt, daß die Möglichkeit, sie wegen neuer Entdeckungen beiseite zu schieben, außerordentlich fern zu liegen scheint. [...] Unsere künftigen Entdekkungen müssen wir in den sechsten Dezimalstellen suchen.«[1]

Diese Aussage sollte sich innerhalb weniger Jahre als fundamentale Fehleinschätzung herausstellen. Seit der Kopernikanischen Wende am Beginn der Neuzeit und seit Newtons Mechanik Ende des 17. Jahrhunderts hatte es keine so gewaltigen Umwälzungen in der Betrachtung der Welt mehr gegeben, wie sie nun auf die Forscher zukamen. Die neuen Erkenntnisse stellten die Gesetze der Logik in der Natur in Frage, und sie kippten den Menschen vom so sicher geglaubten Thron des objektiven Beobachters.

Die umstürzlerischen Aktivitäten begannen gleich im ersten Jahr des neuen Dezenniums. Wärme, Elektrizität und Licht galten im ausgehenden 19. Jahrhundert als Phänomene, die durch Schwingungen unterschiedlicher Art verursacht werden. Das Postulat eines Äthers, also eines unsichtbaren Mediums, half dabei, viele Erscheinungen zu verstehen, warf allerdings auch neue Fragen auf. Unter anderem ließ sich nicht erklären, warum ein

Körper beim Erhitzen erst rot, dann gelb, dann weiß glüht. Nach der Wellentheorie des Lichts müßte jeder heiße Körper nicht sichtbare Farben, sondern ultraviolette Strahlung oder Röntgenstrahlung aussenden. Max Planck, seit 1889 Professor für Physik in Berlin, fand zunächst eine mathematische Lösung für das Problem, indem er annahm, daß die Atome des glühenden Körpers Licht nicht kontinuierlich, sondern in Form kleiner Energiepakete ausstrahlen, die er Quanten nannte. Die Energie eines Quants sollte mit der Frequenz des Lichts zunehmen, weiße Quanten also energiereicher sein als gelbe oder rote. Planck veröffentlichte diese Theorie am 14. Dezember 1900. Sie erklärte die beobachteten Phänomene perfekt, aber ihre wirkliche Bedeutung lag zu diesem Zeitpunkt noch im Dunkeln. 20 Jahre später erklärte Planck in seinem Vortrag anläßlich der Verleihung des Nobelpreises: »Aber selbst wenn die Strahlungsformel sich als absolut genau bewähren sollte, so würde sie, lediglich in der Bedeutung einer glücklich erratenen Interpolationsformel, doch nur einen recht beschränkten Wert besitzen. Daher war ich von dem Tage ihrer Aufstellung an mit der Aufgabe beschäftigt, ihr einen wirklichen physikalischen Sinn zu verschaffen, [...] bis sich nach einigen Wochen der angespanntesten Arbeit meines Lebens das Dunkel lichtete und eine neue, ungeahnte Fernsicht aufzudämmern begann.«[2]

Licht, oder allgemeiner gesprochen Energie, gequantelt in kleine Päckchen, dies war eine Idee, an die nur schwer zu glauben war und die Max Planck so zunächst auch noch nicht postulierte. Erst Albert Einstein zeigte später zwingend, daß diese Vorstellung, die vielen absurd erschien, die Natur erklären konnte. Zwar hatten schon Isaac Newton und René Descartes die These vertreten, Licht bestehe aus kleinen Partikeln, aber diese Vorstellung hatte sich nicht durchsetzen können, sprachen doch zu viele Experimente dagegen. Und nun sollte Licht wieder aus Teilchen bestehen, die sich geradlinig durch den Raum bewegten? In der Tat setzte sich diese Erkenntnis nur sehr langsam durch. Max Planck selbst gab sich über die Durchsetzungskraft seiner Ideen keinen Illusionen hin: »Eine neue wissenschaftliche Wahrheit pflegt sich nicht in der Weise durchzusetzen, daß ihre Gegner überzeugt werden und sich als bekehrt erklären, sondern vielmehr dadurch, daß die Gegner allmählich aussterben und die heranwachsende Generation von vornherein mit der Wahrheit vertraut gemacht ist.«[3]

In dem Buch ›Die Evolution der Physik‹, das Einstein 1937 gemeinsam mit Leopold Infeld verfaßte, führen die beiden Gelehrten die neue Idee etwas genauer aus: »[...] müssen wir annehmen, daß homogenes Licht sich aus Energie-›Körnchen‹ zusammensetzt. Ist dem so, dann lassen sich die Lichtkorpuskeln der alten [Newtons] Lehre durch Lichtquanten ersetzen, die wir Photonen nennen wollen. Es sind dies kleine Energiemengen, die den leeren Raum mit Lichtgeschwindigkeit durchmessen. Die Neubelebung der Newtonschen Theorie in dieser Form hat zur Aufstellung der Quantentheorie des Lichtes geführt. Nicht nur Materie und elektrische Ladungen haben eine ›körnige‹ Struktur; für die Strahlungsenergie gilt genau dasselbe, das heißt, auch sie setzt sich aus Quanten, nämlich Lichtquanten, zusammen. [...] Der Gedanke der Energiequanten wurde zu Anfang unseres Jahrhunderts erstmalig von Planck in die Physik eingeführt, der damit gewisse Phänomene zu deuten suchte.«[4]

Ein weiteres Ereignis, das um die Jahrhundertwende stattfand, bewertete der französische Physiker Henri Poincaré als »ernste Krise der Physik«[5]: Das Ehepaar Pierre und Marie Curie entdeckte das radioaktive Element Radium, und dessen Verhalten widersprach dem Energieerhaltungssatz. Dieser sagt aus, daß Energie nicht neu entstehen, aber auch nicht vernichtet werden kann. Ein Körper kühlt sich ab und erwärmt dabei seine Umgebung. Radium hingegen bleibt immer gleich warm und erwärmt trotzdem seine Umgebung. Der amerikanische Flugpionier und Astrophysiker Samuel Pierpont Langley fand dafür drastische Worte: »Radium verleugnet Gott – oder – die wissenschaftliche Wahrheit.« Inzwischen weiß man, daß die Energie, die das Radium nicht abkühlen läßt, durch den Zerfall seiner radioaktiven Atome entsteht.

Obwohl in jenen Jahren nach und nach eine ganze Reihe weiterer radioaktiver Elemente entdeckt wurde, blieb der Ursprung der rätselhaften Strahlung, die sie aussandten, zunächst noch ebenso im Dunkeln wie die Herkunft der dabei freigesetzten Energie. Erst Jahrzehnte später konnte dieses Geheimnis aufgedeckt werden. Ebenso war es auch bei den Röntgenstrahlen, die der deutsche Physiker Wilhelm Conrad Röntgen 1895 entdeckt hatte. Geradezu prophetisch mutet jedoch die Rede an, die Pierre Curie 1903 anläßlich der Verleihung des Nobelpreises an ihn und seine Frau hielt. Er schloß seine Ausführungen mit den Worten: »Es ist nicht auszuschließen, daß Radium in den Händen von Verbrechern zu einer großen Gefahr werden kann, und so darf man wohl die Frage aufwerfen, ob es für den Menschen vorteilhaft ist, die Geheimnisse der Natur aufzudecken, ob er imstande ist, Nutzen daraus zu ziehen, oder ob er mit diesen Erkenntnissen Schaden anrichtet. [...] Dennoch gehöre ich zu jenen, die mit Nobel glauben, daß neue Entdeckungen der Menschheit mehr Gutes als Böses bringen.«[6] Gerade bei der Radioaktivität, auf deren Basis später sowohl die Atombombe als auch die nukleare Energieerzeugung entwickelt wurde, hat sich gezeigt, wie ambivalent derartige Errungenschaften sind.

Neben dem Problem der Strahlung heißer Körper, das Max Planck mit seiner Quantentheorie mathematisch lösen konnte, gab es noch ein anderes, das, wie sich der britische Physiker Lord Kelvin 1909 ausdrückte, »den Glanz der molekularen Theorie der Wärme und des Lichts im letzten Viertel des neunzehnten Jahrhunderts wie eine Wolke verdunkelt hat«[7]. Es handelte sich um die Frage, wie sich die Erde durch den Äther hindurchbewegen könne, der ja als Träger des Lichts angesehen wurde. Die Bewegung relativ zum Äther hätte irgendwie beobachtbar sein müssen, analog zur Ausbreitung von Schallwellen in der Luft, die bei einer bewegten Quelle anders ist als bei einer ruhenden. Man denke nur an Phänomene wie die »Schallmauer«. Beim Licht konnte jedoch nichts Derartiges beobachtet werden.

Albert Einstein, der »als die Inkarnation der Physik schlechthin«[8] angesehen wird, beschäftigte sich von 1902 an, als er im Patentamt in Bern angestellt war, mit diesem und verwandten Problemen. Im Jahr 1905 entstanden im März, Mai und Juni drei Arbeiten, von denen jede einzelne wohl genügt hätte, Einstein unsterblich zu machen. Für die erste erhielt er 1921 den Nobelpreis. Die dritte mit dem Titel ›Zur Elektrodynamik bewegter Körper‹ entwickelt die Spezielle Relativitätstheorie mit der berühmten Formel $E=mc^2$, die zum Ausdruck bringt, daß Masse und Energie äquivalent sind. Ausgegangen war Einstein von der Tatsache, daß physikalische Beobachtungen in jedem gleichförmig bewegten Bezugssystem gleich erscheinen. Damit war nicht nur die Äthertheorie überholt, sondern auch eine ganze Reihe weiterer liebgewonnener Vorstellungen der Physiker. So bleibt zum Beispiel die Lichtgeschwindigkeit gleich, egal, ob das Licht von einem ruhenden oder bewegten Körper ausgesandt wird. Einstein durchdachte dieses Phänomen mit geradezu kindlicher Unbefangenheit und stellte unter anderem fest, daß damit auch der Begriff der Gleichzeitigkeit revidiert werden mußte: Vorgänge an verschiedenen Orten, die einem Beobachter gleichzeitig erscheinen, wirken für einen anderen, der sich in bezug auf den ersten bewegt, keineswegs gleichzeitig. Auch Zeit und Raum verloren ihre Absolutheit. Raum konnte schrumpfen, je nach der Geschwindigkeit des Beobachters, und Zeit konnte sich dehnen. Die Welt stand auf dem Kopf.

Gleichzeitig bedeutete diese Theorie aber auch eine Befreiung. Ernst Zimmer, der 1934 ein populärwissenschaftliches Buch über die neuesten Entwicklungen der Physik verfaßte, schilderte dort die Situation: »Mit der Ausarbeitung der Newtonschen Mechanik erscheinen die Gesetze der Bewegung von Körpern vollkommen bekannt. Jeder Zeppelin und jedes Flugzeug, das über unseren Köpfen sicher dahinfährt, gibt uns die beruhigende Gewißheit, daß der Physiker durchaus weiß, nach welchen Gesetzen sich die Körper bewegen. Und es erregte das allerlebhafteste Erstaunen, als im Jahr 1905 Einstein behauptete, daß wir es ganz und gar noch nicht wüßten, daß all unsere Mechanik nur angenähert gelte, für Bewegungen nämlich mit relativ kleiner Geschwindigkeit, daß aber bei Geschwindigkeiten, die vergleichbar sind mit der Geschwindigkeit des Lichtes, jenem schnellsten aller Läufer, der mit seinen 300 000 Kilometern pro Sekunde den unbestrittenen Weltrekord hält, daß bei diesen Geschwindigkeiten starke Abweichungen eintreten; und wir werden sehr bald Boten kennenlernen, die sich mit solchen Geschwindigkeiten bewegen. Ein großes Gefühl der Befreiung ergriff die Physiker, eine Befreiung von Vorurteilen über Raum- und Zeitmessungen, die bis dahin niemandem aufgefallen waren.«[9]

Eine noch größere Umwälzung brachte die Veröffentlichung

der Allgemeinen Relativitätstheorie durch Albert Einstein. Am 4. November 1915 legte er der Preußischen Akademie der Wissenschaften eine nur neunseitige Abhandlung vor, die als »eine der größten Kulturleistungen des 20. Jahrhunderts«[10] bezeichnet wird. Sie wurde jedoch in den ersten Jahren stark angegriffen und in Zusammenhang mit der Russischen Revolution 1917 gebracht. Die ›New York Times‹ veröffentlichte am 16. November 1919 unter der Überschrift ›Jazz in der Welt der Wissenschaft‹ einen Artikel, der mit vier Fragen begann: »Wann ist der Raum gekrümmt? Wann treffen sich parallele Geraden? Wann ist ein Kreis nicht mehr kreisförmig? Wann sind die drei Winkel eines Dreiecks nicht mehr so groß wie zwei rechte Winkel?« Und die Antwort darauf lautete: »Nun, natürlich dann, wenn der Bolschewismus in den Naturwissenschaften Einzug hält.«[11]

Glücklicherweise war die Einstellung zur Relativitätstheorie trotz der emotional aufgeladenen Zeiten im Ersten Weltkrieg nicht überall so negativ. Arthur S. Eddington, ein berühmter englischer Astronom, bezeichnete in seinem ›Bericht über die Relativitätstheorie der Gravitation‹, den er 1918 vor der Physical Society in London gab, die Allgemeine Relativitätstheorie als »Revolution im Denken, die Astronomie, Physik und Philosophie zutiefst beeinflußt, indem sie diese auf einen neuen Weg führt, auf dem es kein Zurück mehr gibt«, und als »die größte Veränderung in unserer Vorstellung von Materie seit der Zeit des Demokrit«. Es sei daran erinnert, daß Demokrit 400 v. Chr. zum ersten Mal das Postulat aufstellte, alle Materie bestehe aus kleinsten Teilchen, Atomen. Und Max Planck sagte später, Einsteins Theorie könne nur »an den Leistungen Johannes Keplers und Isaac Newtons gemessen werden«.

Die Quintessenz der Überlegungen Einsteins bestand aus drei Thesen, die alles bisher Dagewesene umwarfen:

– Jede Art von Energie, so postulierte er, kann nur in Form von kleinen Paketen, den von Planck berechneten Quanten, auftreten. Auch wenn Atome oder Moleküle Energie aufnehmen oder aussenden, geschieht dies quantenweise. Welch weitreichende Konsequenzen dies für die Erkenntnisse über den Aufbau der Atome hatte, stellte sich im Lauf des Jahrhunderts noch heraus. Gleichzeitig erkannte Einstein bereits 1909, daß die

Quantentheorie des Lichts gleichberechtigt neben der Wellentheorie bestehen würde, eine Tatsache, die als »Dualismus Welle-Teilchen« bezeichnet wird. Er schrieb in der ›Physikalischen Zeitschrift‹: »Deshalb ist es meine Meinung, daß die nächste Phase der Entwicklung der theoretischen Physik nur eine Theorie des Lichtes bringen wird, welche sich als eine Art Verschmelzung von Undulations- und Emissionstheorie des Lichtes auffassen läßt.«[12]

– Der Raum ist gekrümmt, nicht eben, wie er im Alltagsleben erscheint und wie er in der Euklidischen Geometrie beschrieben wird. Daraus ergibt sich eine ganz neue Erklärung der Gravitation, die für den nicht mathematisch geschulten Laien nur schwer nachzuvollziehen ist.

Einen Zugang zu dieser Vorstellung von der gekrümmten Welt erhält man aber durch folgende Überlegung: Zwei Wesen leben in unterschiedlichen Welten, das erste in einer ebenen Welt, das zweite in einer gekrümmten. Das erste lebt auf einer flachen Ebene, die nach allen Seiten unendlich weit ausgedehnt ist. Das zweite Wesen lebt hingegen auf der Oberfläche einer Kugel, die sehr groß, aber – wie alle Kugeln – endlich ist, dem Wesen jedoch unendlich erscheint. Die Kugel ist so groß, daß das auf ihr lebende Wesen die Krümmung nicht ohne weiteres erkennen kann. Wenn beide Wesen Geometrie betreiben, ergeben sich dabei unterschiedliche Gesetze. Das erste Wesen kann beispielsweise Parallelen ziehen, die sich niemals berühren oder schneiden. Wenn es ein Dreieck zeichnet, beträgt dessen Winkelsumme immer 180 Grad. Das zweite Wesen hingegen kann in seiner gekrümmten Welt keine Parallelen zeichnen, denn auf einer Kugel schneiden sich alle Linien irgendwann. Auch die Winkelsumme im Dreieck beträgt nicht 180 Grad, sondern mehr. Obwohl also das Kugelwesen wegen der Größe seiner Kugel nichts von der Krümmung bemerkt, kann es keine Euklidische Geometrie betreiben. Entsprechend kann man sich die Krümmung des dreidimensionalen Raums vorstellen. Die menschlichen Sinne und unsere Vorstellungskraft reichen nicht aus, um sie zu erfassen, aber die Gesetze der Euklidischen Geometrie gelten in ihr strenggenommen nicht. Nur wegen der Größe der Welt erkennt man den Unterschied im Alltagsleben nicht. Er tritt nur unter extremen Bedingungen hervor. Die Gravitation äußert sich in dieser gekrümmten Welt dadurch, daß sie die Krümmung des Raums verstärkt, ihn sozusagen »verbeult«.

Entstanden ist diese Theorie daraus, daß Einstein in der Allgemeinen Relativitätstheorie das Relativitätsprinzip auf alle Systeme erweiterte, auch auf jene, die relativ zueinander beschleunigt sind. (Die Spezielle Relativitätstheorie beschäftigte sich nur mit gleichförmig gegeneinander bewegten Systemen.) Indem er die Naturgesetze so faßte, daß sie für jedes Bezugssystem gültig waren, entwickelte Einstein diese neue Interpretation der Gravitation.

– Nicht Kausalität bestimmt die Gesetze der Natur, sondern Wahrscheinlichkeit. Während vor Einstein die Forscher daran geglaubt hatten, daß jedes Atom sozusagen eine Individualität besitze, also sein Verhalten genau vorhersehbar sei, erkannte Einstein, daß alle Atome gleich sind und ihr Verhalten nur statistisch vorhergesagt werden kann. Er zeigte dies am Phänomen der Aussendung von Licht bei einem glühenden Körper. Mit dieser Erkenntnis legte er den Grundstein zur Quantenmechanik, die in den darauffolgenden Jahren die gesamte Denkweise der Physik erneuern sollte.

Als bei einer totalen Sonnenfinsternis im Jahr 1919 eine ganze Reihe von Einsteins theoretischen Vorhersagen von Astronomen experimentell bestätigt werden konnte, begann eine Welle von Popularität über den Physiker hereinzubrechen, die nur mit der modernen Begeisterung für Popstars oder Filmschauspieler zu vergleichen ist. Auf der anderen Seite zog er sich jedoch auch die Feindschaft vieler Eiferer, aber auch einiger Kollegen zu, die seinen revolutionären Einsichten nicht folgen wollten und ihn deshalb auch in der Öffentlichkeit erbittert bekämpften.

Während Einstein seine hochfliegenden Theorien entwickelte, war in diesen Jahren immer noch nicht klar, woraus Materie nun wirklich besteht. Diejenigen, die an die Existenz von Atomen glaubten, stellten sie sich als kleine schwingende Teilchen vor oder als kompakte Bälle aus positiv geladenem Material, in das die negativen Elektronen (die man aus der radioaktiven Strahlung bereits kannte) wie Rosinen in einem Kuchen eingelagert seien. Der Nachweis, daß es wirklich Atome gibt, gelang schließlich Ernest Rutherford, einem glänzenden Experimentalphysiker, der in Neuseeland geboren wurde und in Kanada und England arbeitete. Im Jahr 1907 zog er von Montreal nach Manchester um, um dort eine Professur an der Universität anzunehmen. Zusammen mit dem Deutschen Hans Geiger und seinem Studenten Ernest Marsden untersuchte er die Streuung leichter Teilchen an Festkörpern und ihre Ablenkung beim Durchgang durch dünne Folien. Die Arbeit gestaltete sich ausgesprochen mühsam, da der Nachweis der Teilchen über sogenannte Szintillationen erfolgte, kleine Lichtblitze, die man mit dem bloßen Auge erfassen mußte, um sie zählen zu können. Dies erforderte so hohe Konzentration, daß die Forscher stets nur wenige Minuten am Stück an diesem Experiment arbeiten konnten.

Zum großen Erstaunen Rutherfords und Geigers entdeckte Marsden, daß unter etwa 20000 Teilchen, die fast ungestört durch die Folie hindurchflogen, je ein Teilchen war, das in die Einfallsrichtung zurückgeworfen wurde. Dies war ein unerwartetes Ergebnis, es war, so äußerte sich Rutherford, »als ob man ein 30-Zentimeter-Geschoß durch ein Papiertaschentuch geschossen hätte, es dabei zurückgeworfen worden wäre und dich umgeworfen hätte«.[13] Nach monatelangem Experimentieren und Nachdenken erkannte Rutherford, daß die Reflexion der Alphateilchen an einer dünnen Folie auf ihre positive elektrische Ladung zurückzuführen sei. Auch das Innere der Atome mußte positiv geladen sein, so konnten einige, wenn auch wenige Teilchen durch die elektrische Abstoßung reflektiert werden.

Diese und weitere, zum Teil geniale Experimente führten Rutherford 1911 zu der Erkenntnis, daß die Atome aus einem harten, kleinen Kern und einer durchlässigen Hülle bestehen müßten. Er fand heraus, daß dieser Kern positiv geladen sein mußte, wohingegen die Hülle eine negative Ladung tragen mußte. In der Zeitschrift ›Nature‹ schrieb er 1923: »Es schien auf der Hand zu liegen, daß elektrische Felder der erforderlichen Größe nur dann erreicht werden könnten, wenn die Hauptladung des Atoms in einem winzigen Kern konzentriert ist. Daraus entstand der jetzt so bekannte Begriff des Kernatoms, nach welchem das Herz des Atoms aus einem winzigen, aber massiven Kern bestehen soll, der elektrisch positiv geladen und in einem gewissen Abstand von der notwendigen Zahl von Elektronen umgeben ist, um ein neutrales Atom zu bilden.«[14] Damit beschrieb Rutherford ein Atommodell, das immer noch gültig ist.

Er ging dabei von der Vorstellung aus, daß der größte Teil der Masse und die positive Ladung im Kern des Atoms konzentriert seien. Die sehr leichten, negativen Elektronen sollten diesen Kern umkreisen wie Planeten die Sonne. Die elektrische Anziehung zwischen dem positiven Kern und den negativen Elektronen sollte das Atom zusammenhalten und die Zentrifugalkräfte ausgleichen. Daß bei einem solchen Modell die kreisenden Elektronen ständig Energie abstrahlen müßten und deshalb schnell abgebremst würden und in den Kern hineinfielen, hat Rutherford vielleicht erkannt, sich aber nicht weiter darum gekümmert. Die Lösung dieses Problems erkannte erst später Niels Bohr.

Weitere Experimente zeigten, daß die Ladung der Atomkerne immer ein ganzzahliges Vielfaches eines bestimmten Betrages war; damit lag die Vermutung nahe, daß der Kern aus gleichartigen Bausteinen bestehe, die jeweils die gleiche Ladung trügen. Außerdem ermöglichte diese Entdeckung, die Atome der einzelnen Elemente durchzunumerieren. Man nannte die Nummer »Atomzahl«, und die so entstandene Ordnung entsprach in wunderbarer Weise dem Periodensystem der Elemente, das 1869 von Dimitrij Iwanowitsch Mendelejew und Julius Lothar Meyer unabhängig voneinander entwickelt worden war. In diesem Periodensystem stellte das Atomgewicht das Ordnungskriterium dar, bei der Atomzahl hingegen handelte es sich um die Anzahl der positiv geladenen Protonen (den Begriff Proton hatte Rutherford zur Bezeichnung des Wasserstoffkerns eingeführt) im Atomkern. Wie sich später zeigen sollte, ist dies die fundamentalere Konstante.

Das Rutherfordsche Atommodell, so richtig seine Grundzüge auch sein mochten, krankte daran, daß es nicht erklären konnte, warum die Elektronen auf ihrem Weg um den Kern keine Energie abstrahlten. Der junge dänische Physiker Niels Bohr, der nach Manchester gekommen war, um im Labor des großen Rutherford zu arbeiten, nahm dieses Manko jedoch sehr ernst und versuchte, eine Lösung zu finden. Seine Überlegungen gingen von der seltsamen Struktur des Wasserstoffspektrums aus: Wenn

Wasserstoff zum Leuchten gebracht wird, sendet er Licht aus, das durch ein Prisma in einzelne Linien aufgespalten wird. (»Normales« weißes Licht wird durch ein Prisma in die Spektralfarben aufgefächert, nicht in einzelne Linien.) Der Schweizer Zahlenakrobat Johann Jakob Balmer hatte für die Abstände zwischen diesen Wasserstofflinien eine bis dahin unerklärliche Formel gefunden. Als Bohr diese Formel analysierte, erkannte er, daß sie sich auf den Bau des Wasserstoffatoms anwenden ließ, wenn man ganz bestimmte Einschränkungen vornahm. Er formulierte diese in einer Arbeit, die am 5. April 1913 im britischen ›Philosophical Magazine‹ veröffentlicht wurde. Bohr stellte die Behauptung auf, daß die Bahnen der Elektronen um den Atomkern zwar mit Hilfe der klassischen Physik beschrieben werden können, nicht aber der Übergang zwischen diesen Bahnen. Des weiteren postulierte er, daß die Elektronen nur ganz bestimmte Bahnen um den Kern einnehmen können und daß beim Übergang zwischen derartigen Bahnen ein Lichtquant freigesetzt würde, dessen Frequenz durch die Plancksche Formel bestimmt wird.[15]

In der Tat erklärten diese Hypothesen die Spektrallinien in guter Näherung. Aber beide Behauptungen waren derartig gewagt, daß sie einen weniger begabten Physiker in ein heilloses Labyrinth von Fehlschlüssen geführt hätten. Bohr widerstand dieser Gefahr. Einstein meinte später: »Daß diese schwankende und widerspruchsvolle Grundlage hinreichte, um einen Mann mit dem einzigartigen Instinkt und Feingefühl Bohrs in den Stand zu setzen, die hauptsächlichsten Gesetze der Spektrallinien und Elektronenhüllen der Atome nebst deren Bedeutung für die Chemie aufzufinden, erschien mir wie ein Wunder – und erscheint mir auch heute noch als ein Wunder. Dies ist höchste Musikalität auf dem Gebiete des Gedankens.«[16]

Auf der Grundlage des Bohrschen Atommodells, das in Grenzen immer noch Gültigkeit hat, bauten Physiker schließlich das Gebäude der Quantenmechanik auf. Die Zeit war in den zwanziger Jahren offenbar reif dafür, denn mehrere Wissenschaftler machten sich unabhängig voneinander daran, eine in sich geschlossene Theorie zu entwickeln, die alle bis dahin bekannten physikalischen Phänomene mathematisch richtig beschreiben konnte. Es begann die große Zeit der Theoretiker. Der Deutsche Werner Heisenberg versuchte es mit Hilfe eines komplizierten mathematischen Apparats, der Brite Paul Dirac mit Hilfe des Hamilton-Operators, eines anderen mathematischen Hilfsmittels, und der Franzose Louis de Broglie verfolgte die Idee, ein Teilchen, beispielsweise ein Elektron, als Welle zu beschreiben, was nahelag, denn schließlich konnte man umgekehrt auch Lichtwellen als Teilchen beschreiben. Tatsächlich lassen sich im Experiment mit Elektronenstrahlen Interferenzerscheinungen erzeugen, die für Wellen typisch sind.

Nach jahrelangen Versuchen und mathematischen Irrwegen kamen im Grunde alle drei Forscher zum gleichen Ergebnis, wenn auch in unterschiedlich ausgedrückter mathematischer Form. Emilio Segrè, der 1905 geboren wurde und deshalb die Frühzeit der Quantenmechanik noch als ganz junger Mann miterlebte, schrieb darüber: »Nach der Lösung des formalen mathematischen Problems aber sahen sich die Physiker mit einem erkenntnistheoretischen Problem konfrontiert, da die Interpretationen der mathematischen Formeln eine umfassende und gründliche Revision der Grundbegriffe Kausalität und Determinismus in der Physik erforderte. Hand in Hand damit ging eine neue philosophische Analyse, die nicht weniger umwälzend und beunruhigend war als die 1905 von Einstein ausgelöste Analyse von Raum und Zeit.«[17]

Zur gleichen Zeit wie die drei genannten Forscher entwickelte Erwin Schrödinger in Zürich eine weitere Form der Quantenmechanik: Er formulierte seine später weltberühmte »Schrödingersche Wellengleichung« und veröffentlichte sie 1926 in den ›Annalen der Physik‹. Diese Gleichung gibt an, welche Werte eine Funktion Psi (Ψ) unter verschiedenen Bedingungen annehmen kann. Schrödinger nannte diese Werte »Eigenwerte«, und sie erfüllten die Bedingungen der Quantisierung zum Beispiel im Wasserstoffatom so, wie das Experiment es nahelegte.

Eine Frage, und im Grunde die entscheidende, blieb jedoch zunächst noch völlig ungelöst: Was bedeutete die Funktion Psi? Einige vermuteten zunächst, es handle sich um die Verteilung der elektrischen Ladung im Raum, aber dies stimmte mit den Experimenten nicht überein. Erst als der Göttinger Physiker

Max Born Psi als Wahrscheinlichkeitsdichte interpretierte, wurde die Gleichung mit wirklichem Leben erfüllt. Psi, mit sich selbst malgenommen, steht für die Wahrscheinlichkeit, daß man ein Elektron in einer bestimmten Volumeneinheit antrifft. So ließen sich für das Wasserstoffatom Wahrscheinlichkeitsverteilungen für das Elektron errechnen, die, graphisch aufgetragen, wolkenähnliche Gebilde darstellen. Je höher die Dichte der Wolke an einer bestimmten Stelle ist, desto größer ist die Wahrscheinlichkeit, daß das Elektron sich zu einem bestimmten Zeitpunkt dort aufhält.

So hatte sich nun der Atombegriff von der Idee eines festen, greifbaren Kügelchens über viele Umwege hin zu einer mathematischen Wahrscheinlichkeitsverteilung gewandelt. Die Physiker mußten lernen, mit abstrakten Vorstellungen wie dieser umzugehen. Hinzu kam noch eine weitere Einschränkung, die ebenfalls an den Grundfesten der Physik rüttelte. In seiner Abhandlung von 1927 zeigte der deutsche Theoretiker Werner Heisenberg, daß es nicht möglich ist, beispielsweise Ort und Geschwindigkeit eines Teilchens gleichzeitig sehr genau zu bestimmen. Mißt man den Ort sehr genau, ergibt sich eine Ungenauigkeit für die Geschwindigkeit und umgekehrt. Dieses Gesetz, das übrigens auch für die Energie und ein Zeitintervall sowie für andere Meßgrößenpaare gilt, wurde unter dem Namen »Heisenbergsche Unschärferelation« weltberühmt. Es sagt mit anderen Worten aus, daß jede Messung einen Eingriff in das System bedeutet und es dadurch verändert. Dies berührte das Selbstverständnis der Wissenschaftler zutiefst. Hatte man sich doch vorher immer als außenstehender, objektiver Beobachter gesehen, der die Naturgesetze ergründet, ohne aktiv einzugreifen. Daß diese Rolle prinzipiell unmöglich sei, mußte von der Wissenschaftlergemeinde erst einmal verarbeitet werden. Im alltäglichen Leben läßt sich die Heisenbergsche Unschärferelation freilich nicht beobachten, denn sie tritt nur bei allerkleinsten Dimensionen in Erscheinung.

Ins Licht der Öffentlichkeit trat die Quantenmechanik 1927 auf einem Kongreß im italienischen Como, der zu Ehren Alessandro Voltas zu dessen 100. Todestag abgehalten wurde. Einstein besuchte diesen Kongreß nicht, weil er es ablehnte, sich ins faschistische Italien zu begeben. Erst einige Wochen später, als sich in Brüssel die Berühmtheiten der physikalischen Welt zum Solvay-Kongreß trafen, war er wieder dabei und diskutierte mit großem Engagement die neue Theorie. Sämtliche Einwände, die er sich ausdachte, wurden von seinen Kollegen, insbesondere von Niels Bohr, widerlegt. Dennoch konnte sich Einstein, der ja einen großen Teil der Grundlagen zur Quantenmechanik beigetragen hatte, nie ganz entschließen, ihr zu vertrauen. In einem privaten Brief an Max Born schrieb er: »Die Quantenmechanik ist sehr achtunggebietend. Aber eine innere Stimme sagt mir, daß das noch nicht der wahre Jakob ist. Die Theorie liefert viel, aber dem Geheimnis des Alten bringt sie uns kaum näher. Jedenfalls bin ich überzeugt, daß der liebe Gott nicht würfelt.«[18]

Der Theoretiker Arnold Sommerfeld, der an der Universität München lehrte, nahm die gewaltige Aufgabe auf sich, die Quantentheorie vom Wasserstoffatom, das extrem einfach aufgebaut ist, auf schwerere und damit kompliziertere Atome zu übertragen. Sein Lehrbuch ›Atombau und Spektrallinien‹[19] diente Generationen von Physikern als Standardwerk. Sommerfeld hatte auch damit begonnen, die Einsteinsche Relativitätstheorie auf die Quantenmechanik anzuwenden und dabei die sogenannte Feinstrukturkonstante entdeckt, die danach in der Physik eine wichtige Rolle spielte.

Im Jahr 1928 entwickelte Paul Dirac auch eine relativistische Quantentheorie und erhielt dabei mathematische Ausdrücke, aus denen sich ableiten ließ, daß das Elektron sich um sich selbst dreht, einen sogenannten Spin hat. Diesen Effekt hatten die beiden jungen holländischen Forscher Samuel Abraham Goudsmit und George Uhlenbeck vier Jahre zuvor bereits experimentell beobachtet. Ferner sagte Dirac aufgrund seiner Berechnungen die Existenz eines neuen Teilchens voraus, was zur skurrilsten Entdeckung des Jahrhunderts führte: zu der Erkenntnis, daß es eine »Gegenmaterie« gibt, die man »Antimaterie« nennt. Bei der Lösung seiner Gleichung für das Elektron erhielt Dirac immer zwei Werte für die Energie, einen positiven und einen negativen. Diese beiden Lösungen waren mathematisch völlig gleichwertig, aber die Vorstellung einer negativen Energie erschien absurd, zumal sich herausstellte, daß sie verbunden war mit der Annahme einer negativen Masse des Teilchens, was ebenfalls wie reine Science-fiction anmutete. Nach langem Zögern und Überlegen postulierte Dirac 1929 das sogenannte Positron, dessen Masse den gleichen, aber negativen Wert haben sollte wie die des Elektrons, das ferner positiv geladen sein und negative Energie besitzen sollte.

Inzwischen hatte sich auf dem experimentellen Sektor einiges getan. Der Schotte Charles Wilson hatte ein Gerät erfunden, mit dem man einzelne Atome, ja sogar einzelne Teilchen registrieren konnte: die Nebelkammer. In einem Glasgefäß, gefüllt mit überfeuchter Luft, zogen die Partikel wie winzige Flugzeuge nebelartige Kondensstreifen hinter sich her, die man betrachten und fotografieren konnte. Aus der Dicke der Streifen konnte man Rückschlüsse ziehen auf die Größe des Teilchens, und wenn man eine Magnetspule um die Kammer wickelte, wurden geladene Teilchen auf ihrer Bahn charakteristisch abgelenkt.

Mit einer solchen Nebelkammer untersuchte ein frischgebakkener junger Physiker am Caltech in Kalifornien, Carl Anderson, 1930 die kosmische Strahlung. Von Anfang an fiel ihm dabei auf, daß manche seiner Fotos seltsame Spuren von leichten Teilchen zeigten, die entweder von oben nach unten flogen und positiv geladen sein mußten, oder von unten nach oben und negativ geladen sein mußten. Auf einer Momentaufnahme der Spuren kann man jedoch die Flugrichtung nicht erkennen. Die Vernunft sagte, daß die Teilchen von oben kommen müßten, denn die kosmische Strahlung kommt immer von oben. Aber man kannte kein Teilchen, das die gefundenen Werte für Masse und Ladung in sich vereinte. Ein Proton konnte es nicht sein, dafür war es zu leicht. Anderson beantwortete die Frage nach der Laufrichtung durch eine Modifizierung seines Experiments: Er ließ die einfallenden Teilchen durch eine dünne Metallfolie laufen, die quer durch die Nebelkammer gespannt war. Durch Stöße mit den Atomen der Folie wurden die Teilchen abgebremst, waren also nach dem Durchlauf langsamer als vorher. Am 2. August 1932 gelang dem Forscher ein Foto, mit dessen Hilfe er beweisen konnte, daß es sich bei den Teilchen um positiv geladene Elektronen handeln mußte.

Diese »Positronen« waren die ersten Vertreter einer ganz

neuen Art von Materie, der »Antimaterie«, die Dirac aufgrund seiner Theorie zwangsweise vorhergesagt hatte. Später sagte er, seine Gleichung sei schlauer gewesen als er selbst. Sehr schnell fanden die Physiker nun heraus, daß sich Elektronen und Positronen gegenseitig vernichten, wenn sie aufeinandertreffen, wobei sie zwei Lichtquanten erzeugen. Entsprechend kann sich auch ein Lichtquant unter bestimmten Bedingungen in ein Positron und ein Elektron aufspalten.

Von einer Verlegenheitslösung hatten sich damit die negativen Energiezustände aus Diracs Theorie in einen Triumph der Quantenelektrodynamik verwandelt, wie diese Theorie mittlerweile offiziell genannt wird. Dirac erhielt den Nobelpreis für Physik 1933, Anderson drei Jahre später. Im Lauf der darauffolgenden Jahrzehnte entdeckten Forscher nach und nach weitere Antiteilchen, manche in der kosmischen Höhenstrahlung, manche an den großen Beschleunigern. Inzwischen kennt man zu jedem Teilchen auch das Antiteilchen. Man ist mit den Reaktionen, bei denen derartige Teilchen auftreten, so vertraut, daß man wie in einer Fabrik Antiteilchen in großen Mengen produzieren kann, etwa am Deutschen Elektronen-Synchrotron DESY in Hamburg oder am europäischen Kernforschungszentrum CERN in Genf. Dort gelang es auch zum ersten Mal im Januar 1996, ein ganzes Antiwasserstoff-Atom nachzuweisen, bestehend aus einem Antiproton und einem Positron.

Trotz der Bemühungen Sommerfelds und Diracs, der immerhin das Wasserstoffatom quantenmechanisch und relativistisch beschreiben konnte, gelang es jedoch bis zum Ende des 20. Jahrhunderts nicht, eine allgemeine relativistische Quantenmechanik zu entwickeln. Im Jahr 1972 äußerte sich Dirac dazu auf einem Kongreß einigermaßen resigniert: »Mir scheint, es liegt auf der Hand, daß wir die fundamentalen Gesetze der Quantenmechanik noch nicht kennen. Die heute von uns benutzten Gesetze werden einige wichtige Veränderungen erfahren müssen, bevor wir eine relativistische Theorie haben werden. Es ist sehr wahrscheinlich, daß diese Wandlung von der heutigen Quantenmechanik zur relativistischen Quantenmechanik der Zukunft ebenso drastisch sein wird wie der Übergang von der Bohrschen Bahntheorie zur heutigen Quantenmechanik.«[20]

Auch wenn hier noch Fragen offenblieben, bleibt unbestreitbar, daß die Quantenmechanik den Physikern ein Instrument in die Hand gab, das sie befähigte, die meisten Phänomene zu erklären. Ihr Siegeszug ist jedoch nicht nur gekennzeichnet durch theoretische Deutungen, sondern auch durch eine Vielzahl experimenteller Erfolge, die in den zwanziger und dreißiger Jahren folgten und schließlich dazu führten, daß das moderne Weltbild entstand. So erkannten Forscher immer deutlicher, daß sich das Atomgewicht aller Elemente aus ganzzahligen Vielfachen einer bestimmten Einheit darstellen ließ, die ein Sechzehntel des Gewichts von Sauerstoff betrug. Dies ist immer noch die gültige Definition des Atomgewichts.

Die Ordnung des Periodensystems war zwar grob schon durch die Entdeckung der Atomzahl bestätigt worden, wie sich die Elektronen rund um den Atomkern anordneten und welche Ordnungsprinzipien sie dabei befolgten, wurde nun aber erst nach und nach entdeckt. Niels Bohr hatte intuitiv Vorschläge gemacht, die sich später als weitgehend richtig herausstellten, aber erst der in Wien geborene und damals in Zürich lebende Wolfgang Pauli systematisierte die Theorie und formulierte das sogenannte Pauli-Prinzip. Er ordnete jeder Art von Bahn eine eigene Quantenzahl zu (im Atom gibt es insgesamt vier) und postulierte, daß es in einem Atom nie zwei Elektronen mit derselben Kombination von Quantenzahlen geben dürfe. In der Tat gelang es ihm damit, ein Ordnungsprinzip zu erfinden, welches einerseits das Periodensystem der Elemente genau erklärt und andererseits mit der Quantenmechanik im Einklang steht.

Bei der Durchmusterung der Elemente entdeckte man, daß manche nicht wie erwartet ein ganzzahliges Atomgewicht besitzen. Chlorgas zum Beispiel hat das Atomgewicht 35,46. Als Erklärung fand man schließlich heraus, daß derartige Elemente aus einer Mischung unterschiedlich schwerer Atome bestehen, die sich chemisch jedoch nicht unterscheiden. Bei Chlor handelt es sich beispielsweise um zwei Abarten mit dem Atomgewicht 35 und 37. Insbesondere bei radioaktiven Elementen war dieser Effekt oft zu beobachten: Einzelne Atome zerfielen, andere mit anderem Atomgewicht waren stabil. Alle gehörten aber nach ihrem chemischen Verhalten zum selben Element und ließen sich deshalb auch nicht chemisch voneinander trennen. Man bezeichnete diese unterschiedlich schweren Atome eines Elements als »Isotope«. Bald wurde das Wissen über Isotope vielfältig angewandt, von der Kerntechnik bis zur Archäologie, von der Vakuumtechnik bis zur Biologie.

Da sich Teilchen mit einer elektrischen Ladung durch elektrische und magnetische Felder ablenken lassen und unterschiedlich schwere Teilchen sich dabei unterschiedlich verhalten, gelang es, Apparate zu bauen, die diesen Effekt ausnützten, geladene Atome oder Teilchen voneinander trennten und nach ihrem Gewicht ordneten. Derartige Massenspektrographen wurden ein unentbehrliches Hilfsmittel in den meisten Labors und tragen viel zur Erforschung der mikroskopischen Welt bei. Die herausragenden Erfinder hierbei waren Joseph John Thomson und Francis William Aston. Mit modernen Verfahren läßt sich die Masse von Atomkernen auf ein Milliardstel der Masseneinheit genau bestimmen.

Durch die zunehmend genaueren Apparaturen, deren sich die Wissenschaftler bedienen konnten, gelang es auch immer besser, fundamentale Größen der Physik höchst exakt zu messen. So ermittelte der Amerikaner Robert Andrew Millikan mit einer genialen Versuchsanordnung die Ladung des Elektrons und die Größe der Planckschen Konstanten.

Trotz aller Erfolge theoretischer und praktischer Art war aber beispielsweise immer noch unklar, woraus der Atomkern besteht. Man wußte aus Rutherfords Experimenten nur, daß er klein, schwer und positiv geladen sei. Anfangs nahm man an, er setze sich aus Protonen und Elektronen zusammen. Ein Atom, das beispielsweise das Atomgewicht 24 hat und die Atomzahl 12, müßte dann aus 24 positiv geladenen Protonen bestehen und aus 12 negativ geladenen Elektronen, die 12 der Protonen elektrisch neutralisierten. Wieder war es Ernest Rutherford, der erkannte, daß diese Theorie nicht realistisch war, da der Atomkern dabei zu groß geworden wäre. Der Wissenschaftshistoriker Stephen F. Mason berichtet: »Er glaubte [...] auf die Vorstellung verzichten zu können, daß sich hier Elektronen im Atomkern befinden, wenn man annimmt, daß im Kern Neutronen enthalten sind, ungeladene Teilchen, die die gleiche Masse wie die Protonen besitzen. Diese Neutronen wurden in der Tat von Rutherfords Schüler Chadwick im Jahre 1932 entdeckt.«[21]

Es war eine große experimentelle Leistung, Teilchen zu entdecken, die keine elektrische Ladung tragen, denn normalerweise identifizierte man Teilchen dadurch, daß sie von elektrischen oder magnetischen Feldern abgelenkt wurden. Bei elektrisch neutralen Teilchen ist dies nicht möglich. James Chadwick stellte fest, daß die beobachteten Teilchen aus anderen Atomkernen Protonen herausschlugen, und berechnete daraus ihre Masse. Sie war in der Tat so groß wie die eines Protons. Nun konnte man sich vorstellen, daß der Atomkern aus einer Mischung positiv geladener Protonen und neutraler Neutronen besteht. Elektronen enthielt er nach den neuen Vorstellungen keine. Trotzdem blieb die Frage, wieso ein Gebilde, das auf kleinstem Raum mehrere positive Ladungen vereint, nicht durch deren gegenseitige elektrische Abstoßung sofort instabil wird. Es sollte noch Jahrzehnte dauern, bevor auch dieses Rätsel schließlich gelöst wurde.

Der Aufbau des Atoms war immerhin weitgehend geklärt, man kannte drei Elementarteilchen, Protonen, Neutronen und Elektronen, die wie in einem Baukasten die Welt erzeugten. Und man besaß ein universelles theoretisches Handwerkszeug: die Quantenmechanik. Die Aufmerksamkeit richtete sich jetzt auf eine Reihe neuer Entdeckungen, die sich insbesondere im Jahr 1932 geradezu häuften: Nachdem der Brite James Chadwick das Neutron entdeckt hatte, fand der Amerikaner Harold C. Urey das schwere Wasserstoffatom, das sogenannte Deuterium. Ebenfalls 1932 wurden das Positron erstmals experimentell nachgewiesen, die Theorie des Betazerfalls entwickelt und die künstliche Radioaktivität entdeckt. Einige dieser Errungenschaften paßten ins bisherige Weltbild, andere nicht. Und so begann in den dreißiger Jahren eine völlig neue Entwicklung in der Physik: Das Atom wurde zerlegt. Seine Bestandteile zerfielen in immer winzigere Teilchen, und die Physiker erdachten immer extremere Methoden, um diese Teilchen noch weiter zu zerteilen. Schließlich stand man vor einem »Teilchenzoo«, dessen Ordnung und Bedeutung niemand mehr erkennen konnte. Dies war wieder einmal eine große Zeit für die Theoretiker, die sich auf unterschiedlichste Weise bemühten, ein System hinter der Vielfalt der

Phänomene zu erkennen. Bis zur Jahrtausendwende gelang ihnen das nur zum Teil. Aber der Teilchenzoo ist wenigstens weitgehend geordnet, auch wenn noch einige Exoten fehlen.

Aber nicht nur die fehlende Ordnung unter den Elementarteilchen stellte ein Problem dar, auch die Kräfte in der Natur sah man nun mit neuen Augen. Vor allem der sogenannte Betazerfall machte den Physikern Anfang der dreißiger Jahre Sorgen. Man kannte inzwischen drei Arten radioaktiver Strahlung, die man als α-, β- und γ-Strahlung bezeichnete. Die β-Strahlen bestanden aus Elektronen, die von den Atomkernen (die eigentlich keine Elektronen enthielten, wie man inzwischen wußte) ausgesandt wurden. Außerdem verletzten diese Teilchen auch noch mehrere Erhaltungssätze, darunter den der Energieerhaltung. Mit dem bisher bekannten Rüstzeug waren die Vorgänge um den Betazerfall nicht zu erklären, und so postulierte Wolfgang Pauli wieder einmal ein neues Teilchen, das die Welt in Ordnung bringen könnte, das Neutrino. Es sollte noch viel kleiner als das Elektron sein und keine Ladung tragen. Damit wäre es extrem schwierig nachzuweisen. Pauli sollte recht behalten. Das Neutrino wurde schließlich 1956 entdeckt. Seine Erforschung beschäftigt Physiker auf der ganzen Welt.

Der Betazerfall war aber auch mit Hilfe des Neutrinos noch nicht vollständig zu erklären. 1933 begann der Italiener Enrico Fermi, einer der glänzendsten Vertreter der jüngeren Physikergeneration, sich mit diesem Problem zu befassen. Um eine konsistente Erklärung für den Betazerfall bieten zu können, mußte er eine neue fundamentale Wechselwirkung einführen, die er »schwache Wechselwirkung« nannte. Sie stellte sich als eine ebenso grundlegende Naturkraft heraus wie die bereits seit alters her bekannten Kräfte der Gravitation und der Elektrizität. Fermis Ideen waren so revolutionär, daß die renommierte Fachzeitschrift ›Nature‹ das Manuskript ablehnte. Er war seiner Zeit zu weit vorausgeeilt. Später erkannte man, daß Fermi mit seiner dritten Kraft völlig ins Schwarze getroffen hatte, und mittlerweile ist sogar noch eine vierte Kraft hinzugekommen.

In das Atom hineinzuschauen war in den ersten drei Jahrzehnten des 20. Jahrhunderts nur Rutherford und seinem Team in begrenztem Maße gelungen, nämlich durch den Beschuß mit sogenannten Alphateilchen, die aus zwei Protonen und zwei Neutronen bestehen. Rutherford konnte mit dieser Methode immerhin beweisen, daß das Atom aus einem kleinen, festen Kern und einer leicht durchdringbaren Hülle besteht. Die Erkenntnis, daß es der beste Weg ist, es mit geeigneten Geschossen zu bombardieren, um das Innere des Atoms zu erforschen, setzte sich unter den Physikern schnell durch. Viele unternahmen ganze Versuchsreihen, indem sie praktisch alle bekannten Elemente dem Beschuß mit α-, β- oder γ-Strahlung aussetzten und beobachteten, was geschah. Die Strahlung stammte aus radioaktiven Quellen, und ihre Teilchen hatten nur relativ geringe Energie. Zwar gelang es mit ihnen, bestimmte Elemente zu verändern, zu spalten oder radioaktiv zu machen, aber um das Atom zu »durchleuchten«, bedurfte es weit höherer Energien. Im November 1927 sprach Ernest Rutherford in einer Rede vor der Royal Society den Wunsch aus, »eine gute Versorgung mit Atomen und Elektronen [zu erhalten,] die eine Energie besitzen, die weit jenseits der Alpha- und Betateilchen aus radioaktiven Quellen liegt«.[22]

Die naheliegende Idee war, die Teilchen, mit denen man das Atom beschießen wollte, zu beschleunigen und damit auf höhere Energien zu bringen. Zunächst versuchten einige Forscher, insbesondere die beiden Engländer John Cockroft und Ernest Walton, dies mit Entladungsröhren in Kombination mit hohen elektrischen Feldern zu erreichen. Andere gingen sogar so weit, Blitzentladungen bei Gewittern abzuleiten, um dabei extrem hohe elektrische Spannungen zur Beschleunigung der Teilchen zu erhalten. Die Arbeit an diesen Geräten war gefährlich, und die Energie der Teilchen war nicht beliebig steigerbar, denn die Höhe der erreichbaren Spannung war technisch begrenzt.

Die Erfindungsgabe eines Mannes, des amerikanischen Physikers Ernest Orlando Lawrence, erlöste die Forscher von derartigen Apparaten und führte zur Entdeckung von Energien, die um ein Vielfaches höher lagen als alle bisher erreichten. Lawrence machte sich die Tatsache zunutze, daß elektrisch geladene Teilchen im Magnetfeld eine Kreisbahn beschreiben. Er konstruierte ein Gerät, in dem geladene Teilchen durch ein Magnetfeld auf einer Kreisbahn gehalten wurden und bei jedem Umlauf von einer elektrischen Spannung weiter beschleunigt wurden, sozusagen einen Stoß erhielten. Durch diese Mehrfachbeschleunigung in vielen kleinen Schritten durch die jeweils gleiche Spannung war es nicht mehr nötig, in einem Schritt eine riesige Spannung anzulegen. Die gigantischen Riesenbeschleuniger, die in mehreren Ländern der Welt arbeiten, gehen im Grunde alle auf das Lawrencesche Prinzip zurück. 1931 stellte Lawrence sein erstes »Zyklotron«, wie er das Gerät nannte, der wissenschaftlichen Öffentlichkeit vor. Es war nicht größer als eine Hand. Der Physiknobelpreisträger Emilio Segrè, der 1955 am Nachweis des Antiprotons beteiligt war, berichtet: »Als ich 1936 zum erstenmal nach Berkeley kam, besaß das Labor bereits ein Zyklotron von 93,98 Zentimeter Durchmesser mit einem zusätzlichen Magneten von der Federal Telegraph Company und produzierte starke Quellen radioaktiver Isotope.«[23]

Mit derartigen Beschleunigern versuchten nun die Physiker, dem Geheimnis der Kräfte auf die Spur zu kommen, die den Atomkern zusammenhalten. Einen Namen dafür hatte man schon: Kernkraft oder »starke Wechselwirkung«. So schoß man nun schnelle Teilchen auf Atome und beobachtete mit zunehmend komplizierten Apparaturen, welche Bruchstücke dabei entstanden. Das wichtigste Problem war die extrem kurze Reichweite der Kernkräfte. Sie wirken offensichtlich nur auf Entfernungen, die nicht größer sind als die Abmessungen der Atomkerne, übertreffen dort aber die Stärke der elektromagnetischen Kräfte bei weitem. Jedoch bemerken bereits die Elektronen der Atomhülle offenbar nichts mehr von den Kernkräften. Es gibt noch ein anderes Beispiel in der Natur, bei dem starke Kräfte nur auf sehr kurze Distanzen wirksam sind: die Anziehungskräfte zwischen den Atomen oder Molekülen, die letztlich dafür sorgen, daß feste Körper zusammenhalten. Sie entstehen dadurch, daß die Atome sozusagen ihre äußeren Elektronen »miteinander teilen« oder »gemeinsam benutzen«. Diese Elektronen schwirren also ununterbrochen zwischen den Atomen hin und her und bewirken so den Zusammenhalt. Diese Modellvorstellung übertrug nun im Jahr 1935 der japanische Theoretiker Hideki Yukawa auf die Atomkerne. Warum, so fragte er, sollten nicht die Kernkräfte durch Teilchen erzeugt werden, die zwischen den

Protonen und Neutronen des Kerns hin- und herschwirren? Er nannte diese Teilchen »Austauschteilchen« und berechnete ihre Masse als etwa 300mal so schwer wie die des Elektrons.[24] Als Bezeichnung für diese Bindeteilchen bürgerte sich der Name »Pionen« oder »Pi(π)-Mesonen« ein. Bis dieses Teilchen jedoch auch im Experiment nachgewiesen werden konnte, vergingen noch zwölf Jahre. Physiker entdeckten es schließlich in der kosmischen Höhenstrahlung. Diese besteht aus Teilchen, die zum Teil mit extrem hohen Energien aus dem Weltall auf die Erde prasseln. Die meisten von ihnen erreichen die Erdoberfläche nicht, da sie von den Luftschichten der Atmosphäre absorbiert werden, ein Schutz, ohne den Leben nicht existieren könnte. Für die Physiker stellt die Höhenstrahlung ein reichhaltiges Reservoir an Teilchen dar, die man in Meßgeräten einfangen und untersuchen kann.

Pedro Waloschek, der selbst an derartigen Expeditionen teilgenommen hat, beschreibt das Verfahren: »Der einfachste Weg zur näheren Untersuchung der Höhenstrahlung war der Aufbau von Apparaturen auf Berggipfeln. Für Elementarteilchenphysiker waren dies Fundgruben für die Suche nach Teilchen, die man bis dahin noch nicht beobachtet hatte. So wurden auf verschiedenen Bergen Laboratorien eingerichtet, in denen gleichzeitig dic Eigenart der Höhenstrahlung und die in ihr enthaltenen, noch unbekannten Teilchen untersucht wurden. Geigerzähler und Nebelkammern wurden als Nachweisinstrumente eingesetzt. Messungen mit Ballons wurden bis zu Höhen von 30 000 Meter durchgeführt.«[25] Und Emilio Segrè erinnert sich: »Am Ende des Krieges bildete die kosmische Strahlung noch immer die einzige Quelle hochenergetischer Teilchen. Man konnte sie nur dann beobachten, wenn Gott sie schickte, und es gab keine Möglichkeit, mit ihnen zu experimentieren, wie man es in anderen Bereichen der Physik tut, indem man ihre Energie änderte oder die Versuchsbedingungen variierte. [...] Ein paar Jahre lang konnten die kosmischen Strahlen als Teilchenquelle mit den Beschleunigungsanlagen konkurrieren, vor allem deshalb, weil die kosmischen Strahlen eine höhere Energie hatten, als irgendeines der Geräte in den damaligen Laboratorien jemals hätte erreichen können. Die kosmische Strahlung hatte außerdem den gewaltigen Vorzug, daß sie nichts kostete, und in Sonderheit für die durch den Krieg verwüsteten europäischen Staaten war sie ein Geschenk des Himmels.«[26]

Ein englischer Physiker, der sich besonders auf dem Gebiet des Nachweises von Teilchen mit Hilfe neuartiger Fotoemulsionen engagierte, war Cecil Powell. Er setzte viele Fotoplatten auf dem 300 Meter hohen Pic du Midi in den Pyrenäen der Höhenstrahlung aus und ließ sie dann auswerten. Nur durch die besondere Wachsamkeit einer Auswerterin, die unter dem Mikroskop die Spuren vermaß, welche die Teilchen in der Fotoemulsion hinterließen, erkannte man schließlich Spuren des Pions. 1949 erhielt Yukawa den Nobelpreis. Die von ihm postulierte starke Wechselwirkung steht seitdem gleichwertig neben den anderen drei Kräften der Natur: der Gravitation, der schwachen Wechselwirkung und der elektromagnetischen Kraft.

Geradezu ein »kosmischer Regen« ging auf die Teilchenphysiker nieder, als sie die Höhenstrahlung auswerteten. Nach und nach entdeckten sie Dutzende neuer Partikel, die teilweise sofort wieder zerfielen oder sich ineinander umwandelten. Der »Teilchenzoo« wurde zum Schlagwort und gleichzeitig zur Herausforderung für die Theoretiker.

Mittlerweile war es aufgrund der Fortentwicklung der Beschleuniger möglich geworden, durch den Beschuß mit schnellen Teilchen nicht nur Atomkerne zu zertrümmern, sondern auch einzelne Teilchen. So stellte man fest, daß viele »Grundbausteine« der Materie, wie etwa Protonen oder Neutronen, gar nicht so fundamental waren, wie man lange Zeit angenommen hatte. Auch daß die elektrische Ladung in der Natur immer als Vielfaches der Elektronenladung vorkommt, erwies sich als Trugschluß. Man fand die Drittelladung, die von den sogenannten Quarks getragen wird.

Schließlich bildete sich eine Theorie heraus, die fast alle Teilchen auf wenige Grundbausteine zurückführt: auf sechs »Quarks« und sechs »Leptonen«. Die normale Materie besteht nur aus vier dieser zwölf Grundteilchen, nämlich aus dem »up-Quark« und dem »down-Quark«, dem Elektron und dem Elektron-Neutrino. Protonen und Neutronen setzen sich dabei aus je drei Quarks zusammen. Erst bei wesentlich höheren Energien treten die restlichen Teilchen auf, beispielsweise in sehr starken Beschleunigern oder im Weltall. All diese Überlegungen gehen auf Ideen zurück, die der amerikanische Physiker Murray Gell-Mann in den sechziger Jahren aufgrund rein mathematischer Betrachtungen entwickelte. Er benannte die Quarks, die immer in Dreierkombinationen auftraten, nach einem Zitat aus James Joyces Roman ›Finnegans Wake‹. Dort findet sich der Satz: »Three quarks for Master Mark.« Damit die Theorie in sich geschlossen blieb, mußte Gell-Mann noch eine weitere Quantenzahl, also ein Charakteristikum für Teilchen, einführen. Er nannte sie »Farbe«, und sie kann drei verschiedene Werte annehmen. Nicht, daß Teilchen eine wirkliche Farbe besäßen, es handelt sich wieder einmal um eine reine Modellvorstellung. Die Theorie, die sich damit auseinandersetzt, heißt entsprechend »Quantenchromodynamik«. Das Pion, das Yukawa einst als Austauschteilchen der Kernkraft gedeutet hatte, wurde im Zuge dieser verfeinerten Theorien als zusammengesetztes Teilchen entlarvt: Man nimmt an, daß es aus zwei Quarks besteht. Den Zusammenhalt innerhalb des Atomkerns schreibt man sogenannten Klebeteilchen zu, den »Gluonen«.

Die Theorien der Elementarteilchen wurden ständig weiter verfeinert, und so gelang es, wie einst bei der Auswertung des Periodensystems der Elemente, Typen vorherzusagen, die experimentell noch nicht bekannt waren. In den Beschleunigern, die inzwischen zu riesigen Geräten herangewachsen waren, suchten Forscher nach diesen Teilchen, die meist nur eine Lebensdauer von weniger als einem Quadrillionstel einer Sekunde besaßen, also nach unvorstellbar kurzer Zeit wieder zerfielen. Eine ganze Reihe der vorhergesagten Kandidaten wurde gefunden, und Physiker aus der ganzen Welt ernteten damit Nobelpreise.

Die Methode bei der Suche nach neuen Teilchen war im Grunde immer ähnlich: Man schoß Teilchen gegeneinander oder auf ihre Antiteilchen. Je größer der Beschleuniger, desto höher ist die Energie, die er dem Teilchen mitgeben kann. Ein besonderes Problem dabei ist, daß gemäß Einsteins Relativitätstheorie jedes Teilchen schwerer wird, wenn es sich sehr schnell bewegt. Da die Teilchengeschwindigkeiten in den großen Speicherringen bereits sehr nahe an die Lichtgeschwindigkeit herankommen, benötigt man sehr hohe Energien, um die nun schon sehr schweren Teilchen immer noch weiter zu beschleunigen.

Am CERN in Genf, einem der größten Zentren für Teilchenforschung auf der Welt, läßt sich der technische Fortschritt auch an der Größe der Beschleuniger ablesen: Das »kleine« Synchrotron, das sogenannte PS, hat einen Durchmesser von 200 Metern, das große, SPS, einen von 2,2 Kilometern. Der Speicherring LEP besitzt bereits einen Durchmesser von über acht Kilometern. Und in den USA begann man, einen Beschleuniger (SSC) zu bauen, der einen Umfang von 83 Kilometern haben sollte! Sein Bau wurde 1994 aus finanziellen Gründen abgebrochen. Daß Elementarteilchenforschung eine äußerst kostspielige Sache ist, zeigt sich an den Ausgaben, die rund um den Globus in den letzten beiden Jahrzehnten des 20. Jahrhunderts für die großen Beschleuniger und Speicherringe aufgebracht werden mußten. Daß die vielen hundert Millionen Mark, die inzwischen dafür verbraucht wurden, gut angelegt sind, davon haben die einschlägigen Forscher und Funktionäre die Politiker immer wieder zu überzeugen versucht.

Gegen Ende des Jahrtausends scheint jedoch das vertretbare Maximum erreicht. Ende Oktober 1993 strich der amerikanische Kongreß die Gelder für den bislang größten geplanten Beschleuniger der Welt, den Superconducting Super Collider (SSC), der für geschätzte 18 Milliarden Mark in Waxahachi südlich von Dallas, Texas, gebaut werden sollte. Daraufhin kam auch das europäische Konkurrenzprojekt in Finanznöte. Der Large Hadron Collider (LHC), der bis zum Jahr 2003 im bereits vorhandenen, 26,7 Kilometer langen kreisförmigen LEP-Beschleuniger-Tunnel des europäischen Kernforschungszentrums CERN bei Genf installiert werden soll, sollte zwar voraussichtlich »nur« drei Milliarden Mark kosten, aber dieses Budget aufzubringen, war ausgesprochen schwierig.

Daß die Teilchenphysiker derart große Hoffnungen auf einen noch größeren Beschleuniger setzen, ist leicht zu erklären: In den Beschleunigern werden Protonen mit extrem hoher Energie gegeneinander geschossen. Beim Zusammenprall zertrümmern sich die Teilchen gegenseitig und zerspringen in eine Vielzahl von Bruchstücken, die Aufschluß über die Grundfragen der Physik geben sollen. So hofft man, mit derartig hohen Energien Verhältnisse herstellen zu können, wie sie kurz nach dem Urknall möglicherweise geherrscht haben. Gleichzeitig sucht man nach dem sogenannten Higgs-Boson, einem Elementarteilchen, um das sich viele moderne Theorien ranken, die – wären sie beweisbar – das Weltbild der Physik wieder einmal grundlegend verändern könnten. Es könnte beispielsweise erklären, warum Teilchen eine Masse besitzen.

Ein Problem dabei ist sicherlich, daß derart komplizierte Theorien der Allgemeinheit und damit auch den Politikern, die über die Gelder zu entscheiden haben, nicht mehr vermittelbar sind. Der englische Forschungsminister William Waldegrave schrieb deshalb 1993 einen Wettbewerb aus: Er versprach demjenigen einen Preis, der es verstünde, auf einer einzigen Schreibmaschinenseite verständlich zu erklären, was das Higgs-Boson sei. Der Minister erhielt 125 Einsendungen, die er offenbar aufmerksam gelesen hat. Denn im Herbst 1993 sagte er auf einer Pressekonferenz: »Das Higgs-Feld ist ein alles durchdringendes Feld, das andere Teilchen durchlaufen und dabei Masse gewinnen. Ich fange nun an, zu verstehen, warum dies wichtig ist.«

Während die Teilchenforschung zwar hohe Summen verschlingt, aber außer genialen Theorien und Nobelpreisanwärtern kaum etwas Greifbares hervorbringt, entstand in den vierziger Jahren ein Zweig der Physik, der so auffallende praktische Auswirkungen hatte, daß er die Welt entscheidend und nachhaltig veränderte: die Kernphysik. Begonnen hatte es Ende der dreißiger Jahre, als Otto Hahn zusammen mit Fritz Straßmann entdeckte, daß Uran durch den Beschuß mit Neutronen in leichtere Elemente gespalten wird. Sie erkannten, daß der schwere Urankern dabei in zwei fast gleich große Hälften zerfällt, und 1939 bewies Frédéric Joliot-Curie, der Schwiegersohn Marie Curies, daß außerdem weitere Neutronen frei wurden. Da der Urankern eine etwas größere Masse besitzt als die Summe aller bei der Spaltung entstehenden Bruchstücke, lag die Vermutung nahe, daß nach Einsteins Formel $E=mc^2$ die »verlorene« Masse in Energie umgewandelt wurde. Hier lag also ein Prozeß vor, mit dessen Hilfe man Energie »erzeugen« konnte. Endlich wurde auch verständlich, warum sich radioaktive Elemente nicht abkühlen. Da bei jeder Uranspaltung mehrere Neutronen frei werden, kam man auf den Gedanken, daß diese weitere Urankerne spalten könnten, die sich in der Nachbarschaft befinden. Wie in einer Lawine könnte sich so die Anzahl der Spaltungen vervielfachen.

Zu der Zeit, als diese Entdeckungen gemacht wurden, marschierten deutsche Truppen in Prag ein. Wissenschaftler in den USA, allen voran der Ungar Leo Szilard, aber auch Eugen Wigner, Edward Teller, der Österreicher Victor Weisskopf und Enrico Fermi hegten die schreckliche Befürchtung, Hitler könne das Know-how der deutschen Forscher dazu nutzen, eine Atombombe bauen zu lassen. Ein Brief, der vor dieser Gefahr warnte und den auch Einstein unterschrieben hatte, wurde im März 1939 an Präsident Roosevelt übergeben. In seinen Memoiren erinnerte sich Victor Weisskopf später: »Es war Szilard, der seinen guten Freund Albert Einstein überzeugte, den von ihm entworfenen, berühmt gewordenen Brief an Präsident Roosevelt zu schreiben, in dem die Regierung der Vereinigten Staaten dringend aufgefordert wird, ein Sofortprogramm zur Entwicklung einer Atombombe in die Wege zu leiten. Roosevelt erhielt den Brief 1939, aber bis 1943 gab es keinen ernst zu nehmenden Ansatz. Der einzige Schritt, zu dem man sich vor diesem Datum entschloß, war die Gründung eines sogenannten Uranium Committee unter der Leitung von Lyman Briggs. Es unterstützte ein paar Forschungsprojekte, aber der kriegsbedingte Geheimhaltungswahn verwehrte den amerikanischen Wissenschaftlern den Einblick in etliche interessante Berichte der Briten über ihre Fortschritte bei der Entwicklung einer Bombe [...] Unter dem ständigen Druck von Szilard, Wigner und vor allem von Ernest O. Lawrence in Berkeley gewährte die Regierung schließlich 1942 ihre volle Unterstützung für die Entwicklung einer Atombombe. Das Uranium Committee unter Briggs wurde aufgelöst und ein Sofortprogramm unter General Leslie R. Groves in Gang gesetzt.«[27]

Bei dem Programm, das in Los Alamos im Bundesstaat New Mexico auf die Beine gestellt wurde, galt es, vielfältige physikalische Probleme zu überwinden: Man mußte entweder das Uran-Isotop 235 von dem Isotop 238 trennen, was einen ungeheuren technischen Aufwand erfordert, oder Plutonium in einem Reaktor erbrüten. Hierbei engagierte sich insbesondere Lawrence. Man mußte ferner die physikalischen Grundlagen für die gesamte Kernphysik und die Waffentechnologie so genau erarbeiten, daß der Bau einer Bombe überhaupt erst möglich wurde. Emilio Segrè beschreibt diese Zeit so: »In Friedenszeiten hätte all dies Jahre gebraucht; aber unter dem Druck der Kriegsumstände wurden die traditionellen Stufen übersprungen [...]. Von der Entdeckung der Spaltung bis zum ersten kritischen Reaktor, der am 2. Dezember 1942 in Stagg Field in Chicago in Betrieb genommen wurde, vergingen vier Jahre, von der Entdeckung des Plutoniums bis zur ersten Bombe wiederum vier. [...] Das Projekt als Ganzes war ungeheuer erfolgreich [...]. Der finanzielle Aufwand blieb relativ bescheiden: In runden Zahlen beliefen sich die Kosten auf drei Milliarden Dollar zum Kurs von 1940.«[28]

Fünf Jahre später, am 16. Juli 1945, explodierte die erste Test-Atombombe in der Wüste von New Mexico, am 6. August 1945 wurde die japanische Stadt Hiroshima, drei Tage später Nagasaki von amerikanischen Atombomben zerstört. Über die sowjetische Entwicklung auf diesem Gebiet ist längst nicht so viel bekannt. Anscheinend begannen dort die Anstrengungen erst nach dem Zweiten Weltkrieg. Im Dezember 1947 wurde der erste Reaktor kritisch, im August 1949 zündeten die Sowjets ihre erste Atombombe.

Die friedliche Nutzung der Kernenergie wurde seit Ende der fünfziger Jahre ernsthaft vorangetrieben. In allen Industrieländern der Welt, zum Teil auch in Entwicklungsländern, entstanden Reaktoren zunehmender Größe. Während in der westlichen Welt auf den Sicherheitsfaktor besonderer Wert gelegt wurde, stand offenbar im Osten der leichte Zugriff auf das Brennmaterial innerhalb des Reaktors im Vordergrund.

Trotz einer ganzen Reihe von Unfällen in Ost und West und trotz des zunehmenden Protestes besorgter Bürger wurde der Anteil der Kernenergie an der Stromerzeugung ständig erhöht. Erst die Katastrophe von Tschernobyl am 26. April 1986, bei der ein Reaktorblock durchging und explodierte, rüttelte die Weltöffentlichkeit auf. Mehr als 10 000 Quadratkilometer, vor allem im Norden und Nordwesten der Unglücksstelle, wurden massiv kontaminiert. Rund 200 000 Menschen mußten umgesiedelt werden. Der Wind trug die Radioaktivität bis nach Skandinavien und Westeuropa. Die Ruine des Unglücksreaktors wurde mit einem »Sarkophag« aus Stahlbeton umgeben. Zehn Jahre nach dessen Bau stellte sich jedoch heraus, daß dieser statisch nicht mehr stabil war, zu viele Lecks aufwies und deshalb keinen wirksamen Schutz gegen die Radioaktivität des havarierten Reaktors bot. Internationale Fachleute wurden um Rat gebeten, und sie arbeiteten ein Maßnahmenpaket aus, das im Falle des Einsturzes in Aktion treten soll. Es sieht in der Hauptsache Maßnahmen vor, den bei einem eventuellen Einsturz aufwirbelnden hochradioaktiven Staub zu binden, vor allem durch die Zündung von Sprengpatronen und die Aktivierung von Sprühvorrichtungen. Besser wäre es natürlich, den maroden Bau ganz mit einer neuen Hülle zu überwölben und ihn damit von der Außenwelt zu isolieren. Dies würde jedoch Milliarden kosten, und das Ausland konnte sich bis Mitte der neunziger Jahre weder auf ein Konzept noch auf die Aufteilung der nötigen Finanzzuschüsse einigen.

Die Betreiber selbst halten deshalb eine andere Lösung für mindestens ebenso gut: Sie wollen nach und nach ins Innere der Ruine vordringen und das dort verschmolzene und herumliegende radioaktive Inventar einsammeln, konditionieren (also beispielsweise in Fässern mit Beton vergießen) und einer geregelten Endlagerung zuführen. Dies ist wegen der Unzugänglichkeit weiter Bereiche des ehemaligen Reaktors und wegen der starken Strahlung ebenfalls sehr teuer, aber es hätte den Vorteil, daß die Unfallstelle endgültig saniert werden könnte.

15 Reaktoren vom Tschernobyl-Typ sind im Osten weiterhin in Betrieb, zum Teil unter unverantwortlich schlechten Sicherheitsbedingungen. Sie können nicht abgeschaltet werden, weil die Wirtschaft auf ihren Strom angewiesen ist. Unzählige Störfälle wurden bekannt; die nächste Katastrophe ist nur eine Frage der Zeit.

Daß Tschernobyl keineswegs die einzige Umweltkatastrophe war, die auf zu sorglosen Umgang mit der Kernenergie zurückzuführen war, zeigte sich erst Anfang der neunziger Jahre, als bekannt wurde, was in einem Gebiet im Südural geschehen war: Ein amtlicher Befehl zwang 1953 1200 Männer, Frauen und Kinder des Dorfes Metlino, ihr Heimatdorf im Südural, rund 150 Kilometer südlich von Sverdlovsk, zu verlassen. 1956 war die Aktion abgeschlossen – das Dorf am Oberlauf des Tetscha-Flusses blieb menschenleer zurück. Was man den Einwohnern verschwiegen hatte: Metlino war Notstandsgebiet, radioaktiv verseucht durch eine Katastrophe, die kein Unfall war, sondern schrecklicher Alltag. 76 Millionen Kubikmeter flüssiger Atommüll waren aus der Atombombenfabrik Mayak in Tscheljabinsk seit 1949 völlig ungeklärt in den benachbarten See und in den Fluß abgelassen worden. Dieser fließt zunächst nach Südosten, später wieder nach Norden und mündet schließlich in den Iset-Fluß, der das Wasser über den Tobol, Irtysch und Ob zum nördlichen Eismeer transportiert.

In den Jahren bis 1960 evakuierte man 19 weitere Dörfer entlang des Flusses. 7500 Personen mußten damals ihre Heimat verlassen; noch weiß niemand, warum 15 000 andere bleiben mußten. Vielleicht, so vermutet man, reichte das vorhandene Geld nicht aus, um alle umzusiedeln.

Die Menschen, die jahrelang ahnungslos das Wasser getrunken, ihre Wäsche im Tetscha gewaschen und Fische daraus gegessen hatten, hatten eine Strahlendosis erhalten, die im Durchschnitt zehnmal so hoch liegt wie die im Umkreis von Tschernobyl. 28 000 Personen wurden so stark bestrahlt, daß sie massive gesundheitliche Spätfolgen erwarten müssen. Und das Gelände ist immer noch gefährlich kontaminiert.

Die Sowjets hatten fieberhaft daran gearbeitet, um den Vorsprung der Amerikaner bei der Entwicklung der Atombombe aufzuholen. Niemand nahm sich die Zeit, über die Beseitigung der hochgiftigen und strahlenden Abfälle und Abwässer nachzudenken. Das einzige Konzept war, sie so stark wie möglich zu verdünnen. Was lag näher, als die tödliche Brühe in den Fluß zu leiten. So hatte man leichtfertig ein riesiges Gebiet verseucht. Rund 70 Prozent der Radioaktivität setzten sich im Schlamm des Koksharov- und Metlinsky-Sees ab, aus denen der Tetscha hervorgeht. Zehn Prozent der Abfälle wurden mit den Sedimenten des Flusses bis zu 80 Kilometer weit fortgeschwemmt und lagerten sich entlang des gesamten Flußlaufes ab. Vor allem Strontium-90 mit einer Halbwertszeit von 28 Jahren und Cäsium-137 (Halbwertszeit 30 Jahre), beides Elemente, die sich im menschlichen Körper einlagern, vergifteten die Anwohner mit ihrer radioaktiven Strahlung.

Die Rechnung bezahlen die Menschen: Unter der russischen Bevölkerung in dem betroffenen Gebiet liegt die Todesrate durch Krebs um 17 Prozent höher als in vergleichbaren Gebieten, beim tartarischen und baschkirischen Bevölkerungsteil wegen anderer Ernährungsgewohnheiten sogar um 27 Prozent. Die Leukämierate lag zwei- bis dreifach über dem Durchschnitt.

Das Gebiet rund um Tscheljabinsk ist jedoch kein Einzelfall. Seit die Geheimhaltungsvorschriften in den Ländern der ehemaligen UdSSR gelockert wurden, wird der Westen - selbst nicht gerade arm an Nuklearskandalen und Reaktorunfällen - fast täglich von neuen Horrormeldungen aus dem Osten aufgeschreckt. So fanden in den Jahren von 1949 bis 1963 113 oberirdische nukleare Bombentests südöstlich des Atomforschungszentrums Semipalatinsk in Kasachstan statt. Nach dem Verbot oberirdischer Tests wurden die Versuche unterirdisch weitergeführt. Durch radioaktive Niederschläge wurde besonders die sibirische Altai-Region östlich des Testgeländes kontaminiert. Neben Semipalatinsk diente auch die arktische Doppelinsel Nowaja Semlja als Testplatz: Dort fanden seit 1954 90 oberirdische und 42 unterirdische Explosionen statt. Bei diesen entstanden durch die enorme Hitzeentwicklung Kavernen aus geschmolzenem Gestein, die durch neuerliche Versuche einbrachen und das Grundwasser eindringen ließen. Satellitenaufnahmen beweisen mittlerweile, daß insbesondere der Permafrost-Boden von Nowaja Semlja die Radioaktivität nicht zurückhalten kann, sondern das umliegende Meer verseucht.

Hinzu kamen 120 nukleare Explosionen zu angeblich friedlichen Zwecken, verteilt über das ganze Land, mit denen Wälle aufgeschüttet, Flußläufe verändert und künstliche Seen erzeugt wurden, die immer noch radioaktiv strahlen. Besonders gravierend war die Explosion eines Tanks für hochradioaktiven flüssigen Atommüll in Tscheljabinsk, bei dem am 29. September 1957 die Kühlung versagte. Ungünstige Winde brachten die Explosionswolke nach Nordosten und verseuchten einen Landstrich von schätzungsweise 1000 Quadratkilometern Größe. Der Unfall wurde im Westen erstmals 1979 unter dem Namen

»Kyschtym-Unfall« bekannt. Die Strahlenbelastung für die »Liquidatoren«, also die Soldaten und Sträflinge, die den Landstrich dekontaminieren und zubetonieren mußten, kennt keiner.

Im selben Gebiet ereignete sich zehn Jahre später eine weitere Umweltkatastrophe: Weil alle Tanks für hochradioaktive Abfälle voll waren, leitete man in Mayak 1966 die radioaktiven Abwässer wieder in die kleinen Moorseen ein, die man schon früher als billige Deponie verwendet hatte. Aber diesmal hatte der Leichtsinn schreckliche Folgen. Als im Frühjahr 1967 eine extreme Trokkenperiode den Südural heimsuchte, verdunstete das Wasser der Seen, ein Sturm verteilte den radioaktiven Staub über weite Gebiete. Glück im Unglück war lediglich, daß zum großen Teil dieselbe, bereits weitgehend entvölkerte Region betroffen war wie beim Kyschtym-Unfall.

Ebenfalls 1967 begann man mit einem Verglasungsprogramm, bei dem die noch in Tanks gelagerten Spaltprodukte zu Glaskokillen verarbeitet werden, die oberirdisch unter Luftkühlung gelagert werden. Heute ist Atommüll mit einer Gesamtstrahlung von 250 Millionen Curie bereits verglast – dies entspricht der Menge an hochradioaktiven flüssigen Rückständen, die in Tanks im amerikanischen Hanford im Bundesstaat Washington lagern. Auch dort hat man strahlende Abwässer mit rund 700 000 Curie in die Umwelt abgelassen und dabei die oberen Bodenschichten und Tümpel verseucht. In Savannah River, Georgia, wurden ebenfalls 900 000 Curie in Form von Abwässern oberflächlich deponiert, in Flüsse und Seen abgelassen.

Fast 150mal soviel Strahlung, rund 130 Millionen Curie, kontaminierte die Abfallbecken im russischen Tomsk-7. Diese Waffenfabrik und Wiederaufbereitungsanlage wurde Mitte der fünfziger Jahre erbaut, acht Millionen Kubikmeter radioaktiver Abwässer hinterließ sie auf der Erdoberfläche. Die hauptsächlich angewandte Methode der Atommüllbeseitigung in Tomsk-7 war jedoch das Verpressen der radioaktiven Abwässer in tiefliegende geologische Schichten. Mit einer Leistung von 175 Kubikmeter pro Stunde preßte man die Brühe in kreide- und sandhaltige Schichten in 240 bis 340 Meter Tiefe. Bis 1992 entsorgte man auf diese Weise rund 32 Millionen Kubikmeter Abfälle mit einer geschätzten Gesamtaktivität von etwa einer Milliarde Curie.

In der dritten Waffenschmiede Rußlands, in Krasnojarsk-26, das später in Zelesnogorsk umbenannt wurde, wird diese Art der Abfallbeseitigung immer noch betrieben. Über eine 15 Kilometer lange Pipeline fließen die Abwässer zur Pumpstation, wo sie in die Bohrlöcher gepreßt werden, während an anderer Stelle Wasser nach oben gepumpt wird. Schwach aktive Abfälle werden in rund 200 Meter Tiefe abgelagert, mittelaktive in 380 bis 475 Meter Tiefe. Russische Wissenschaftler schätzen, daß Mitte der neunziger Jahre noch 450 Millionen Curie dort vorhanden waren; ursprünglich waren es doppelt soviel. Die Amerikaner haben dieses umstrittene Verfahren ebenfalls angewandt: In Oak Ridge, Tennessee, verpreßten sie flüssigen Abfall mit einer Strahlung von rund einer Million Curie in tiefe Erdschichten. Er enthielt hauptsächlich radioaktives Caesium und Strontium.

Die Experten sind sich einig, daß die Verseuchungen durch militärische Nuklearanlagen die größte radioaktive Kontamination der Welt darstellen. Die Verseuchungen, die darüber hinaus von seiten der kommerziellen Reaktoren, durch Uranabbau und -verarbeitung, durch die Katastrophe von Tschernobyl sowie durch Atommüllbeseitigung im Meer zustande kamen, sind – so gravierend sie auch sein mögen – um mehrere Zehnerpotenzen kleiner. Sie betragen zusammengenommen »nur« geschätzte 2,8 Millionen Curie.

Auch die nukleare Flotte der ehemaligen Sowjetunion hat radioaktive Lasten hinterlassen. Mindestens vier atomare U-Boote liegen im Nordpolarmeer auf dem Meeresgrund, durch Unfälle außer Gefecht gesetzt. Die »Komsomolet«, die nach einem Brand im April 1989 sank, hatte außer dem Antriebsreaktor noch zwei atomare Torpedos an Bord. Erste Lecks, aus denen Radioaktivität entweicht, wurden in den neunziger Jahren entdeckt. Andere atombetriebene Schiffe wie der Eisbrecher »Lenin« wurden nördlich der russischen Küste im Meer versenkt, nachdem der Reaktor abgeschaltet und verschlossen wurde. Nach Greenpeace-Schätzungen rosten dort inzwischen 15 Reaktoren vor sich hin. Wie lange die Korrosion braucht, bis sie die Schiffs- und Reaktorwände durchfressen hat, kann zum Ende des Jahrhunderts noch niemand zuverlässig vorhersagen.

Wo die radioaktiven Abfälle aus militärischer und ziviler

Kernkraftnutzung geblieben sind, ist nur teilweise bekannt. Zwischen Murmansk und der Insel Novaja Semlja liegen seit den sechziger Jahren rund 17 000 Fässer mit Atommüll auf dem Meeresgrund. Weitere vermutet man im Pazifik im Ochotskischen Meer. Der Chef der russischen Auslandsaufklärung, Primakow, schätzte 1995, daß fast ein Fünftel des Staatsgebiets der früheren Sowjetunion aufgrund der radioaktiven Verseuchung unbewohnbar sei. Trotzdem sind viele derartige Gebiete auch heute noch bewohnt. Vorschriften und Verbote werden nicht ernst genommen, teilweise wird die Bevölkerung auch über die drohende Gefahr massiv belogen. Ähnliches wird aus den USA berichtet, wo die Bevölkerung der Atomwaffen-Testgebiete über die möglichen Gesundheitsschäden durch Radioaktivität im unklaren gelassen wurde. Rund 50 Jahre danach zeigen sich die Folgen durch eine Zunahme der Krebserkrankungen in den betroffenen Gebieten.

Während die Kernenergienutzung und ihre ambivalenten Folgen intensiv öffentlich diskutiert werden, ist eine weitere Entwicklung, die sich aus der Waffenforschung im Zweiten Weltkrieg ergab, längst nicht so stark ins Licht der Öffentlichkeit getreten: die Bemühungen um die friedliche Nutzung der Kernfusion. Die Verschmelzung leichter Atomkerne ist eine andere Art der nuklearen Energieerzeugung. Die Sonne und die meisten Sterne beziehen ihre Energie aus diesem Prozeß. Auf der Erde versuchen Wissenschaftler seit fast 50 Jahren, Fusionsenergie zu erzeugen. Die prinzipielle Machbarkeit haben sie durch die Entwicklung und den Test der Wasserstoffbombe bewiesen, in der die beiden Wasserstoffisotope Deuterium und Tritium miteinander verschmelzen. Parallel zu den militärischen Versuchen begannen die USA und die UdSSR ein ziviles Fusionsprogramm zu installieren, einige Jahre später folgten Europa und Japan. Das Ziel ist es, einen Reaktor zu bauen, in dem durch die Verschmelzung von Deuterium mit Tritium kontrolliert Energie erzeugt werden kann. Bis zur Jahrtausendwende konnte jedoch noch nicht einmal ein Demonstrationsreaktor gebaut werden, und nur in wenigen Experimenten gelang die erfolgreiche Verschmelzung der beiden Isotope. 1986 gründete die Internationale Atomenergiekommission eine internationale Arbeitsgruppe, die einen Experimental-Reaktor entwerfen sollte. Der Bau eines funktionierenden Fusionsreaktors, der zu vernünftigen Kosten Energie erzeugt, liegt jedoch noch in weiter Ferne. Der Grund hierfür sind die technischen Schwierigkeiten, die Kernfusion zu kontrollieren.

Ihr Prinzip wurde der Sonne abgeschaut: Die Physiker Hans Bethe und Carl Friedrich von Weizsäcker hatten entdeckt, daß die Sonne ihre Energie durch die Verschmelzung leichter Atomkerne erzeugt. Bei den dort herrschenden extrem hohen Temperaturen haben die Teilchen eine so hohe Geschwindigkeit, daß sie beim Zusammenprall die elektromagnetischen Abstoßungskräfte (die Kerne sind jeweils positiv geladen) überwinden und verschmelzen können. Derart hohe Temperaturen auf der Erde herzustellen, ist natürlich extrem schwierig. Der Physiker Eckhard Rebhan hat den Ursprüngen nachgeforscht: »Von wem die ersten konkreten Vorschläge dazu gemacht wurden, läßt sich heute nicht mehr zweifelsfrei rekonstruieren. 1934 ließ sich der aus Ungarn in die USA emigrierte Physiker L. Szilard ein US-Patent über die Nutzung der Kernenergie ausstellen, welches auch das Prinzip der Kernfusion abdeckte. Houtermans[29], der Deutschland mit dem Hochkommen der Nazis verlassen hatte, soll sich vor seiner Internierung in Rußland 1937 mit Fusionsexperimenten befaßt haben. Der australische Physiker P. Thonemann erinnerte sich daran, 1939 als Student in Melbourne Ideen zu einem Fusionsreaktor auf der Grundlage einer ringförmigen Deuterium-Gasentladung ausgearbeitet zu haben.«[30]

Auf jeden Fall aber stellten Edward Teller und Enrico Fermi bereits in den vierziger Jahren Überlegungen zur friedlichen Nutzung der Kernfusion an, und Fermi hielt 1945 Vorlesungen über Kernfusion und Plasmaphysik, wie der damit befaßte Zweig der Physik genannt wird. Diesmal war es England, das unmittelbar nach dem Krieg das erste zivile Programm zur Erforschung der Kernfusion in die Wege leitete. Die für die Verschmelzung nötigen Temperaturen von vielen Millionen Grad sind nicht nur schwer zu erzeugen, sondern ein derart heißes Gas kann auch in keinem Gefäß mehr gehalten werden, da es die Wände des Gefäßes zerstören würde. Man muß also mit geeigneten Mitteln dafür sorgen, daß das heiße Gas – Plasma genannt – zusammengehalten wird, ohne die Gefäßwände zu berühren. Da das Plasma aus geladenen Teilchen besteht[31], wird es durch Magnetfelder beeinflußt. So entstand schon bald der Gedanke, das Plasma durch eine geeignete Magnetspulenanordnung ringförmig zusammenzudrükken und so von den materiellen Wänden fernzuhalten. Gleichzeitig benutzte man die Kompression des Plasmas durch ein schnell ansteigendes Magnetfeld dazu, dieses Plasma aufzuheizen.

Erst 1951 begannen auch in den USA Untersuchungen auf diesem Gebiet. Wieder einmal – wie schon bei der Atombombe – gab die Angst vor der Konkurrenz eines anderen Landes den Ausschlag für die Initiierung eines Programms. Dieser Entschluß war durch einen Artikel in der ›New York Times‹ vorangetrieben worden, der über eine Pressemitteilung des argentinischen Diktators J. Peron berichtete: Ein deutscher Physiker namens R. Richter habe mit Perons Unterstützung auf einer kleinen Insel eines argentinischen Sees erfolgreich erste Versuche mit einem thermonuklearen Reaktor durchgeführt; ein großer Fusionsreaktor befinde sich im Bau, und dieser werde in etwa zehn Monaten in Betrieb gehen. Diese Meldung war zwar bei den Wissenschaftlern allerseits auf Skepsis gestoßen, und in der ›New York Times‹ konnte man kurz darauf lesen: »Schon eine ganz oberflächliche Kenntnis der Sachlage deckt sofort auf, daß eine derartige Behauptung mehrere Umstände in Rechnung stellt, die nach dem gegenwärtigen Wissensstand unmöglich sind.«[32] Dennoch gab dieses Vorkommnis den Anstoß zu konkreten Schritten.

Zunächst wurden die ringförmigen Anordnungen erprobt, zu denen es bereits Vorüberlegungen gab. Der anfangs geradezu überbordende Optimismus der Forscher wurde jedoch schnell gedämpft, als sich in der praktischen Arbeit herausstellte, wie groß die technischen Schwierigkeiten bei der Realisierung der schönen Ideen waren. Das Plasma ist ein kapriziöses Gebilde, und es entzieht sich dem Einschluß durch Magnetfelder immer wieder durch sogenannte Instabilitäten, die zufällig entstehen und nicht vorauszuberechnen sind. So wurden immer neue und kompliziertere Veränderungen des Magnetfeldkäfigs nötig. Erst in den sechziger Jahren konnte zum ersten Mal ein »Tokamak« in der Sowjetunion realisiert werden. Es handelt sich dabei um ein ringförmiges Gebilde, das durch einen im Plasma selbst fließenden Strom zusammengehalten und gleichzeitig geheizt wird. Eine andere, ebenfalls ringförmige Art, der sogenannte Stellarator, wurde zunächst in den USA favorisiert, führte aber ebensowenig zu konkreten Erfolgen wie der Tokamak oder die lineare »Spiegelmaschine«, die als dritte Variante erprobt wurde.

Bis heute wurden zwar viele und entscheidende Verbesserungen der Anordnungen vorgenommen (sie erreichen zur Jahrtausendwende die Größe eines mehrstöckigen Hauses), aber trotzdem ist es bisher nicht gelungen, die nötigen Temperaturen für mehr als einige Sekunden aufrechtzuerhalten. Um aber durch Kernverschmelzung im Reaktor mehr Energie zu erzeugen, als man investiert hat – und dies ist der eigentliche Sinn jeden Kraftwerks –, werden weit längere Zeitmaßstäbe nötig sein. Hinzu kommt, daß für das Problem der radioaktiven Verunreinigung der Strukturen und des Gefäßes bisher keine befriedigende technische Lösung in Sicht ist, ebensowenig wie für die Beseitigung der strahlenden Abfälle, die auch bei der Nutzung der Kernspaltung noch zu den ungelösten Problemen zählt.

Angesichts der vielen ungeklärten Fragen, die die Kernenergie der Menschheit beschert hat, zeigt sich, wie recht Pierre Curie 1903 mit seiner Warnung vor den Gefahren der Radioaktivität hatte. Dies gilt vor allem für die weltweit offene Frage, wo die radioaktiven Restprodukte der Kernenergienutzung aufbewahrt werden sollen. In jedem Kernreaktor entstehen radioaktive Stoffe, die mit einer bestimmten Halbwertszeit zerfallen. Dieser Wert gibt den Zeitraum an, in dem die Strahlungsintensität auf die Hälfte der ursprünglichen Stärke abgesunken ist. Manche Elemente besitzen eine kurze Halbwertszeit, etwa Jod 131 mit acht Tagen, andere, zum Beispiel Plutonium, strahlen über Jahrtausende hinweg. Sie reichern sich während des Reaktorbetriebs in den Brennelementen an. Nach einigen Jahren ist ein so großer Teil des Brennstoffs verbraucht, daß die Brennelemente im Reaktor gegen neue ausgetauscht werden müssen. Die »abgebrannten« Elemente lagert man zunächst unter Wasser in eigens dafür gebauten Abklingbecken, die gekühlt werden. Nach einigen Jahrzehnten ist die Radioaktivität so stark abgeklungen, daß man die Brennelemente in ein Endlager bringen kann.

In Deutschland, Großbritannien und Frankreich wird jedoch

ein anderer Weg verfolgt: Man arbeitet die abgebrannten Brennstäbe wieder auf. Mit anderen Worten heißt das, man löst sie auf, zerlegt sie chemisch in ihre Bestandteile und trennt die Stoffe, die man wiederverwerten kann, vom reinen Abfall. Nun sind aber all diese Stoffe radioaktiv, zum Teil sogar sehr stark. Dem Vorteil der besseren Rohstoffausnutzung steht hier der Nachteil gegenüber, daß man eine chemische Fabrik braucht, die mit hochradioaktiven Stoffen arbeiten muß, ohne die Umwelt zu gefährden. Hinzu kommt, daß die radioaktiven Abfälle, die bei der Wiederaufarbeitung entstehen, flüssig sind und so hochradioaktiv, daß sie intensiv gekühlt und abgeschirmt werden müssen. Bemühungen, dieses gefährliche Gebräu in Glas zu verwandeln und in Form kleiner »Kokillen« endzulagern, stecken noch immer im Versuchsstadium.

In Deutschland, genauer gesagt in den alten Bundesländern, waren Ende 1990 573 Kubikmeter hochaktiver Abfall registriert, und Schätzungen gehen davon aus, daß bis zum Ende des Jahres 2000 3346 Kubikmeter dieses heißen Materials angefallen sind sowie 174 294 Kubikmeter schwach- und mittelaktiver Atommüll. Würde man ihn auf einem Fußballfeld aufschichten, erhielte man einen Stapel von 35 Meter Höhe – die Verpackung nicht mitgerechnet.

Techniker, Wissenschaftler und Politiker stehen dem Entsorgungsproblem recht hilflos gegenüber. Zwar mangelt es nicht an exotischen Vorschlägen (»Schießt das Zeug doch ins Weltall!«), aber konkrete Lösungsmöglichkeiten, die die Sicherheit der Bevölkerung auf viele Jahrtausende hinaus garantieren könnten, wurden bisher nicht gefunden. In den neunziger Jahren wurde geprüft, ob man die schwach aktiven Abfälle in der Grube Konrad, einem aufgelassenen Eisenerzbergwerk bei Braunschweig, einlagern könnte. Und nachdem die Probelagerung von schwach- und mittelaktiven Abfällen im Salzbergwerk Asse bei Salzgitter erfolgreich verlaufen ist, plant man, ein großes Endlager im Salzstock bei Gorleben anzulegen. Probebohrungen und das Abteufen eines ersten Schachtes brachten jedoch entmutigende Ergebnisse: Zwei Arbeiter kamen beim Einsturz des Schachts bereits ums Leben, und Fachleute befürchten, daß der gewählte Salzstock längst nicht so wasserdicht und erdbebensicher ist, wie die Befürworter dieser Lösung das bisher angenommen hatten. Es wird über die Jahrhundertwende hinaus dauern, bis man genug weiß, um den Streit zu entscheiden.

Bis dahin stapeln sich täglich neue Fässer mit Atommüll in den »Zwischenlagern«. Jährlich kommen zusätzliche abgebrannte Brennelemente in die sowieso schon überfüllten Abklingbecken in den Kernkraftwerken. Ein Zwischenlager in Gorleben soll wenigstens hier Entlastung bringen. Der massive Protest beim Transport der ersten Brennstäbe, die in Gorleben eingelagert werden sollten, hat Mitte der neunziger Jahre die Politiker erneut zum Überdenken ihres Konzepts veranlaßt. Eine für alle Seiten befriedigende Lösung ist aber auch zum Ende des Jahrtausends nicht in Sicht. Diese Tatsache wird wohl – so glauben viele Ökologen – das Ende der friedlichen Kernenergienutzung bedeuten. Neue Anlagen werden gegen den Widerstand der Bevölkerung in den meisten westlichen Ländern nicht mehr durchsetzbar sein, und die Staaten, die noch auf Atomstrom setzen, können die Lösung der Entsorgungsproblematik ebenfalls nicht für beliebige Zeit hinausschieben.

Kapitel 3

Nur ein Staubkorn im All

Kosmologie und Astronomie

Als die Physiker der Jahrhundertwende glaubten, ihre Wissenschaft sei am Ende angelangt, machte ein Gebiet eine Ausnahme: die Astronomie. Das 19. Jahrhundert hatte eine stürmische Entwicklung in der Fernrohrtechnik gebracht, und man konnte nun Fotos anfertigen, die bei der Beobachtung der Sterne ganz neue Möglichkeiten eröffneten. Man konnte die Fotoplatten stundenlang belichten, und durch eine genaue Nachführung des Fernrohrs über die Beobachtungszeit hinweg erhielt man punktgenaue Aufnahmen der betrachteten Objekte, aus denen man nun zusätzlich zu den Positionen und Umlaufbahnen auch noch die Helligkeit ermitteln konnte. Die langen Belichtungszeiten erlaubten außerdem eine entscheidend höhere Auflösung. Plötzlich verwandelten sich Lichtpunkte auf der Fotoplatte in Häufchen von vielen Punkten, und manche Nebelflecken zeigten überraschend Spiralform.

Trotzdem hatte man noch keine konkrete Vorstellung vom Aufbau des Weltalls. Niemand glaubte zwar mehr daran, daß die Erde der Mittelpunkt der Welt sei; mit dieser Vorstellung hatten Galilei und Kopernikus gründlich aufgeräumt. Seit Kepler kannte man die Bahnen, welche die Erde und die anderen Planeten um die Sonne ziehen, und man konnte sie sogar schon ziemlich genau berechnen.

Welche Stellung unser Sonnensystem aber innerhalb der Milchstraße hat, war noch völlig unbekannt; und in der üblichen Nabelschau nahmen die meisten Gelehrten an, daß es im Mittelpunkt derselben stehe. Schließlich wies auch die Beobachtung des Nachthimmels darauf hin: In der Ebene der Milchstraße ist die Helligkeit in allen Richtungen gleich. Man kann deshalb daraus schließen, daß die Milchstraße eine flache Scheibe sei, in deren Mittelpunkt die Erde bzw. das Sonnensystem sitzt. Wie die

Welt außerhalb der Milchstraße aussah, konnte man damals ebenfalls nur ahnen. Wahrscheinlich, so nahm man an, sei die Milchstraße der Mittelpunkt der Welt, um den Objekte weit draußen kreisten. Auch über die Größe des Weltalls und die Entfernungen zwischen den einzelnen Objekten war noch recht wenig bekannt. Lediglich durch Beobachtung der Sternenbahnen und durch Winkelmessungen hatte man die Entfernung einiger näherer Objekte schon bestimmen können. Gegen Ende des 19. Jahrhunderts waren nur die Entfernungen der nächsten Sterne bekannt, die man durch die Größe ihrer scheinbaren jahreszeitlichen Verschiebung, der sogenannten Parallaxe, errechnet hatte. Alles, was weiter draußen lag, ließ vorerst Raum für Spekulationen. Im Lauf der folgenden Jahrzehnte sollten sich zu diesen Themen spannende Kontroversen entwickeln.

Zu den verbesserten Fernrohren kamen Fortschritte in der Spektroskopie, das heißt in der Fähigkeit, Licht nach seiner Wellenlänge bzw. Farbe zu zerlegen. Angesichts der geringen Lichtstärke vieler Objekte war dazu eine ausgefeilte Technik nötig. Inzwischen war es Wissenschaftlern gelungen, das weiße Licht der Sterne mit Hilfe von Prismen in sogenannte Linien aufzuspalten. So kannte man um die Jahrhundertwende die Spektren der Sonne und der meisten Sterne schon recht genau, aber wie diese Linien zustandekamen, wußte man damals noch nicht. Immerhin hatten Forscher wie der Schweizer Johann Jakob Balmer bereits empirische Regeln entwickelt, die Rückschlüsse von den beobachteten Linien auf bestimmte Elemente zuließen, aber erst Bohrs Atommodell[1] konnte deren Herkunft erklären. Damit wurde der Grundstein gelegt für das Wissen über die Elemente, aus denen sich die Objekte im All zusammensetzen. Ein ebenso wichtiges Beispiel für die gegenseitige Befruchtung von unterschiedlichen Zweigen der Wissenschaft ist die Plancksche Strahlungsformel, welche eine Beziehung herstellt zwischen der Strahlung schwarzer Körper und ihrer Temperatur. Mit ihrer Hilfe war es nun möglich geworden, die Temperatur der Himmelskörper zu bestimmen.

Die Kernphysik, die sich im Lauf der ersten Hälfte des 20. Jahrhunderts entwickelte, erlaubte es den Physikern, aus den beobachteten Temperaturen und Elementzusammensetzungen der Sterne Theorien über Kernreaktionen in deren Innerem aufzustellen. Erst durch die Erforschung der Häufigkeit einzelner Elemente im Weltall erkannten die Astronomen, daß Wasserstoff das bei weitem häufigste Element ist, gefolgt von Helium und in weitem Abstand von anderen chemischen Elementen.

Bei der Untersuchung des Sonnenlichts fand man ebenfalls Linien von Wasserstoff als häufigstes Element, gefolgt von Helium, aber auch Sauerstoff, Stickstoff, Kohlenstoff, Mangan, Eisen und viele andere Elemente. Außerdem konnte man feststellen, daß die Sonne an der Oberfläche eine Temperatur von rund 6000 Grad erreicht. Berechnet man die Energie, die sie abstrahlt, kommt man auf den außerordentlich hohen Wert von circa 60 Megawatt – dies entspricht einem kleineren Kraftwerk – pro Quadratmeter Sonnenoberfläche. Da es schon seit mindestens 100 Millionen Jahren Leben auf der Erde gibt, muß die Sonne diesen ganzen Zeitraum hindurch stabil gewesen sein und die Erde mit ihrer Strahlung versorgt haben.

Woher nimmt die Sonne diese Energie? Um die Jahrhundertwende hatte man sich etliche Theorien dazu ausgedacht, aber keine konnte wirklich befriedigen. Zu sehr sprachen meßbare Tatsachen gegen viele der dort getroffenen Annahmen. Der Astronom Julius Scheiner faßt in seinem 1912 erschienenen Buch ›Populäre Astrophysik‹ den damaligen Wissensstand zusammen: »Die Sonne ist als ein Gasball von hoher Temperatur zu betrachten. Sowohl die Temperatur als auch der Druck und die Dichtigkeit der Gase nehmen von innen nach außen ab. Die Temperatur der äußeren Teile ist deshalb eine geringere, weil sie ihre Wärme durch Ausstrahlung in den leeren Raum verlieren; von innen erfolgt ein Ersatz dieser Wärme im wesentlichen durch Konvektionsströme. Eine Vorstellung über die Verhältnisse im Innern ist unmöglich, da einerseits die hohe Temperatur bestrebt ist, die Gase auszudehnen, andererseits der starke Druck einen hohen Dichtigkeitsgrad der Gase herbeiführt. Eine Verflüssigung der Gase durch den starken Druck ist nicht möglich, da hierzu die Temperatur zu hoch ist; infolge der großen Dichtigkeit werden aber die allgemeinen Eigenschaften der Gase, hauptsächlich in betreff der inneren Reibung und der damit zusammenhängenden

Zähigkeit, gar nicht mit denjenigen vergleichbar sein, die wir im allgemeinen den Gasen zuschreiben.«[2]

Es fällt auf, wie elegant sich Scheiner um die Frage herummogelt, wo die Quelle der Energie zu finden sei. In der Tat versuchte man die unterschiedlichsten Erklärungen zu finden: Meteoriten fielen auf die Sonne und würden samt ihrer Energie geschluckt, oder Strahlung von außen fülle das Energiereservoir der Sonne auf, oder Gravitation im Inneren erzeuge die Hitze. Jede neue Erkenntnis aus anderen Zweigen der Physik wurde sofort auf ihre Anwendbarkeit bei diesem Dilemma hin getestet. Als die Radioaktivität entdeckt war, vermuteten viele Forscher, daß sie in irgendeiner Weise für die Energieerzeugung der Sonne verantwortlich sei. Aber auch diese Theorie war, wie wir inzwischen wissen, falsch.

Arthur Stanley Eddington vermutete 1920, daß sich im Inneren der Sterne Elektronen und Protonen unter Freisetzung von Energie gegenseitig vernichten, ein Vorgang, der nicht möglich ist. Auf die richtige Spur kamen 1929 zwei Forscher am Physikalischen Institut der Technischen Hochschule Berlin-Charlottenburg, der Engländer Robert d'Escourt Atkinson und der in Polen geborene Amerikaner Friedrich Georg Houtermans. Sie veröffentlichten in der ›Zeitschrift für Physik‹ einen Artikel mit dem Titel ›Zur Frage der Aufbaumöglichkeit der Elemente in Sternen‹. Darin erörterten sie die Frage, ob unter den extremen physikalischen Verhältnissen, die im Inneren eines Sterns herrschen, Protonen in andere Atomkerne eindringen und so den Aufbau der schwereren Elemente herbeiführen können. Sie vermuteten: »Daraus ergibt sich die Möglichkeit, die Energieentwicklung der Sterne aus den Massendefekten der Elemente zu erklären.« Damit hatten sie im Grunde recht, aber der Mechanismus sollte noch ein anderer sein.

Er wurde schließlich von zwei Wissenschaftlern unabhängig voneinander entdeckt: Bei der ›Physikalischen Zeitschrift‹ ging am 23. Januar 1937 ein Aufsatz von Carl Friedrich von Weizsäcker ein, der den Titel trug ›Über Elementumwandlungen im Inneren der Sterne‹. Darin postulierte der Physiker, daß beispielsweise im Inneren der Sonne bei energiereichen Stößen Wasserstoffkerne zu Helium verschmelzen sollten. Die hohen

Geschwindigkeiten würden dazu führen, daß die jeweils positiv geladenen Kerne ihre gegenseitige elektrische Abstoßung überwinden könnten. Am 23. Juni 1938 lag der Zeitschrift ›Physical Review‹ ein ähnlicher Artikel von Hans Bethe und Charles Critchfield[3] vor. In diesem und dem gut ein Jahr später folgenden[4] führte Bethe aus, wie unter Zuhilfenahme von Kohlenstoff- und Stickstoffkernen letztlich aus vier Wasserstoffkernen ein Helium entstehen kann. Seine Berechnungen ergaben gut übereinstimmende Werte für die Energieproduktion und die Temperatur der Sonne. Bald wurde dieser Zyklus unter dem Namen »Bethe-Weizsäcker-Zyklus« allgemein anerkannt.

Daß diese Entdeckung der sogenannten Kernfusion sofort auch für militärische Zwecke verwendet wurde, war in der Hauptsache Edward Teller zu verdanken, der als der »Vater der Wasserstoffbombe« gilt. Erstaunlicherweise erwähnte er jedoch in einem Rückblick über die Entwicklung der Bombe, den er im Februar 1955 in der Zeitschrift ›Science‹[5] veröffentlichte, nur den Russen Gamow und seinen Kollegen Bethe; von Weizsäckers Name taucht nicht auf.

Die Energiequelle der Sterne war damit bekannt. Den großen zu Anfang des Jahrhunderts noch ungelösten Geheimnissen des Alls jedoch, seinem Aufbau, seinem Alter und seinem Ursprung, versuchten parallel dazu in den ersten Jahrzehnten Astronomen und Kosmologen auf der ganzen Welt auf die Spur zu kommen. Dazu war es zunächst einmal nötig, die Objekte, die man am Nachthimmel beobachten konnte, genauer zu vermessen, vor allem ihren Abstand von der Erde zu bestimmen, eine Aufgabe, die viel Erfindungsgabe erforderte. Die Entdeckung einer amerikanischen Astronomin brachte die Wissenschaft hier einen großen Schritt voran. Henrietta Leavitt erkannte im Jahr 1912, daß es Sterne mit regelmäßig schwankender Helligkeit gibt, die sogenannten Veränderlichen Sterne, deren Leuchtkraft mit der Periode ihres Lichtwechsels in Zusammenhang steht. Der Astronom Rudolf Kippenhahn beschrieb diese Entdeckung so: »Die Harvard-Sternwarte hatte über viele Jahrzehnte in Peru Aufnahmen von den beiden Magellanschen Wolken gesammelt. [...] Miss Leavitt suchte nach Veränderlichen Sternen in den beiden Wolken. Im Jahre 1908 kam sie mit insgesamt 1777 Veränderlichen Sternen in diesen Systemen heraus. Nur bei 17 von ihnen, die in der Kleinen Magellanschen Wolke standen, war ihr der Nachweis gelungen, daß sie ihre Helligkeit in regelmäßigem Rhythmus ändern. Es waren alle pulsierende Sterne, die sich rhythmisch aufblähen und wieder zusammenfallen, sogenannte Delta-Cephei-Sterne, wie man sie schon in den verschiedensten Gebieten unserer Milchstraße gesehen hatte. Der schnellste von Miss Leavitts pulsierenden Sternen änderte sein Licht rhythmisch mit einer Periode von 1,25 Tagen, der langsamste brauchte 127 Tage dazu. Dabei fiel ihr auf, daß die Sterne mit kurzer Periode als lichtschwache Pünktchen erscheinen, während die mit längerer Periode sehr viel heller sind. Es sah so aus, als ob die Regel besteht: Die Delta-Cephei-Sterne mit den längsten Perioden sind auch die hellsten.«[6]

Wenn es gelänge, diese Beziehung mit Sternen, deren Entfernung aus anderen Methoden bereits bekannt war, zu eichen, hätte man eine Möglichkeit, die Distanzen weiter entfernter Objekte absolut zu bestimmen. Dieses Kunststück gelang dem jungen und dynamischen Astronomen Harlow Shapley. Nun konnte man also den Abstand jeden Objektes, in dem man einen Veränderlichen Stern beobachten konnte, nach dieser Methode bestimmen. Im Jahr 1918 wurde auf dem Mount Wilson in Kalifornien ein Spiegelteleskop mit einer Öffnung von 100 Zoll (2,5 Meter) in Betrieb genommen, mit dem Harlow Shapley unter Anwendung seines neuen Verfahrens die Entfernung der Kugelsternhaufen im Halo der Milchstraße bestimmen konnte. Dabei geschah jedoch etwas für die Philosophen sehr Schmerzliches: Seine Erkenntnisse vertrieben die Erde aus dem Zentrum der Milchstraße.

Inzwischen weiß man, daß die Milchstraße eine scheibenförmige Galaxie ist, die in der Mitte eine kugelförmige Verdickung besitzt, den sogenannten Halo. Diese Galaxie enthält Millionen von Sternen, Nebeln und kugelförmigen Sternhaufen. Shapley konzentrierte seine Beobachtungen auf letztere. Dabei stellte er fest, daß die Verteilung dieser Kugelhaufen – von der Erde aus gesehen – in den einzelnen Richtungen sehr unterschiedlich ist. Würde die Erde im Zentrum der Milchstraße und damit des Halo sitzen, müßte die Dichte der Kugelhaufen aber in allen Richtungen gleich sein. Aus seinen Entfernungsmessungen, die mit der neuen Methode möglich wurden, konnte Shapley auch gleich noch angeben, wie weit vom Zentrum der Milchstraße entfernt die Erde sich befindet: unvorstellbare 32 600 Lichtjahre.

»Als der Erste Weltkrieg begann, dachte man noch, wir stünden im Zentrum der Milchstraße«, beschreibt Kippenhahn die Umwälzung. »Bei seinem Ende wußte man, daß das falsch ist. [...] Das war eine Überraschung. Glaubte man doch triftige Gründe dafür zu haben, daß wir im Nabel der Milchstraße leben. In welche Richtung der Scheibe man auch blickt, es scheint, als ob die Sterne mit wachsender Entfernung immer spärlicher den Raum erfüllen. Es scheint, als ob der Scheibenrand in jeder Richtung gleich weit von uns entfernt ist, so wie es zu erwarten wäre, wenn wir im Zentrum säßen. Aber dieser Schluß ist falsch, vorgetäuscht durch die das Sternenlicht absorbierenden Staubmassen in der Milchstraßenscheibe.«[7] Ein Effekt wie Nebel, der den freien Ausblick behindert. Seit Shapley weiß man, daß die scheibenförmige Milchstraße einen Durchmesser von rund 100 000 Lichtjahren hat und eine Dicke von etwa 15 000 Lichtjahren.

Wenn schon nicht im Zentrum der Milchstraße, so doch wenigstens weiterhin im Zentrum der Welt wollte man leben, und so entbrannte bald ein Streit darüber, ob die Milchstraße ein einmaliges Phänomen sei oder nur eine Galaxie unter Millionen. Mit dem Fernrohr kann man eine Reihe winziger nebelartiger Flekken am Himmel finden; viele davon sind kreisrund oder elliptisch. Diese geheimnisvollen Flecken hatten bereits früher einige der größten Geister der Weltgeschichte zu Interpretationen angeregt. Geradezu prophetisch äußerte sich der junge Immanuel Kant im Jahr 1755 über die Natur jener winzigen Nebel: Es seien, so vermutete er, Objekte ähnlich unserer Milchstraße, die ja selbst, aus großer Entfernung betrachtet, ebenso wie ein winziger, länglicher Nebel aussehen müßte. Und der Naturforscher Alexander von Humboldt stellte im dritten Band seines Werkes ›Kosmos‹ die Frage, ob es sich bei den kleinen Flecken um Gasnebel handle oder um Objekte ähnlich unserer Milchstraße. Er erfand einen der schönsten Namen dafür: »Weltinseln« nannte er sie, poetisch und treffend zugleich. Nur die drei nächsten Galaxien – so die spätere Bezeichnung für die »Weltinseln« – sind mit bloßem Auge zu erkennen, die Andromedagalaxie und die beiden unregelmäßig geformten Magellanschen Wolken tief am Südhimmel, die von unseren Breiten aus nicht sichtbar sind.

Zwei große Vertreter ihres Fachs[8] traten in der Weltinsel-Diskussion besonders hervor: Harlow Shapley als Gegner dieser Theorie und Heber Doust Curtis von der Lick-Sternwarte auf dem Mount Hamilton als Verteidiger. Die beiden trafen an einem für Astronomen denkwürdigen Tag aufeinander: am 26. April 1920 bei der Festvorlesung anläßlich der Jahresversammlung der amerikanischen Akademie der Wissenschaften in Washington D.C. Die beiden debattierten mit wissenschaftlichen Argumenten über die Frage, wie groß die Milchstraße sei, und über die Natur der Spiralnebel. »Man muß sich vorstellen«, schrieb später ein Teilnehmer, »daß es ein Ereignis war, so als wären Kopernikus und Ptolemäus einander in einer Diskussion gegenübergestanden.«

Und in der Tat ging es ja um das Selbstverständnis des Menschen: Wie einst Ptolemäus die Ansicht vertreten hatte, daß die Erde der Mittelpunkt der Welt sei, versuchte nun Shapley wenigstens noch die Vorstellung hochzuhalten, die Milchstraße sei es. Ihm gegenüber stand Curtis, der den analogen Part des Kopernikus übernahm, der damals die Erde aus dem Zentrum gerückt und sie als einfachen Sonnentrabanten beschrieben hatte. Shapley beendete seinen Vortrag mit den Worten: »Mir scheint, daß der Augenschein [...] der Ansicht widerspricht, daß die Spiralnebel Milchstraßensysteme sind, voller Sterne, vergleichbar dem unseren. Tatsächlich gibt es bis jetzt keinen Grund, die gängige Hypothese abzuändern, wonach die Spiralnebel nicht aus Sternen bestehen, sondern statt dessen wirkliche Nebel sind.« Curtis hingegen sagte am Schluß: »Ich bleibe daher bei meinem Glauben, daß [...] die Spiralnebel nicht Objekte innerhalb unserer Milchstraße sind, sondern Weltinseln wie unsere eigene Milchstraße, und daß diese draußen stehenden Milchstraßensysteme uns ein größeres Universum andeuten, in das unser Blick in Entfernungen von zehn Millionen Lichtjahren bis zu 100 Millionen vordringt.«

Bei der Lösung dieser Streitfrage spielte schließlich ein Astronom die Hauptrolle, dessen Name zu den berühmtesten der Physikgeschichte zählt: Edward Hubble. Er untersuchte mit dem

2,5-Meter-Riesenteleskop auf dem Mount Wilson – damals das größte Teleskop der Welt – die Spiralnebel daraufhin, ob sie aus Nebel oder aus Einzelsternen zusammengesetzt sind. Es gelang ihm schließlich zu zeigen, daß im Andromedanebel Sternexplosionen, sogenannte Novae, zu sehen waren, die eindeutig zeigten, daß tatsächlich echte Sterne dort vorhanden waren. Außerdem war die optische Auflösung des Teleskops so gut, daß er einzelne Sterne unterscheiden konnte, darunter auch Veränderliche Sterne. Aus ihrer Periodendauer bestimmte er mit Hilfe der inzwischen bekannten Regel die Entfernung dieser Sterne. Er erhielt einen Wert in der Größenordnung von Millionen Lichtjahren. Damit war klar, daß derartige Objekte weit außerhalb der Milchstraße liegen mußten. Im Dezember 1924 wurde diese Nachricht und weitere Bestätigungen der Weltinseltheorie auf einer Tagung der Amerikanischen Astronomischen Gesellschaft bekanntgegeben. Wieder einmal war die Erde also aus dem Zentrum der Welt geschoben und zur Bedeutungslosigkeit verdammt worden. Es sollte nicht das letztemal sein.

Trotzdem glaubte man immer noch, die Milchstraße sei doch etwas Besonderes. 1932 sagte Sir Arthur Eddington, der weltberühmte Astronom aus dem britischen Cambridge: »[...] wenn die Spiralnebel Inseln sind, so ist unsere eigene Milchstraße ein Kontinent.« Damit wollte er zum Ausdruck bringen, daß man sie für weit größer hielt als die anderen Spiralnebel. Erst zwanzig Jahre später folgte der Beweis, daß auch diese Ansicht falsch war und die Milchstraße sich in die Reihe der anderen Galaxien einordnen mußte.

Freilich gab es auch neue Hinweise, daß die Erde mit der Milchstraße doch im Zentrum der Welt steht. Entstanden waren sie aus harmlosen Messungen, die eigentlich nur ermitteln sollten, wie schnell sich bestimmte Himmelskörper im Vergleich zur Erde bewegen. Die Standardmethode, um dies zu bestimmen, beruht auf dem sogenannten Doppler-Effekt. Jeder kennt ihn vom Schall: Der Ton eines hupenden Autos erscheint höher, wenn es auf den Beobachter zufährt, als wenn es von ihm wegfährt, das heißt, die Frequenz des Schalls, der beim Beobachter ankommt, ist unterschiedlich, je nach Bewegungsrichtung und Geschwindigkeit des Autos. Ganz entsprechend verhält es sich beim Licht. Ein leuchtendes Objekt, das auf uns zufliegt, erscheint eher bläulich, ein wegfliegendes eher rötlich. Der Physiker spricht deshalb auch von »Rotverschiebung«, wenn er den Doppler-Effekt im optischen Bereich meint.

Auf die Astrophysik angewandt heißt dies, daß die Rotverschiebung eines Sterns, die man mit dem Spektrograph auf der Erde beobachten kann, ein Maß dafür ist, wie schnell sich dieser Stern auf uns zu oder von uns weg bewegt. Die Anwendung dieser Methode auf die unterschiedlichsten Sterne und Galaxien erbrachte jedoch geradezu unglaubliche Ergebnisse: Mit einer Geschwindigkeit von bis zu 1800 Kilometer pro Sekunde flogen manche Spiralnebel von uns weg! Es war nicht vorstellbar, daß in der Milchstraße so hohe Geschwindigkeiten möglich wären, ohne daß die Spiralnebel ständig mit anderen Himmelskörpern zusammenstoßen würden. Auch dies war also ein Beweis, daß die Spiralnebel außerhalb der Milchstraße liegen müßten.

Insbesondere der Amerikaner Vesto M. Slipher vermaß sehr viele Himmelskörper nach dem Doppler-Prinzip. Er, Hubble und der Deutsche Carl Wilhelm Wirtz kamen schließlich zu dem Verdacht, daß, je weiter ein Spiralnebel draußen steht, er sich desto schneller von uns entfernt. Hubble untermauerte diese Beziehung mit vielen Messungen, und so war 1929 klar: Die Fluchtgeschwindigkeit eines Objekts ist proportional seiner Entfernung. Der Proportionalitätsfaktor ist noch heute nach Hubble benannt.

Man muß sich diese Aussage einmal bildlich vorstellen: Es schien, als bilde die Erde das Zentrum einer gewaltigen Explosion, und alle anderen Körper flögen mit rasender Geschwindigkeit von ihr weg. War also doch die Erde das Zentrum der Welt?

Auch diese aufkeimende Hoffnung wurde von späteren Forschungsergebnissen zerstört. Bei genauerer Betrachtung stellte sich heraus, daß das Weltall sich insgesamt auseinanderbewegt. Ein leicht verständliches Bild dafür ist ein Hefeteig, der Rosinen enthält. Das Weltall sei der Teig, die Himmelskörper die Rosinen. Wenn der Teig aufgeht, bewegen sich alle Rosinen voneinander weg, und in bezug auf jede Rosine entfernen sich alle anderen gerade von ihr. Und auch hier gilt das Gesetz: doppelte Entfernung, doppelte Geschwindigkeit. Trotzdem ist nicht eine einzelne Rosine der Mittelpunkt des Teiges, ebensowenig wie die Erde der Mittelpunkt des Weltalls ist.

Auch wenn diese Entdeckungen also nicht zu einem geozentrischen Weltbild zurückführten, so hatten sie doch ungeheure Auswirkungen auf das Weltbild der Astrophysiker: Wenn alle Himmelskörper auseinanderdriften, heißt dies ja nichts anderes, als daß sie zu irgendeinem Zeitpunkt einmal alle beieinander waren. Es scheint, daß das gesamte Universum einst in einem Punkt vereint war und dann durch eine ungeheure Explosion auseinandergeschleudert wurde. Dieser Big Bang wird heute von der Mehrzahl der Astronomen als Tatsache angenommen; man spricht vom »Urknall«.

Im Jahr 1967 fand man einen weiteren Hinweis auf diesen Urknall: Arno Penzias und Robert Wilson entdeckten, daß das ganze Weltall von einer sogenannten Hintergrundstrahlung erfüllt ist, die aus Energiequanten besteht, deren Wellenlänge im Infraroten liegt. Diese Wärmestrahlung hat zwar nur die sehr niedrige Temperatur von drei Grad Kelvin, liegt also fast am absoluten Nullpunkt, man kann sie aber trotzdem als das letzte Glimmen des einst unvorstellbar heißen Urfeuers deuten.

Die Tragweite der neuen Erkenntnis ist kaum zu ermessen: Das Weltall ist also nicht ewig, sondern hat offenbar von einem ganz bestimmten Augenblick an begonnen zu existieren. War der Urknall der Augenblick der Schöpfung? Viel wurde darüber gerätselt, aber die philosophische Deutung blieb bisher im Dunkeln, obwohl noch weitere Erkenntnisse hinzukamen.

Vor allem die Allgemeine Relativitätstheorie, die Albert Einstein 1916 veröffentlicht hatte, paßte hervorragend zu der Vorstellung des expandierenden Weltalls. Einstein hatte postuliert, daß der Raum gekrümmt sei. Dies nun ließ das Auseinanderdriften der Galaxien in einem neuen Licht erscheinen. Eine Analogie mag die Hintergründe erklären: Angenommen, die Welt sei zweidimensional, also eine große Ebene. Auf dieser Ebene seien die Galaxien verteilt. Wenn man nun diese Ebene krümmt, zum Beispiel in die Form einer Kugel bringt, läßt sich leicht vorstellen, was es bedeutet, wenn der Raum sich ausdehnt. Die Welt bleibt trotzdem endlich, die Galaxien bewegen sich aber auseinander. Entsprechend kann man sich das Einsteinsche Universum vorstellen, dessen Raum gekrümmt ist. Leider fehlt dem menschlichen Gehirn das Vorstellungsvermögen für einen dreidimensionalen gekrümmten Raum, er ist nur mathematisch beschreibbar, und dies hat Einstein getan. James Lequeux vom Observatorium in Marseille bezeichnet »die harmonische Gesamtleistung dieses Konzepts [als] zweifellos einen der größten wissenschaftlichen Erfolge der Jahre zwischen 1900 und 1950«.[9]

Seit dem Moment des großen Knalls fliegt also das Universum auseinander. Da liegt natürlich die Frage nahe, wann dieser Moment stattgefunden hat. Es sollte möglich sein, durch Zurückrechnen herauszufinden, wann die Expansion des Weltalls begonnen hat. Dazu ist es allerdings nötig, die bereits erwähnte Hubblesche Konstante zu kennen, also den Proportionalitätsfaktor, der die Geschwindigkeit der Galaxien angibt. Ende der zwanziger Jahre, als man noch glaubte, er habe einen Wert von rund 500, ergab sich daraus, daß der Urknall vor etwa 1,8 Milliarden Jahren stattgefunden habe. Ein völlig unglaubwürdiger Wert, hatten doch Messungen der radioaktiven Zusammensetzung der Erdkruste ergeben, daß sich vor rund vier Milliarden Jahren diese Erdkruste verfestigt hat. Das Universum konnte aber keinesfalls jünger sein als die Erde.

Irgend etwas an der Theorie mußte also revidiert werden. Letzten Endes war es die Hubblesche Konstante, deren Wert im Lauf der darauffolgenden Jahrzehnte immer geringer wurde. Man stellte durch neue und bessere Meßmethoden fest, daß sich frühere Astronomen bei ihrer Messung der Entfernungen und Geschwindigkeiten verschätzt hatten. Immer noch ist der Betrag der Hubbleschen Konstante umstritten, die Schätzungen haben sich jedoch inzwischen auf einen Wert um 50 eingependelt.

Der Streit um diese Zahl mag für Außenstehende müßig erscheinen, aber in Wirklichkeit ist die Größe der Hubbleschen Konstante von entscheidender Wichtigkeit für das Schicksal des Universums. Es geht dabei darum, wie die Welt eines Tages enden wird. Denn der Kraft, die alle Galaxien auseinandertreibt und die noch vom Urknall herstammt, wirkt eine andere Kraft entgegen, die versucht, das Universum zusammenzuhalten. Es handelt sich um die Gravitation, also um die Schwerkraft, die von jeder Masse ausgeht und auf jede Masse wirkt. Die unzähligen Sterne, Nebel und Galaxien setzen sich – so nimmt man an – aus der gleichen Sorte von Materie zusammen wie die Erde. Alles zusammengenommen, stellt dies natürlich eine ungeheuer große Materiemenge dar, die eine starke Kraft erzeugt. Wie Gummifäden zieht sie die auseinanderstürzende Materie zusammen und verlangsamt dadurch ihren Flug.

Und nun kommt es darauf an: Ist die Geschwindigkeit der davondriftenden Galaxien so hoch, daß sie dieser Gravitations-Gegenkraft entkommen können? Dann würde das Universum auf ewig auseinanderfliegen und sich ganz allmählich weiter abkühlen. Oder reicht die Schwerkraft im Universum aus, um die davonfliegenden Teile ganz allmählich abzustoppen und zur Umkehr zu bewegen? In diesem Falle würde die jetzige Bewegung der Galaxien sich umkehren, sie würden – zuerst ganz langsam, dann aber immer schneller – wieder aufeinander zufliegen und sich schließlich in einem heißen Energie- und Materiebrei treffen. »Big Crunch« heißt diese Version des Weltendes in der anschaulichen Sprache der Amerikaner. Es würde voraussichtlich in einigen Milliarden Jahren eintreten. Viele Forscher jedoch glauben, daß dies kein Ende sein müßte, sondern als erneuter Urknall der Beginn eines nächsten Zyklus sein könnte.

Die Entscheidung über das Schicksal der Welt liegt also bei zwei Faktoren: Der eine ist die Größe der Hubble-Konstante, der andere die Menge der Materie und damit die Stärke der Gravitation im All. Die Hubble-Konstante wurde immer wieder revidiert; wie bereits erwähnt, liegt die derzeit gültige Schätzung bei circa 50. Ob diese Geschwindigkeit der Galaxien ausreicht, der Schwerkraft zu entfliehen, beruht nun darauf, wieviel Materie sich im gesamten Universum versammelt hat. Und darüber gehen die Meinungen der Astrophysiker weit auseinander.

Immer wieder tun sich Rätsel auf, an denen sich die Forscher bisher die Zähne ausgebissen haben: Gäbe es nur die Galaxien, Sterne, Nebel und Staubwolken, die man am Himmel beobachten kann, müßte das Universum nämlich ganz anders aussehen. Zum Beispiel würde die Schwerkraft in einer Galaxie wie der Milchstraße bei weitem nicht ausreichen, um dieses spiralförmige Gebilde trotz seiner schnellen Rotation zusammenzuhalten. Die äußersten Sterne der Galaxie hätten sich längst losgerissen und wären durch die Fliehkraft ins All hinausgeschleudert worden. Damit die Milchstraße – ebenso wie praktisch alle anderen rotierenden Galaxien, die man kennt – zusammenhält, muß es in ihrem Inneren noch zusätzliche Materie geben, die auch den besten Fernrohren und Meßgeräten der Astronomen bisher entgangen ist. Man nennt sie aus diesem Grund auch »dunkle Materie« und hat berechnet, daß ihre Gesamtmasse etwa zehnmal so groß sein muß wie die Masse der sichtbaren Sterne.

Wie könnte die dunkle Materie beschaffen sein? Grundvoraussetzung ist, daß sie keine Strahlung aussenden darf, sonst hätte man sie inzwischen geortet. Deshalb kommen auch Gase innerhalb der Galaxien nicht in Frage, denn sie senden charakteristische Wellen aus, wenn ihre Atome oder Moleküle zusammenstoßen oder von außen angeregt werden. Oder sie absorbieren Teile des Lichts, das sie durchdringt, und das ist ebenso verräterisch.

Eine andere Möglichkeit wäre, daß die fehlende Materie aus Kometen, Asteroiden und Planeten besteht, die von sich aus nicht leuchten. Schließlich gehören auch die äußersten Planeten unseres Sonnensystems, Neptun und Pluto, in diese Kategorie. Sie sind so dunkel (weil sonnenfern), daß sie nur durch die Bahnabweichungen entdeckt werden konnten, die sie bei ihren Nachbarplaneten verursachten. Auch Planeten vom Schlage eines Jupiter könnten, wenn sie nicht nahe am Zentralgestirn stehen, unsichtbar bleiben und dennoch einen Beitrag zur Gravitation leisten.

Bei genauerer Überlegung erkannten jedoch die Astrophysiker, daß solche Objekte nicht häufig genug sein können, da sie aus schweren Elementen bestehen; und deren Entstehungsgeschichte legt nahe, daß ihre Häufigkeit nur ein bis zwei Prozent des vorhandenen Wasserstoffs betragen sollte. Zu wenig, um eine befriedigende Erklärung für die fehlende Masse zu bieten.

So bleiben vier Varianten, die das Rätsel lösen könnten: braune Zwerge, weiße Zwerge, Neutronensterne oder Schwarze Löcher. Braune Zwerge sind Sterne, die wesentlich leichter sind als unsere Sonne und in deren Innerem deshalb auch keine Kernfusion einsetzen konnte. Sie senden nur sehr wenig Energie aus, und diese stammt aus ihrer Kontraktion. Ähnlich verhält es sich mit den weißen Zwergen, die zwar größer sind, aber ebenfalls sehr leuchtschwach. Neutronensterne und kleine bis mittelgroße Schwarze Löcher, auf die später noch genauer eingegangen wird, wären gute Kandidaten, weil sie viel Masse beisteuern; aber sie sind auch relativ leicht zu beobachten, weil sie Gas aus ihrer Umgebung anziehen und es dabei zum Leuchten anregen. Man erkennt sie also meist an der Röntgenstrahlung dieses Gases. Bleiben also noch große Schwarze Löcher. Sie könnten sich möglicherweise in den Halos aufhalten, also den kugelförmigen, massereichen Regionen rund um die Zentren der Galaxien. Die Gravitation dieser Schwarzen Löcher würde aber ihre Nachbarn wohl so stark beeinflussen, daß man ihnen dadurch doch auf die Spur kommt.

Gegen die Annahme, daß die dunkle Materie aus einer Mischung dieser Kandidaten besteht, gibt es ein schwerwiegendes Argument: Die Verteilung der Elemente im Universum, wie sie kurz nach dem Urknall entstand. Praktisch alle Kosmologen stimmen in der Ansicht überein, daß sich nach dem Urknall der damals vorhandene Feuerball ausdehnte und dabei abkühlte. Dabei »kristallisierten« sich die Teilchen und schließlich die Atome heraus.

Aus der Verbreitung der einzelnen Elemente im Universum, insbesondere der Gase Wasserstoff und Helium, lassen sich Rückschlüsse darauf ziehen, wie die ersten drei Minuten nach dem Urknall abgelaufen sein müssen. In den ersten zehn Millionstel Sekunden, als die Temperatur im Feuerball mehr als zwei Billionen Grad betrug, gab es höchstwahrscheinlich noch keine Protonen und Neutronen. Sie waren aufgespalten in die Quarks, von denen man später annahm, daß sie die Grundbausteine der Materie darstellen. Erst als sich das Gemisch weiter abkühlte, kondensierten Dreiergrüppchen von Quarks zu Protonen und Neutronen. Diese ballten sich dann zu den leichtesten Atomkernen, Deuterium (schwerer Wasserstoff) und Helium, zusammen.

Bis zu diesem Schritt sind sich die meisten Kosmologen noch einig. Allerdings ergaben die Simulationsrechnungen stets, daß es nach dieser Theorie mehr Helium und weniger Deuterium geben müßte, als es in Wirklichkeit gibt. Um die Theorie den beobachteten Werten anzupassen, mußte man eine Obergrenze für die

Menge der »normalen Materie« im Universum annehmen. Sie liegt etwa bei 20 bis 30 Prozent der benötigten Masse. All diese Schwierigkeiten bewogen die Mehrzahl der Forscher, an eine ganz andere Lösung zu glauben: Man nahm an, die dunkle Materie bestehe nicht aus konventioneller Masse, sondern aus völlig neuartigen, »exotischen« Teilchen, die man auf der Erde noch nicht entdeckt habe, sogenannten WIMPs (weakly interacting massive particles = schwach wechselwirkende massereiche Teilchen). Je nachdem, welchem theoretischen Modell man folgt, können diese exotischen Teilchen die unterschiedlichsten Eigenschaften besitzen. Die Vorhersagen reichen von leichten Axionen und Neutrinos über schwere Quark-Nuggets und Schattenmaterie bis hin zu fadenförmigen Strings oder kugeligen magnetischen Monopolen, die seit dem Urknall das Universum durchstreifen. Viele Physiker auf der ganzen Welt sind damit beschäftigt, sich Nachweismethoden für diese exotischen Teilchen auszudenken, bisher allerdings erfolglos.

Forscher des kalifornischen Lawrence Livermore National Laboratory beschritten jedoch einen anderen Weg zur Deutung der ungeklärten Phänomene. Astronomen am dortigen Institut für Geophysik und Planetenphysik modifizierten die Vorstellung von den Vorgängen in den allerersten Minuten. Dabei gingen sie von der Annahme aus, daß sich kurz nach dem Urknall viele neugebildete Protonen und Neutronen nicht einzeln durch den Raum bewegten, sondern beim Abkühlen in Klümpchen zusammenschlossen. (Ganz analog gefriert beispielsweise gefärbtes Wasser: Die Farbmoleküle ballen sich in der Mitte des Gefäßes zusammen und sind dort wesentlich höher konzentriert als am Rand.) Nun konnte Deuterium entstehen, das wegen der großen Hitze meist sofort weiter zu Helium verschmolz. Nur der nicht verbrauchte Überrest blieb als Deuterium erhalten. Die Protonen und Neutronen in den Klümpchen begannen jedoch erst nach und nach, sich wieder voneinander zu lösen und frei umherzufliegen, und zwar die Neutronen leichter als die Protonen, weil sie nicht durch elektrische Kräfte behindert wurden.

Die ausführlichen Modellrechnungen auf einem Großcomputer ergaben, daß die Werte für Deuterium wesentlich höher lagen, wenn man von der Klümpchen-Hypothese ausging, weil sich die

Klümpchen erst auflösten, als die Temperatur niedriger war, und deshalb das Deuterium nicht sofort weiter zu Helium verschmelzen mußte. Die Deuterium-Konzentration lag nach dieser Rechnung sogar so hoch, daß sie beinahe mit dem beobachteten Wert übereinstimmte. Und nun war es nicht mehr nötig, die Existenz neuartiger dunkler Teilchen anzunehmen.

Der Beweis für die Theorie steht allerdings noch aus. Die Forscher in Livermore warten gespannt auf die Ergebnisse eines Experiments, das Teilchenphysiker am Beschleuniger des Brookhaven National Laboratory auf Long Island vorbereiten: Dort sollen Gold- oder Uranatome fast auf Lichtgeschwindigkeit beschleunigt und dann aufeinandergeschossen werden. Für einen Augenblick könnten dabei Bedingungen entstehen, wie sie in der ersten Sekunde des Urknalls geherrscht haben. Und dann könnte man vielleicht feststellen, ob die Klümpchen-Theorie richtig ist.

Aber selbst wenn es genug dunkle Materie gibt, um die Galaxien zu »verkleben«, wird sie noch nicht ausreichen, um das Universum als Ganzes zusammenzuhalten.

Viele Geheimnisse werden also auch im 21. Jahrhundert noch bestehen bleiben. Die Frage nach der Qualität und Menge der dunklen Materie gehört dazu. Sie verbindet den Makro- mit dem Mikrokosmos in faszinierender Weise und wird letztlich über das Schicksal des Universums entscheiden.

Das moderne Wissen, so vielfältig es erscheint, hat sich erst im Lauf des 20. Jahrhunderts ganz allmählich entwickelt. In den dreißiger Jahren waren bereits die wichtigsten Tatsachen über die Dimensionen und den Aufbau des Alls bekannt. Außerdem wußte man in groben Zügen, wie die Sterne ihre Energie erzeugen, nämlich durch die Verschmelzung leichter Atomkerne in ihrem Inneren zu schwereren Elementen.

Alles, was die Wissenschaftler bis dahin über das Weltall wußten, hatten sie aus Beobachtungen der leuchtenden Himmelskörper erfahren. Alles, was nicht sichtbar leuchtete, war der Beobachtung noch nicht zugänglich. Das Spektrum der elektromagnetischen Strahlung umfaßt aber nicht nur das sichtbare Licht, sondern ebenso den Infrarotbereich und die Radiowellen auf der einen Seite wie die Ultraviolett-, die Röntgen- und die Gammastrahlen auf der anderen Seite der Wellenlängenskala.

1931 gelang es, einen neuen Bereich der elektromagnetischen Strahlung zur Beobachtung der Sterne zu nutzen, die Radiowellen. Dies war, als hätte man ein neues Fenster zum Weltall aufgestoßen. Eine Flut neuer Daten und Erkenntnisse brach über die Forscher herein.

Als der Vater der Radioastronomie gilt der Amerikaner Karl Guthe Jansky, der Anfang der dreißiger Jahre von seinem Arbeitgeber, den Bell Laboratories, beauftragt wurde, die ständig auftretenden Störungen des Kurzwellentelefonverkehrs zu untersuchen. Er baute dazu eine Antenne, mit der er Radiowellen einer Wellenlänge von 14,6 Meter auffangen konnte. Nach einigen Jahren Arbeit war Jansky sicher, daß nicht nur Gewitter in der näheren und weiteren Umgebung Ursache für die Störungen waren, sondern daß es auch noch ein »ständiges Zischen unbekannter Herkunft«[10] gab, das aus dem Weltall kommen mußte. Sollte es etwa außerirdische Wesen geben, die uns Botschaften zufunkten?

Bald stellte sich heraus, daß es keine grünen Männchen waren, die die Radiosignale erzeugten, sondern die Milchstraße selbst. Da die interstellaren Staubmassen zwar das Licht schlucken, das von weither zur Erde dringt, aber nicht die Radiowellen, kann man mit deren Hilfe bis ins Zentrum der Milchstraße »schauen«. Tatsächlich erbrachte die Radioastronomie den Beweis für die Spiralstruktur der Milchstraße.

Ihren Durchbruch erlebte die Radioastronomie Ende der vierziger Jahre, als die Wissenschaftler Radarantennen aus dem Zweiten Weltkrieg für ihre Beobachtungen einsetzen konnten. Erst danach wurden überall auf der Welt große Radioantennen gebaut, mit denen man den Himmel absuchte. Um welch unvorstellbar winzige Signale es dabei geht, schildert ein Beispiel: Wenn das 100-Meter-Radioteleskop bei Effelsberg in der Eifel eine starke Radioquelle ein Jahr lang beobachtet, empfängt es in dieser Zeit eine Energie von lediglich 1/240 Wattsekunden. Damit ließe sich ein Gramm Wasser um nur ein tausendstel Grad erwärmen.[11]

Weil gerade die am weitesten entfernten Radioquellen die interessantesten sind – es handelt sich bei vielen von ihnen um die immer noch geheimnisvollen Quasare –, haben die Radioastronomen alles darangesetzt, die Empfindlichkeit ihrer Antennen immer weiter zu erhöhen. Dies geschieht insbesondere dadurch, daß man mehrere Antennen zusammenschaltet und sie damit sozusagen zu einer Riesenantenne vereinigt. Die größten Anlagen dieser Art stehen in New Mexico und in Großbritannien. Außerdem gibt es noch die Möglichkeit, Antennensysteme auf verschiedenen Kontinenten zu kombinieren, wobei man einen theoretischen Durchmesser von bis zu 9000 Kilometern erhält.

Die unterschiedlichen Arten der Radiostrahlung lassen Rückschlüsse auf deren Ursprung zu. So existiert eine ganz besondere Linie im Radiospektrum, die von Wasserstoff erzeugt wird. Überall dort, wo diese Linie beobachtet wird, kann man davon ausgehen, daß Wasserstoff existiert, zum Beispiel in den meisten Galaxien. Andere Formen der Radiostrahlung, die keine Linien ergeben, zeugen von Plasmen, die hohe Temperaturen haben müssen, und von starken Magnetfeldern. Mehrfach wurden in fernen Galaxien punktförmige Radioquellen beobachtet, die sich geradezu als »Energieschleudern« herausstellten. Auch heute sind die Radioastronomen mit ihren Interpretationen noch längst nicht am Ende.

Der Astrophysiker Rudolf Kippenhahn war dabei, als auf einer Konferenz im Dezember 1963 in Dallas eine aufsehenerregende Entdeckung der Radioastronomen bekanntgegeben und diskutiert wurde: »Es war nur wenige Wochen nach der Ermordung Präsident Kennedys. Wir trafen uns in einem Vortragssaal, nur einige hundert Meter vom Schauplatz des tragischen Ereignisses entfernt. Robert J. Oppenheimer, bekannt durch die Entwicklung der Atombombe während des Zweiten Weltkriegs, leitete die Tagung, zu der man Astrophysiker aus der ganzen Welt eingeladen hatte [...]. Rückblickend kann man sagen, daß bis zu jener Konferenz in Texas das Weltbild der Astronomen einigermaßen in Ordnung war. Zwar verstand man bei weitem nicht alles, aber man hatte das Gefühl, daß das Universum mit keinen allzu großen Überraschungen mehr aufwarten würde [...]. Diese Idylle der Astronomen sollte 1963 zerstört werden.«[12]

Was war geschehen? Im Jahr 1959 war der sogenannte dritte Cambridge-Katalog herausgekommen, der 471 Radioquellen enthielt, deren Position man bereits relativ genau hatte bestimmen können. Viele Astronomen versuchten nun herauszufinden, ob diese Radioquellen mit sichtbaren Sternen zu identifizieren seien. Vorher hatte man Radiostrahlung innerhalb der Milchstraße lediglich aus Nebeln empfangen, außerhalb der Milchstraße fand man diese Strahlung nur bei Galaxien. Nun aber waren im Cambridge-Katalog 3 echte Sterne dokumentiert, die Radiowellen aussandten. Einer davon hatte die Nummer 3C 48 (3C steht für den Cambridge-Katalog 3, 48 für die Nummer des Sterns). Dies war erstaunlich, denn man konnte sich keinen physikalischen Mechanismus vorstellen, der in einem Stern Radiostrahlung so hoher Intensität hätte erzeugen können.

1961 fand der Radioastronom Thomas Matthews, der zuvor eine sehr genaue Positionsmessung der Quelle 3C 48 durchgeführt hatte, an dieser Stelle einen sternähnlichen Lichtpunkt. Allerdings zeigte dieser Stern ein ungewöhnliches Spektrum mit zahlreichen Linien, die mit keinen bekannten Spektrallinien in Verbindung gebracht werden konnten. Was hatte dies zu bedeuten? Gab es draußen im Weltall Inseln, auf denen andere physikalische Gesetze galten als bei uns? Oder gab es Vorgänge, die Licht mit anderer Spektralverteilung erzeugen konnten, als sie auf der Erde bekannt sind? Zunächst war sich die Wissenschaftlergemeinde lediglich darüber einig, daß die Neuentdeckung ein »außergewöhnlicher Radiostern« sein mußte. Jacques Roland und Florence Durret aus Paris schildern, wie die Lösung gefunden wurde: »Dann aber bedeckte der Mond im Jahre 1963 die Quelle 3C 273, und dabei konnten Hazard, Mackey und Shimmins die Position des Objektes auf eine Bogensekunde genau ermitteln. Maarten Schmidt fand mit dem 5-Meter-Spiegel auf dem Mount Palomar an dieser Stelle ebenfalls ein sternähnliches Objekt, das wie das optische Gegenstück zu 3C 48 Emissionslinien aufwies. Diesmal aber gelang eine Zuordnung zu bekannten Linien, wenn auch bei stark verschobenen Wellenlängen. Es handelte sich um die Balmerlinien des Wasserstoffs, die eine deutliche Rotverschiebung zeigten. [...] Daraufhin untersuchten Greenstein und Matthews erneut das Spektrum von 3C 48 und ermittelten dort eine Rotverschiebung.«[13]

Dies bedeutete, daß sich beide Objekte aus »normaler« Materie zusammensetzen, sich aber mit außerordentlich hoher Geschwindigkeit von uns wegbewegen, 3C 273 mit 45 000 Kilometern pro Sekunde, 3C48 sogar mit unglaublichen 110000 Kilometern pro Sekunde, also rund einem Drittel der Lichtgeschwindigkeit! Damit war eindeutig klar, daß die beiden Sterne nicht zur Milchstraße gehören konnten, sondern weit draußen angesiedelt werden mußten. Nach dem Hubbleschen Gesetz muß 3C273 fast drei Milliarden Lichtjahre weit entfernt stehen, 3C48 sogar rund sieben Milliarden Lichtjahre, also viel weiter weg als alle bis dahin bekannten Galaxien. Wenn dennoch das Licht und die Radiostrahlung dieser Objekte bis zur Erde durchdringen, muß deren Intensität ungeheuer groß sein, sie müssen hundertmal heller leuchten als eine ganze Galaxie.

So stellt sich die Frage, welcher Art diese Objekte sind und woher sie ihre ungeheure Energie beziehen. Erst einmal nannte man sie »Quasistellare Radioquellen«, bis der taiwanesische Astronom Hong-Yee Chiu vorschlug, als Abkürzung dafür den Ausdruck »Quasar« zu benutzen. Er hat sich für derartige Sterne eingebürgert. Daß es sich bei den Quasaren um relativ kleine, aber unvorstellbar leuchtstarke Gebilde handeln muß, ging aus der Tatsache hervor, daß sich ihre Helligkeit ändert. Die Schnelligkeit, mit der dies geschieht, gibt Auskunft darüber, wie groß die Quelle ist. Für den Quasar 3C273 erhielt man den Wert von 40 Lichttagen. Dies ist zwar groß gegenüber dem Sonnensystem, aber sehr klein im Vergleich zur Milchstraße, die rund 100000 Lichtjahre groß ist. Kippenhahn nennt einen Vergleich: »Unsere Milchstraße verhält sich zu einem Quasar wie ein Fußballplatz zu einem Sandkörnchen auf ihm! Und aus diesem Sandkorn-Quasar kommt hundertmal soviel Energie wie aus der ganzen Fußball-Milchstraße!«[14]

Nicht nur wegen dieser rätselhaften Eigenschaften begannen sich die Astrophysiker intensiv für die neuen Objekte zu interessieren, sondern auch, weil diese die Möglichkeit eröffneten, Milliarden Jahre in die Vergangenheit zurückzuschauen. Schließlich sehen wir einen Quasar so, wie er vor Milliarden Jahren ausgesehen hat, weil das Licht von ihm zu uns so lange unterwegs war. Der am weitesten entfernte Quasar, der am Ende des 20. Jahrhunderts bekannt ist, ist 16 Milliarden Jahre alt. So hofften die Forscher, nun eine Sonde in der Hand zu haben, mit der sie die Vergangenheit des Universums ausloten konnten.

Ihre gigantische Energie und ihr geringes Volumen machen Quasare zu Kandidaten für Spekulationen. Eine davon, und sie wird durch immer mehr Beobachtungen bestätigt, ist, daß Quasare die aktiven Zentren von Galaxien sind, die in ihrem Inneren ein Schwarzes Loch enthalten. Die Schwarzen Löcher gehören immer noch zu den geheimnisvollsten Objekten des Weltalls. Der englische Physiker Stephen Hawking hat Berechnungen darüber angestellt, was die Relativitätstheorie über das Weltall aussagt. So entwickelte er seine Theorie der Schwarzen Löcher, die in eine bizarre Welt führt, in der das Undenkbare möglich wird.

Da nach Einsteins Formel $E=mc^2$ Masse und Energie äquivalent sind, müßten sich – ebenso wie sich Massen aufgrund ihrer Schwerkraft anziehen – auch Masse und Energie gegenseitig anziehen. Eine Art von Energie, die besonders leicht zu beobachten ist, ist das Licht. Die Frage stellt sich also: Wird ein Lichtstrahl von Masse angezogen? Die Antwort lautet ja. Bereits mehrfach haben Wissenschaftler bei Sonnenfinsternissen festgestellt, daß die Position von Sternen nahe der Sonne verschoben erscheint. Der Grund hierfür ist, daß der Lichtstrahl auf seinem Weg vom Stern zur Erde von der großen Masse der Sonne angezogen wird. Er erreicht die Erde also nicht auf direktem Weg, sondern in einer gekrümmten Bahn. Von der Erde aus erscheint der Stern deshalb an einer anderen Position, als er nach den exakten Berechnungen der Astronomen haben müßte.

Nun hat die Sonne zwar in unserem Sonnensystem mit Abstand die größte Masse aller Himmelskörper, aber im Vergleich zu anderen Sternen im Universum ist sie relativ klein. Das heißt, Sterne mit viel größerer Masse üben auch eine viel stärkere Anziehungskraft aus. Schon 1907 hat sich der Physiker Karl Schwarzschild die Frage gestellt, was passieren würde, wenn ein Stern so viel Masse enthält, daß er sich unter der Wirkung der Schwerkraft immer weiter zusammenzieht. Er berechnete, daß über lange Zeit hinweg der Druck im Inneren so hoch ist, daß er der Gravitation die Waage hält. Der Stern als riesiges Kraftwerk: In seinem Inneren verschmelzen leichte Elemente zu schwereren und setzen dabei Hitze frei. Irgendwann aber ist der »Brennstoff« im Inneren des Sterns verbraucht, der Druck nimmt ab.

Die Masse ballt sich immer enger zusammen, die Gravitation nimmt zu. Je nachdem, wie schwer der Stern ist, entsteht am Ende ein sogenannter weißer Zwerg, ein Neutronenstern, oder der Stern schrumpft immer weiter.

Zusammen mit dem Oxford-Professor Roger Penrose führte Hawking diese Überlegungen weiter und faßte sie in mathematische Formeln. Dabei fand er heraus, daß es Stellen im Weltall geben kann, an denen die Masse unendlich eng zusammengeballt ist. Solche Stellen nennt man nach dem Vorschlag des amerikanischen Physikers John Wheeler »Schwarze Löcher«, weil diese Himmelskörper jeden Lichtstrahl einfangen, der ihnen nahe genug kommt. Einfach mit Hilfe der Gravitation. Der Rand, der nicht überschritten werden darf, wird von den Physikern »Ereignishorizont« genannt, Hawking spricht poetisch vom »Rand des Schattens eines drohenden Untergangs«. Der Lichtstrahl macht nicht nur eine Kurve am Schwarzen Loch vorbei, sondern »fällt« quasi hinein, weil dessen Anziehungskraft so enorm hoch ist. Wenn man also von außen auf ein solches Gebilde schaut, wird man nichts sehen können, denn das gesamte Licht wird von ihm geschluckt. Allerdings gibt eine weitere Art der elektromagnetischen Strahlung Aufschluß: die Röntgenstrahlung. Dazu müßte aber erst das nächste Fenster zum Universum aufgestoßen werden.

Die Hinweise auf Schwarze Löcher im Zentrum von Galaxien mehrten sich bis zum Ende des Jahrhunderts. Vor allem, seit das Hubble-Weltraumteleskop Messungen außerhalb der störenden Erdatmosphäre machen konnte. Es ist etwa so groß wie ein Eisenbahntankwagen: 13,1 Meter lang, mit einem Durchmesser von 4,27 Metern und einem Gewicht von 11,3 Tonnen umkreist es die Erde in einer Höhe von rund 600 Kilometern und soll nach Möglichkeit bis zum Jahr 2005 in Betrieb bleiben. Seine Optik ist 25mal genauer als das beste irdische Fernrohr. Seine Energie erhält das Teleskop über Sonnenpaddel, die aus 50 000 Solarzellen bestehen und 4,5 Kilowatt erzeugen. Hubble sendet seine Daten an geostationäre Satelliten, die sie dann mit einer Geschwindigkeit von etwa einer Million Bit pro Sekunde zur Erde funken. Gestartet wurde das Hubble-Teleskop am 24. April 1990, eine nötige Reparatur erfolgte vom 4. bis 11. Dezember 1993. Ungestört von den Einflüssen der Erdatmosphäre richtet es seither von seiner Umlaufbahn aus sein Fernrohr und seine Kameras hinaus ins All und fotografiert dort Dinge, die nie zuvor ein menschliches Auge gesehen hat. Mit seiner Optik kann das Hubble-Teleskop Zigtausende von Sternen erkennen, die man von der Erde aus nicht sehen konnte, möglicherweise auch Hinweise geben auf ein Schwarzes Loch im Zentrum der Milchstraße. Denn Materie, die in ein Schwarzes Loch fällt, rotiert vorher so schnell um den Ereignishorizont herum, daß sie extrem heiß wird und Röntgenstrahlen aussendet. Diese Art von Strahlung kann also weitere Informationen geben, ob Schwarze Löcher nur eine Ausgeburt der Phantasie sind oder ob etwas Reales dahintersteckt.

Röntgenstrahlen haben ebenso wie die Gammastrahlen für die Astronomen den Nachteil, daß sie die Erdatmosphäre nicht durchdringen können. Wenn man sie also registrieren will, muß man das Meßgerät aus der Atmosphäre hinaustransportieren, es in den Weltraum schießen. So machte die Röntgenastronomie erst dann Fortschritte, als Raketen und Satelliten zu diesem Zweck zur Verfügung standen. Zwar hatte man schon vorher Fotoplatten und Instrumente per Ballon nach oben befördert, aber nur bis zu einer Höhe von 50 Kilometern. So war es nicht verwunderlich, daß der erste Röntgensatellit »Uhuru«, der am 12. Dezember 1970 gestartet wurde, die Vorstellungen vom Kosmos erneut auf den Kopf stellte. Er funkte Signale zur Erde, die auf rund 400 Röntgensterne hindeuteten, die man vorher nicht gekannt hatte. Da die Vorgänge, die diese Sterne zum Leuchten im Röntgenbereich anregen, so heftig sind, wie man sie bei keinem anderen Objekt vorher je gesehen hatte, mußten die Astrophysiker ihre Konzeptionen zum Teil revidieren. Weitere Röntgensatelliten folgten, darunter der englische »Ariel V« und der »High Energy Astronomical Orbiter HEAO-2«, der zu Einsteins 100. Geburtstag 1979 in »Einstein-Satellit« umbenannt wurde. Sie entdeckten immer neue Röntgenobjekte, darunter Gebilde wie Neutronensterne, weiße Zwerge und Schwarze Löcher.

Auch unsere Heimatgalaxie, die Milchstraße, haben die Wissenschaftler nach Röntgen- und noch energiereicheren Gammasignalen durchforscht. Das Ergebnis war aufsehenerregend: Aus dem Zentrum der Milchstraße erreicht uns starke Röntgenstrahlung. Man fand dort Überreste von explodierten Supernovae wie zum Beispiel dem Krebsnebel. Er entstand im Jahr 1054 bei der gewaltigen Explosion eines Sterns. Die Überlieferung von seinem hellen Aufleuchten stammt von chinesischen Astronomen aus jener Zeit. Immer noch sind seine strahlenden, schnell auseinanderfliegenden Gaswolken sehr heiß. Neben solchen Supernova-Überresten entdeckten die Astronomen auch Doppelsterne, die Röntgenstrahlen aussenden.

Im Mai 1990 startete der bislang leistungsfähigste Röntgensatellit zu seiner Mission: »Rosat«. Zum ersten Mal hat er mit einer echten Röntgenkamera den Weltraum systematisch durchgemustert. Alle früheren Satelliten hatten den Himmel Punkt für Punkt mit elektronischen Meßgeräten abgesucht und daraus erst per Computer ein Bild zusammengesetzt. Röntgenstrahlen kann man nicht ohne weiteres in einer Kamera einfangen. Sie widersetzen sich der Bündelung durch normale Linsen und lassen sich auch nicht leicht an Spiegeln reflektieren. Spezialisten des Max-Planck-Instituts für extraterrestrische Physik bei München gelang es jedoch, durch eine besondere Anordnung die Röntgenstrahlen dennoch zu bündeln und auf eine elektronische Aufzeichnungsebene zu lenken.

Welch ein Fortschritt! Zu Beginn des Jahrhunderts waren die Röntgenstrahlen soeben erst entdeckt, ihre Natur noch völlig unbekannt. Am Ende des Jahrhunderts werden sie bereits wie Licht aufgezeichnet, auch wenn sie in äußerst geringer Intensität aus dem Weltall kommen, und stellen damit eine wichtige Informationsquelle dar. Am Anfang des Jahrhunderts gab es noch nicht einmal Flugzeuge, nun, gegen Ende des Jahrhunderts, umrunden Teleskope und Röntgenkameras an Bord von Satelliten die Erde. Ein Fortschritt, der einen ungeahnten Zuwachs an Wissen bringt. Immer weiter hinaus können die Astronomen nun schauen und damit gleichzeitig auch immer weiter zurück. 16 Milliarden Lichtjahre sind die äußersten bisher gefundenen Quasare von uns entfernt. Das heißt, sie sind 16 Milliarden Jahre alt. 20 Milliarden Jahre ist nach derzeitigen Erkenntnissen das Alter des Universums. Man kann also einen Blick in seine Kinderstube werfen. Noch interessanter ist aber die Zeit unmittelbar nach dem Urknall. Dafür können die Astronomen relativ wenige Erkenntnisse beisteuern. Die Vorgänge, die innerhalb der ersten Sekunde nach dem Urknall abliefen, werden erstaunlicherweise durch ein ganz anderes Arbeitsgebiet innerhalb der Physik erhellt, nämlich durch die Forschungsarbeiten der Elementarteilchenphysiker. Sie nähern sich dem Urknall auf völlig andere Weise, nicht über die Zeitschiene, sondern über die Energie der Teilchen.

In den großen Beschleunigern wird den Elementarteilchen hohe Energie mitgegeben. Annähernd mit Lichtgeschwindigkeit prallen sie dann aufeinander, und für Sekundenbruchteile herrschen bei diesen Kollisionen Verhältnisse, wie sie kurz nach dem Urknall geherrscht haben müssen: ungeheure Energie, auf engstem Raum gebündelt.

Urknall – das Ereignis übersteigt die menschliche Vorstellungskraft. Am Beginn der Welt war die gesamte Masse und die gesamte Energie des Universums auf einen einzigen Punkt zusammengedrückt. Noch eine Sekunde nach diesem Urknall, als das Universum schon weit expandiert war, hatte die Materie wegen des gewaltigen Drucks eine Temperatur von zehn Milliarden Grad, etwa tausendmal so heiß wie das Innere der Sonne. Bei der Explosion von Wasserstoffbomben werden derartige Temperaturen durchaus erreicht. Da Hitze nichts anderes ist als die Bewegung von Teilchen, kann bei dieser Temperatur nichts von dem existiert haben, was man als Bausteine der Materie kennt. Man kann sogar noch weiter gehen und behaupten, daß im Urknall selbst überhaupt keine Materie existierte, sondern nur eine unvorstellbar intensive Zusammenballung von Energie. Erst nach und nach »gefror« daraus Materie aus.

Die Physiker gehen davon aus, daß die physikalischen Gesetze, die man auf der Erde kennt und durch Experimente belegen kann, auch außerhalb gelten. Nur diese Voraussetzung macht es überhaupt möglich, Schlüsse aus den Beobachtungen zu ziehen, die man von den Vorgängen im Kosmos hat. »Homogenität« ist das Stichwort. Es bezeichnet die angenommene Eigenschaft der Welt, überall und vor allem auch zu allen Zeiten in Vergangenheit und Zukunft nach den gleichen Gesetzen zu funktionieren. Denkt man diese Idee zu Ende, muß es selbstverständlich sein, daß auch der Urknall nach den physikalischen Gesetzen abgelaufen sein muß, die unsere heutige Welt noch immer prägen. Eine kühne Annahme bezüglich der Ausnahmesituation des Urknalls, aber im Grunde nur die logische Folge des naturwissenschaftlichen Denkens. Und diese Annahme macht es auch möglich, die Schlüsse, die man aus der Physik des Urknalls ziehen kann, auf heutige Verhältnisse zu übertragen. Die »große Vereinigungstheorie«, die den bisher erfolgreichsten Versuch darstellt, die gesamte Welt auf eine Formel zu bringen, ist auf diese Art entstanden. Was Heisenberg mit seiner vergeblichen Suche nach der »Weltformel« nicht schaffte – die Kosmologen und Elementarteilchenphysiker der Jahrtausendwende stehen vielleicht kurz davor.

Im Urknall sind die größten mit den kleinsten Dimensionen vereint. Die extremen Verhältnisse, die in ihm geherrscht haben müssen, machen es erforderlich, daß man die Vorgänge jener Augenblicke mit den Mitteln der Quantenmechanik beschreibt, die ja in der ersten Hälfte des 20. Jahrhunderts erfunden wurde, um die innere Struktur der Materie und die Wirkung des Lichts besser zu verstehen.

Eigentlich ist es schon falsch, vom Urknall als einem »Augenblick« zu sprechen, denn genau genommen gab es damals auch noch keine Zeit. Der Urknall als Anfang der Zeit – der britische Theoretiker Stephen Hawking hat viel darüber nachgedacht. Über die Haltung der katholischen Kirche berichtet er folgende Anekdote: »1981 begann ich mich erneut für den Ursprung und das Schicksal des Universums zu interessieren. Zu diesem Zeitpunkt nahm ich auch an einer Konferenz über Kosmologie teil, die von den Jesuiten im Vatikan veranstaltet wurde. Die katholische Kirche hatte im Falle Galilei einen schlimmen Fehler begangen, als sie eine Frage der Wissenschaft zu entscheiden versuchte, indem sie erklärte, die Sonne bewege sich um die Erde. Jahrhunderte später hatte sie nun beschlossen, eine Reihe von Fachleuten einzuladen und sich von ihnen in kosmologischen Fragen beraten zu lassen. Am Ende der Konferenz wurde den Teilnehmern eine Audienz beim Papst gewährt. Er sagte uns, es spreche nichts dagegen, daß wir uns mit der Entwicklung des Universums nach dem Urknall beschäftigten, wir sollten aber nicht den Versuch unternehmen, den Urknall selbst zu erforschen, denn er sei der Augenblick der Schöpfung und damit das Werk Gottes. Ich war froh, daß ihm der Gegenstand meines Vortrags unbekannt war, den ich gerade auf der Konferenz gehalten hatte: die Möglichkeit, daß die Raumzeit endlich sei, aber keine Grenze habe, was bedeuten würde, daß es keinen Anfang, keinen Augenblick der Schöpfung gibt.«[15] Immerhin hatte die katholische Kirche 1951 das Urknallmodell akzeptiert und erklärt, es stehe im Einklang mit der Bibel.

Einstein hatte mit seiner Allgemeinen Relativitätstheorie die mathematischen Grundlagen für die Beschreibung des Urknalls gelegt. Erst der russische Mathematiker und Physiker Alexander Friedmann hat dies aber in letzter Konsequenz erkannt und durchgerechnet. Er ging von der Annahme aus, daß das Universum »isotrop« sei, das heißt, daß es immer gleichartig aussieht, egal in welche Richtung man blickt. Friedmann bewies, daß das Universum dann nicht statisch sein kann, sondern daß es sich ausdehnen oder zusammenziehen muß. Dieses Ergebnis erhielt er schon 1922, noch vor Hubbles Entdeckung im Jahr 1929, daß sich das Weltall ausdehnt! Einstein selbst hielt diese Folgerungen jedoch zunächst für absurd und versuchte, seine Gleichungen so zu modifizieren, daß sie ein statisches Weltall zuließen. Erst später gab er zu, dies sei sein größter wissenschaftlicher Mißgriff gewesen.

Obwohl große Ähnlichkeit zu einer Explosion besteht, darf man sich den Urknall nicht wie eine solche vorstellen. »Es ist das Gewebe des Raums selbst, das sich ausdehnt«, erklärt James Trefil, »und die Galaxien werden davon einfach mit fortgetragen.«[16] Trotzdem hilft die Analogie weiter. Nach Auffassung der meisten Kosmologen hatte das Universum zum Zeitpunkt des Urknalls die Ausdehnung Null und war deshalb unendlich heiß. Danach expandierte es und kühlte sich gleichzeitig ab.

Unmittelbar nach dem Urknall war die Struktur des Universums so einfach wie möglich. Es gab wahrscheinlich nur eine einzige Familie von Teilchen und eine einzige Art von Kräften. Je mehr dieses Weltall abkühlte, desto mehr Struktur erhielt es. Eine Unzahl verschiedener Teilchen und die vier Grundkräfte kristallisierten sich heraus und bekamen erkennbare Eigenschaften.

Rund eine Zehntausendstelsekunde nach dem Urknall – so nimmt man an – entstanden erste Teilchen wie Quarks, die Bausteine, aus denen unsere Materie besteht. Sie stießen untereinander zusammen und konnten sich bei weiterer Abkühlung des Universums zu Protonen und Neutronen, den Bausteinen der Atomkerne, zusammenballen. Schon einige Stunden nach dem Urknall war die Erzeugung von Materie abgeschlossen, nun bildeten sich nach und nach Elemente heraus, indem sich diese Teilchen zu Kernen zusammenfanden. So entstanden erste Deuterium- und Heliumkerne. Das Weltall enthielt zu diesem Zeitpunkt 70 Prozent Wasserstoff (Protonen), 30 Prozent Helium, ferner Photonen und Neutrinos. Allerdings bestand die Materie ungefähr zur Hälfte noch aus Antimaterie und zur anderen Hälfte aus Materie, die bei Stößen miteinander zerstrahlten und sich somit wieder in Energie auflösten. Nur der übriggebliebene Rest bildete nach und nach die Galaxien der heutigen Welt.

Man muß sich die Materieverteilung im Raum in diesem Stadium der Entwicklung als sehr gleichmäßig vorstellen. Sobald die Abkühlung so weit fortgeschritten war, daß die Energie der Teilchen nicht mehr ausreichte, um der elektromagnetischen Anziehung zu entkommen, gruppierten sich elektrisch positive und negative Teilchen zusammen – nach außen neutrale Atome entstanden. Bei weiterer Abkühlung kamen Dichteschwankungen zustande, die kosmische Nebel bildeten. Aus diesen zogen sich durch die Wirkung der Gravitation Massekonzentrationen zusammen, die letztlich zur Bildung von Sternen führten.

Hawking erwähnt die erste Veröffentlichung, in der dieses Szenario geschildert wurde, und garniert dies mit einer weiteren Anekdote: »Dieses Bild eines heißen Frühstadiums des Universums wurde erstmals 1948 in einem berühmten Artikel vorgeschlagen, den der Physiker George Gamov gemeinsam mit seinem Studenten Ralph Alpher schrieb. Gamov hatte einen ausgeprägten Sinn für Humor – überredete er doch den Kernphysiker Hans Bethe dazu, als Ko-Autor mitzuwirken. So erschien der Aufsatz unter dem Namen ›Alpher, Bethe, Gamov‹, was eine verblüffende Ähnlichkeit mit den ersten drei Buchstaben des griechischen Alphabets ergab. Wahrhaftig angemessen für eine Arbeit über den Anfang des Universums! Dieser Artikel enthielt die bemerkenswerte Vorhersage, daß aus den sehr heißen Frühstadien des Universums noch heute Strahlung (in Form von Photonen) vorhanden sein müsse, allerdings abgekühlt auf eine Temperatur von nur wenigen Grad über dem absoluten Nullpunkt (-273°C). Genau diese Strahlung wurde von Penzias und Wilson entdeckt.«[17] Bemerkenswerterweise geschah dies erst knapp 20 Jahre später.

Gleichzeitig haben sich aus der Urkraft, die am Anfang die einzige war, nach und nach die vier Kräfte abgespalten: als erstes die Gravitation, die zwischen Masse wirkt, als zweites die Kernkraft, welche die Atomkerne zusammenhält, und schließlich trennte sich die schwache Wechselwirkung, die für den radioaktiven Zerfall verantwortlich ist, von der elektromagnetischen Kraft.

Was hier in wenigen Sätzen umrissen wurde, ist unter dem Namen »große Vereinigungstheorie« bekannt. Sie geht davon aus, daß es eine mathematische Beschreibung der Welt geben muß, die nur eine einzige Superkraft kennt, die alle vier heute bekannten Kräfte in sich vereinigt. Für diese Theorie wurde 1983 sogar ein experimenteller Beweis erbracht: Man entdeckte in einem Beschleuniger des Kernforschungszentrums CERN bei Genf zwei Teilchen, die man vorher nicht kannte und die in dieser Theorie vorausgesagt worden waren: das W- und das Z-Boson.

Um die wichtigsten Thesen der Kosmologen zu überprüfen, sind aber auch die größten Beschleuniger auf der Erde viel zu schwach. Wenn man in einem Beschleuniger im kleinen Maßstab die Bedingungen nachahmen wollte, die beim Urknall wirklich geherrscht haben, müßte er ein Lichtjahr lang sein. Er müßte ein Teilchen so stark beschleunigen können, daß es – obwohl fast punktförmig – am Ende die Bewegungsenergie eines mittleren Sportflugzeugs haben würde. Auch wenn in Zukunft noch größere Beschleuniger gebaut werden sollten, werden diese nicht annähernd an die geforderten Energien heranreichen. Selbst wenn man einen Beschleuniger rund um den Äquator bauen wollte, wäre er für die Zwecke der Kosmologen immer noch eine Billion mal zu schwach.

Der einzige Beschleuniger, der wirklich stark genug ist, ist das Universum selbst. Deshalb sind die Physiker darauf angewiesen, ihre Theorien anhand der kosmischen Erscheinungen zu überprüfen. Solch ein Prüfstein war zum Beispiel die Frage, warum das Universum so gleichmäßig ist, wenn man es von weitem betrachtet, und so ungleichmäßig, wenn man genau hinschaut. Von ferne gesehen ist die Verteilung der Masse aller Galaxien recht gleichförmig; von der Nähe gesehen nicht, denn in den Galaxien sind riesige Massen zusammengeballt, daneben befinden sich gigantische leere Räume.

Ein anderer Prüfstein ist die Frage, warum das Weltall »flach« ist, mit anderen Worten, warum man es mit der Euklidischen Geometrie beschreiben und vermessen kann. Es könnte ja theoretisch auch stark gekrümmt sein, und man nimmt an, daß es beim Urknall wirklich so war. Und schließlich noch ein weiterer wichtiger Prüfstein: Warum gibt es keine magnetischen Monopole mehr? Die Theorie sagt sie voraus: Es handelt sich um Teilchen, die zehn Billiarden mal so schwer sind wie ein Proton, eine magnetische Ladung tragen und noch aus den Zeiten des Urknalls übriggeblieben sind. Es müßten Teilchen sein, die sich wie frei umherfliegende Nord- oder Südpole eines Magneten benehmen. Bisher hat man jedoch derartige Teilchen nicht nachweisen können – jeder bekannte Magnet hat einen Nord- und einen Südpol.

Immer neue Varianten der Theorien sollten Lösungen für die noch offenen Fragen bringen. Anfang der achtziger Jahre kam der von Alan Guth in Boston entwickelte Gedanke der »Inflation« auf, der vieles erleichterte. Es handelt sich dabei um folgende Idee: Unmittelbar nach dem Urknall hat es eine Phase gegeben, in der sich das Universum exponentiell ausdehnte, die »Inflationsphase«. Aber auch diese Theorie konnte nicht alle Fragen befriedigend erklären. 1983 schlug der russische Kosmologe Andrei Linde deshalb ein Szenario vor, das er die »Theorie der chaotischen Inflation« nannte. Sie beruht auf der Idee, daß das Universum ewig ist und sich selbst ständig reproduziert, allerdings durch einen mehr oder weniger zufälligen – chaotischen – Mechanismus. Linde geht davon aus, daß vor dem Urknall ein Zustand von Fluktuationen aus Raum und Zeit geherrscht hat. Unter bestimmten Bedingungen kann sich aus einer solchen Schwankung eine Situation ergeben, in der ein Teil der Schwingungen sozusagen »eingefroren« wird: Aus diesem Teil entwickelt sich ein ganzes neues Universum. Der Rest erzeugt neue Fluktuationen, aus denen wiederum neue Universen hervorgehen können. So wirkt das gesamte All für einen außenstehenden Beobachter wie eine Ansammlung unzähliger Universen, von denen sich einige gerade inflationär aufblähen, wie Inseln im Raum. Die vielen Universen stören sich gegenseitig nicht, ja sie wissen gar nichts voneinander.

Für unser eigenes Universum bleibt also nach Linde die Urknall-Theorie, wie man sie bisher lehrte, durchaus gültig. Die Theorie der chaotischen Inflation sagt lediglich aus, daß dies nicht der einzige und nicht der erste oder letzte Urknall war, sondern daß sich das gesamte Universum in unendlich vielen Urknallen ständig weiter fortpflanzt. Betrachtet man die Entwicklung des Weltbildes, wie es die Physiker für die Erde beschrieben haben, über die Jahrhunderte hinweg, so wäre Lindes Theorie nur eine logische Fortsetzung: Glaubte man zunächst, die Erde sei Mittelpunkt der Welt, so lernte man durch Kopernikus, daß sie zusammen mit anderen Planeten um die Sonne kreist, von der man annahm, daß sie im Zentrum der Milchstraße sitze. Später mußte man auch diese Vorstellung aufgeben und feststellen, daß wir am Rand der Milchstraße leben, man hoffte aber, daß die Milchstraße allein und einmalig im Weltall sei. Auch diese Überzeugung zerschlug sich, als man außerhalb unserer Galaxie weitere »Weltinseln« fand, die sogar noch weitaus größer als die Milchstraße sind. Warum – logisch weitergedacht – sollte nun unser Universum das einzige sein? Vielleicht hat Linde recht, und es ist uns mit den beschränkten Mitteln der Physik nur nicht möglich, über unser Universum hinauszuschauen.

Bisher scheiterte eine stringente Lösung für die Weltformel noch daran, daß für manche Probleme mathematisch unsinnige Ergebnisse erzielt wurden. Aber die Kosmologen geben nicht auf. Überall auf der Welt, vor allem jedoch in den USA und in Rußland, denken sie weiter über die Weltformel nach und entwickeln dabei zum Teil völlig neue Konzepte wie etwa Superstrings oder mehrdimensionale Welten. Wie man jedoch eine experimentelle Bestätigung für die eine oder andere Theorie finden könnte, ist noch nicht bekannt. Aber glaubte man nicht schon oft fälschlicherweise, daß man mit seiner Weisheit am Ende sei?

Trotz aller experimentellen Hinweise gab und gibt es jedoch immer noch eine Fraktion von Physikern, die nicht an das Urknallmodell glauben. Angeführt von den Kosmologen Sir Fred Hoyle, Hermann Bondi und Thomas Gold gehen sie von der Annahme aus, daß das gesamte Universum gleichförmig ist, und zwar bis hin zur letzten Konsequenz. Wie bereits ausgeführt, erscheint das Universum dem Betrachter nach jeder Richtung hin als gleichförmig, zumindest im großen Maßstab. Die Vertreter der Theorie des stationären Weltalls gehen davon aus, daß dies für jeden Punkt des Kosmos gelten muß und außerdem für alle Zeiten. Das All hat also nach ihrer Meinung zu allen Zeiten überall gleich ausgesehen.

So klar und einfach diese Theorie auf den ersten Blick wirken mag – immerhin ist Einfachheit stets ein Kriterium für den Erfolg von Theorien gewesen –, sie wirft bei näherem Hinsehen eine ganze Reihe unlösbarer Probleme auf. Unbestritten, weil durch Beobachtungen belegt, ist die Tatsache, daß die Objekte innerhalb des Weltalls auseinanderfliegen. Wenn man annimmt, daß das All auch vor Milliarden von Jahren schon so ausgesehen hat wie heute, müssen auch damals die Sterne und Galaxien auseinandergedriftet sein. Das bedeutet aber, daß im Inneren des Weltalls ständig neue Materie »nachgeliefert« werden muß, um die Verluste der Fluchtbewegung auszugleichen. Experten haben errechnet, daß es nicht viel wäre, was neu entstehen müßte: gerade ein Teilchen pro Kubikkilometer und Jahr[18], das aber regelmäßig im ganzen Universum und über alle Zeiten hinweg. Welcher Mechanismus dieser Erschaffung von neuer Materie zugrunde liegen könnte, ist bisher nicht bekannt.

Die Anhänger der Urknalltheorie glauben, daß das Auseinanderdriften der Galaxien durch den Einfluß der Schwerkraft ganz langsam abgebremst wird. Die These eines stationären Weltalls muß jedoch davon ausgehen, daß jedes Objekt immer schneller wird, denn sonst könnte das All nicht immer gleich aussehen. Schließlich darf sich in diesem Fall die Proportionalität zwischen Entfernung und Geschwindigkeit ebenfalls nicht ändern. Mit anderen Worten bedeutet dies aber, daß jede Galaxie immer schneller davonfliegt, bis sie schließlich die Lichtgeschwindigkeit erreicht hat und für uns nicht mehr sichtbar ist. Woher die gewaltige Energie kommen soll, die die Galaxien ständig beschleunigt, können die Anhänger des stationären Weltalls ebenfalls nicht erklären.

Der Astronom Rudolf Kippenhahn kommentiert deshalb diese Theorie etwas polemisch: »Man geht von der Forderung aus, daß die Welt überall und zu allen Zeiten gleich aussehen soll, und hofft, daß die Physik ihre Gesetze danach einrichten wird.«[19] Dennoch: Solange die Urknalltheorie ebenfalls für eine ganze Reihe von Phänomenen noch keine befriedigenden Erklärungen gefunden hat, wird es immer wieder Forscher geben, die einen grundsätzlich anderen Ansatz suchen, und das ist nur legitim.

Auf weit sichererem Boden bewegten sich die Astrophysiker, was die Erforschung und Deutung des Sonnensystems anging. Auch hier hat das 20. Jahrhundert entscheidende Fortschritte gebracht. Gelang es doch zum erstenmal, nicht nur Menschen auf den Mond zu bringen, sondern auch Raumsonden auf andere Planeten.

Wie es im Sonnensystem, also sozusagen vor der Haustür unseres Planeten, aussieht, war den Astronomen auch schon zu Beginn des 20. Jahrhunderts bekannt: Neun Planeten umkreisen die Sonne, alle im gleichen Umlaufsinn; von innen nach außen gezählt tragen sie die Namen Merkur, Venus, Erde, Mars, Jupiter, Saturn, Uranus, Neptun und Pluto. Zwischen Mars und Jupiter verläuft eine Zone, in der viele kleine Objekte kreisen, man nennt sie Asteroiden. Der größte, Ceres, hat einen Durchmesser von rund 1000 Kilometern, was weniger als ein Viertel des Durchmessers des Merkurs ist, alle anderen sind wesentlich kleiner. Inzwischen kennt man rund 1000 Asteroiden, deren Bahnen das ganze Sonnensystem durchziehen.

Merkur ist nicht nur der sonnennächste, sondern auch der kleinste Planet. Wie der Mond besitzt er keine Atmosphäre, wohl aber ein Magnetfeld, das allerdings im Vergleich zum Erdmagnetfeld gering ist. Er ist der Planet mit den extremsten Temperaturunterschieden. Auf der sonnenzugewandten Seite kann es bis zu 427 Grad heiß werden, das Kältemaximum liegt bei minus 198 Grad. Seine Oberfläche ähnelt der des Mondes – sie ist von Kratern gezeichnet.

Mariner 10 ist bisher die einzige Raumsonde, die Merkur nahegekommen ist. Sie wurde von den Amerikanern am 3. November 1973 gestartet und bewegte sich auf einer so ausgeklügelten Bahn, daß sie den Planeten in jeweils zweijährigem Abstand dreimal recht nahe überflog; die kürzeste Distanz betrug dabei 327 Kilometer. Bei diesen Annäherungen funkte die Sonde Bilder der Merkuroberfläche zur Erde. Merkur wurde kartiert, seine Krater und vulkanischen Strukturen analysiert.

Etwa in der Mitte zwischen Merkur- und Erdbahn verläuft die Bahn der Venus. Dieser Planet ist in Größe und Masse der Erde sehr ähnlich, nur ein wenig kleiner. Wegen ihrer stark reflektierenden Wolkendecke ist die Venus der hellste Stern am Nachthimmel und wird oft Abendstern genannt. Wenn man sie durch das Fernrohr betrachtet, zeigen sich seltsame Flecken auf der Oberfläche des Planeten, die jahrhundertelang Anlaß zu verschiedenen Theorien über die Gestalt dieses Planeten gaben. 1961 näherte sich zum ersten Mal eine Raumsonde der Venus: die russische Venera 1. Sie erreichte einen Abstand von 100 000 Kilometern. Die amerikanische Mariner 2 kam dem Planeten schon wesentlich näher: Am 14. Dezember 1961 erreichte sie die größte Annäherung von 35 000 Kilometern. Ihre zur Erde gefunkten Bilder ließen nun zum ersten Mal erkennen, daß die Venus von einer dichten Wolkendecke verhüllt ist.

Eine ganze Anzahl von sowjetischen und amerikanischen Missionen folgten, einige landeten sogar auf der Oberfläche der Venus. Trotzdem gelang es lange Zeit nicht, zuverlässige Daten von den Vorgängen unter ihrer Wolkendecke, die in rund 40 Kilometer Höhe schwebt, zu erhalten. Zu aggressiv waren die Bedingungen: Die Wolkendecke besteht hauptsächlich aus Schwefelsäuredampf, die Temperatur liegt bei 470 Grad. Unter den Wolken liegt eine Atmosphäre aus Kohlendioxid, Stickstoff, Wasserdampf und Edelgasen, Stürme mit Geschwindigkeiten bis zu 70 Metern pro Sekunde toben über die Oberfläche.

Gerade die Tatsache, daß die Venus, die der Erde doch relativ nahe liegt, verhüllt ist, hat die Forscher nicht ruhen lassen. Kein anderer Planet wurde von so vielen Raumflugkörpern besucht wie sie: Allein 16 sowjetische Venera- und zwei Vega-Sonden funkten Daten zur Erde, dazu kamen noch neben Mariner 2 zwei Pioneer-Venus-Sonden der Amerikaner. Der US-Venus-Orbiter umkreiste den Planeten und vermaß seine Oberfläche mit Radar. Durch diese vielfältigen Bemühungen verfügen die Astronomen trotz der komplizierten Bedingungen über recht detaillierte Landkarten der Venus. Sie wissen, daß es dort zwar keine mit Wasser gefüllten Meere gibt, daß aber mehrere Kontinente sich über das Durchschnittsniveau erheben. Auf dem größten, »Ishtar Terra« genannt, der ungefähr die Größe Australiens hat, befindet sich der höchste Berg der Venus; er ist etwa elf Kilometer hoch. Der größte Teil ihrer Oberfläche ist aber relativ gleichförmig, flach und von Gräben durchzogen.

Ein neues Zeitalter der Planetenerforschung begann im Jahr 1974 mit dem Vorbeiflug der amerikanischen Pioneer-10-Sonde am Jupiter, dem größten Planeten des Sonnensystems. Er ist ein riesiger Gas- und Flüssigkeitsball: Aus seiner Masse könnte man 318 Erden bilden, und in seinem Volumen hätte die Erde 1330mal Platz. Er besteht aus 83 Prozent Wasserstoff und 17 Prozent Helium, daneben gibt es Spuren von Wasserdampf, Ammoniak, Methan und anderen Gasen. Seine Oberflächentemperatur beträgt minus 180 Grad. Bis zum Jahr 1996 wurden 16 Jupitermonde entdeckt, die ersten hatte bereits Galileo Galilei geortet.

Die meisten Daten, die man über die äußeren Planeten besitzt, stammen jedoch aus den beiden Voyager-Missionen. Wegen einer außergewöhnlich günstigen Konstellation, die nur alle 179 Jahre vorkommt, konnten die beiden Voyager-Sonden, die hintereinander herflogen, Jupiter in weniger als zwei Jahren und Saturn in vier Jahren erreichen. Normalerweise dauert ein Flug zum Saturn sieben Jahre. Zum zweitäußersten Planeten, dem Neptun, benötigte Voyager 2 zwölf Jahre. Aufgrund ihrer ausgereiften Technik waren beide Raumsonden imstande, erstklassige Bilder und Daten von den äußeren Planeten des Sonnensystems zur Erde zu funken.

Das Erstaunlichste an Jupiter ist die Tatsache, daß er keine fest definierte Oberfläche besitzt. Er wird nach außen begrenzt durch eine farbige, wild durcheinanderwirbelnde Wolkenschicht, durch die selbst die Raumsonden nicht hindurchsehen konnten. Man geht davon aus, daß der Jupiter unter dieser Schicht flüssig ist. Von ungeahnter Schönheit waren die Fotos, die Voyager 2 von den Wirbeln auf der Jupiter-Oberfläche zur

Erde sandte. Eine Orgie von Farben in allen Gelb-, Rot- und Brauntönen bildet dramatische Wirbel, die innerhalb breiter Bandstrukturen den Planeten umgeben. Man nimmt an, daß dort Windgeschwindigkeiten von rund 400 Stundenkilometern herrschen. Eine Besonderheit entdeckte Voyager 1 am 4. März 1979: Nicht nur Saturn, sondern auch Jupiter besitzt Ringe, wenn auch nur relativ dünne.

Die schon lang vorher bekannten Ringe des Saturn, der von den Voyager-Sonden im November 1980 und im August 1981 besucht wurde, konnten nun ebenfalls genauer erforscht werden. Es zeigte sich, daß sie aus Milliarden von Steinchen bestehen, die ihre Bahnen um den Planeten ziehen. Ihre Größe liegt zwischen Würfelzucker- und Hausgröße.

Am 24. Januar 1986 näherte sich Voyager 2 schließlich dem Planeten Uranus auf 82 000 Kilometer. Die von ihm übermittelten Daten zeigten, daß es sich um eine Gaskugel handelt, die ebenfalls – vergleichsweise dünne – Ringe besitzt, außerdem von fünf größeren und einer Reihe kleinerer Monde umkreist wird. Vor allem von diesen Monden übermittelte Voyager gute Bilder zur Erde, bevor er zu Neptun und Pluto weiterflog.

Die aufwendigen Ausflüge zu den anderen Planeten des Sonnensystems dienten natürlich dazu, Wissen über die anderen Trabanten der Sonne zu gewinnen. Gleichzeitig erhofften sich die Forscher jedoch auch Erkenntnisse darüber, wo das Sonnensystem und damit auch die Erde ihren Ursprung haben. Man nimmt im allgemeinen an, daß das Planetensystem aus einem großen Staubnebel rund um die Sonne durch Zusammenballung fester Partikel entstanden ist.[20] Als Ergebnis kleinräumiger Gravitations-Instabilitäten sollen sich in einer sehr raschen, etwa 1000 Jahre dauernden Anfangsphase kleine, feste, ein bis fünf Kilometer große Miniplaneten gebildet haben. In einer Zwischenphase sollen daraus bis zu 1000 Kilometer große Planetenembryos geworden sein, von denen manche durch Stöße wieder zerstört wurden. Während dieser und der Endphase, die zusammen wohl rund 100 Millionen Jahre gedauert haben, ballten sich durch die Wirkung der Gravitation die Einzelstücke zu immer größeren Objekten zusammen, bis die Planeten in ihrer heutigen Form und Größe existierten. Obwohl sich die Astrophysiker dessen nicht sicher sind, nehmen doch die meisten von ihnen an, daß dieser Vorgang der Planetenbildung nicht gerade häufig ist im Weltall. Er ist aber auch nicht ausgesprochen selten, so daß man davon ausgehen kann, daß es im Universum eine Vielzahl von derartigen Planetensystemen gibt. Diese Erkenntnis würde insofern ins Bild passen, daß das Sonnensystem auch in dieser Beziehung keine Ausnahme bildet.

Eine Besonderheit jedoch schien die Erde über alle Krisen hinweg zu behalten: Auf ihr gibt es Leben. Trotz vielfältiger Versuche, Signale von Lebewesen außerhalb der Erde aufzufangen, ist dies noch nirgendwo auf seriöse Weise gelungen. Deshalb war der Glaube, die Erde sei durch den Menschen einzigartig im Universum, eine These, an der bisher nicht gerüttelt werden konnte. Aber auch diese letzte Bastion begann seit dem 7. August 1996 zu bröckeln. An jenem Tag stellte nämlich die amerikanische Raumfahrtbehörde Nasa Ergebnisse vor, die nahelegen, daß es auf dem Mars, dem äußeren Nachbarplaneten der Erde, vor mehr als 3,5 Milliarden Jahren primitive Formen von Leben gegeben haben kann.

Erstaunlicherweise wurden die versteinerten Objekte, die Mikroorganismen ähneln, nicht in einer der Gesteinsproben gefunden, die Sonden auf dem Mars analysiert und ihre Ergebnisse zur Erde gefunkt hatten. Quelle der sensationellen Funde war ein Meteorit, der 1984 im Eis der Antarktis gefunden wurde und mit allergrößter Sicherheit vom Mars stammt. Durch den Einschlag eines Asteroiden wurde er wohl einst dort abgesprengt und nach längerem Umherirren im Sonnensystem von der Schwerkraft der Erde eingefangen.

In der Tat war mehr noch als die Venus der Mars seit jeher von Geheimnissen umgeben, und zwar aus folgendem Grund: Er ist durch gute Fernrohre im Detail zu betrachten und besitzt keine Wolkenhülle. Die ersten Marskarten, die so entstanden sind, liegen seit dem Jahr 1659 vor und stammen von dem berühmten Gelehrten Christian Huygens. Genauere Karten wurden im letzten Drittel des 19. Jahrhunderts angefertigt. Rätselhafte Objekte fand man da: Da der Mars der Erde in Größe und Struktur recht ähnlich ist, glaubte man schon früh, daß dort Leben vorhanden sei. Vor allem die Marskanäle, kerzengerade Strukturen, die vermeintlich die Oberfläche des »roten Planeten« durchzogen, gaben seit ihrer Entdeckung durch den italienischen Astronomen Schiaparelli 1877 Anlaß zu der Vermutung, sie seien künstlich angelegt worden. Auch ein Bergmassiv, das die Form eines menschlichen Gesichts zeigt, leistete vielfältigen Spekulationen Vorschub.

Im Jahr 1965 begannen die Raumfahrtmissionen zum Mars, allesamt von den USA ausgehend. Auf Mariner 4 folgten 1969 Mariner 6 und 7 und vor allem Mariner 9, der 1971/72 fast ein Jahr lang den Mars umkreiste. Aber erst die Viking-Missionen ab 1975, bei denen Sonden auf dem Mars landeten, brachten detaillierte Auskünfte über die Topographie und Zusammensetzung unseres Nachbarplaneten. Sie zerstörten zunächst auch die Illusion, daß es dort Leben gebe. Obwohl der Mars eine Atmosphäre besitzt, die jener der Erdatmosphäre vor Milliarden von Jahren ähnlich sein dürfte, fanden sich in den Bodenproben, die Viking analysierte, keinerlei Hinweise auf organische Strukturen. Auch das Rätsel der Marskanäle wurde gelüftet: Es handelte sich um optische Täuschungen. Tatsächlich gibt es auf dem Mars aber eine Menge ausgetrockneter Flußtäler, manche von ihnen so groß, daß man sie als Urstromtäler bezeichnet. Das Valle Marineris zieht sich zum Beispiel in der Nähe des Äquators 5000 Kilometer lang hin. Das Verblüffende an diesen Tälern ist, daß man heute auf der Marsoberfläche keine Spuren des Wassers mehr findet, das einst diese Täler in den Boden gegraben haben muß. Lediglich an den Polkappen des Planeten gibt es Eis. Ansonsten besteht seine Oberfläche aus Sand und Geröll, Krater wechseln sich mit Bergen, zum Teil Vulkanen, ab. Der Boden ist dem Erdboden ziemlich ähnlich. Seine rote Farbe, die dem Planeten auch seinen Beinamen gegeben hat, beruht auf rotem Eisenoxid.

Die 1996 im Mars-Meteoriten ALH 84001 gefundenen Strukturen zeigen Formen, wie sie in ebenso alten irdischen Versteinerungen ebenfalls gefunden wurden. Und die Analyse winziger kugelförmiger Einschlüsse im Meteoritengestein ergab, daß sie relativ komplizierte organische Moleküle enthielten, die Überreste von Bakterien darstellen könnten. Sie waren umgeben von einer dünnen Haut, bestehend aus Eisensulfit- und Magnetitkristallen, beides Stoffe, die als Ausscheidungsprodukt von Bakterien in Frage kämen.

So sensationell die Veröffentlichungen der NASA an jenem denkwürdigen Augusttag waren, Zweifel bleiben. Selbstverständlich wird die amerikanische Weltraumbehörde nun ihre Mars-Aktivitäten verstärken und beispielsweise im Jahr 2001 eine Sonde auf dem roten Planeten nach weiteren Lebensspuren suchen lassen. Im 20. Jahrhundert wird die Frage, ob es einst Leben auf dem Mars gab, das dem auf der Erde ähnlich war, kaum mehr zu entscheiden sein.

Daß es im Weltall eine Vielzahl organischer Moleküle gibt, haben Forscher nach und nach herausgefunden. So stellt sich in der Tat die Frage, ob das Leben auf der Erde (und vielleicht auf dem Mars) aus dem Weltall angeweht wurde – nicht in Form einer Invasion kleiner grüner Männchen, sondern als gasförmige Wolken von Nukleinsäuren, den Bausteinen der Eiweiße. Allerdings ist der Vorgang, der zur Bildung des pflanzlichen, tierischen und schließlich menschlichen Lebens auf der Erde führte, letztlich so komplex, daß er nur äußerst selten geschehen dürfte.[21] Es ist deshalb aufgrund von Wahrscheinlichkeitsbetrachtungen kaum damit zu rechnen, daß zur selben Zeit wie bei uns und in einem für uns erfaßbaren »lokalen« Umkreis diese Bedingungen ebenfalls geherrscht haben. Wenn es also intelligentes Leben im All gibt, wird es mit ziemlicher Sicherheit so weit entfernt von der Erde sein, daß wir es nicht erreichen können, oder zu einer Zeit existieren, die sich mit der Lebensspanne der menschlichen Existenz nicht überschneidet.

Kapitel 4

Herr über Leben und Tod

Von Darwin bis zur Gentechnik

»Was ist Leben?« Diese grundsätzliche Frage wählte Erwin Schrödinger als Titel für eine Vorlesungsreihe, die er 1943 an der Universität Dublin hielt. Das Buch, das daraus entstand und im darauffolgenden Jahr zunächst in englischer Sprache erschien, hat die Entwicklung der modernen Biologie nach 1945 entscheidend beeinflußt.

Dies erscheint auf den ersten Blick erstaunlich, denn Schrödinger war Physiker und als solcher maßgeblich an der Entwicklung der theoretischen Physik im 20. Jahrhundert beteiligt. Auf den zweiten Blick jedoch stellt sich heraus, daß eine ganze Reihe der wichtigsten Forscher, die die Entwicklung der Biologie in der zweiten Hälfte des 20. Jahrhunderts vorangetrieben haben, Physiker waren. Den Grund hierfür nennt der Physiker und Biologe Ernst Peter Fischer in seiner Einleitung zur Neuausgabe von Schrödingers Werk: »Die Zeit [...] konnte nicht günstiger sein. Der Zweite Weltkrieg ging zu Ende, und viele Physiker hatten nach der Entwicklung der Atombombe das Interesse an ihrer Wissenschaft verloren. Sie suchten nun nach einer neuen Herausforderung, und genau die bot Schrödingers Buch.«[1]

Fischer zieht einige Analogien zwischen der Entwicklung der Biologie und jener der Physik im 20. Jahrhundert: »Der Entdeckung des Wirkungsquantums im Jahre 1900 durch Max Planck korrespondiert die Wiederentdeckung der Mendelschen Gesetze der Vererbung. Und die Frage der Stabilität der Gene stellte sich Mitte der dreißiger Jahre in der Biologie genauso [...], wie es in der Physik – in Hinblick auf die Stabilität der Atome – zwanzig Jahre zuvor der Fall gewesen war.«

Ungeheures ist im 20. Jahrhundert in der Biologie geschehen: Während man an seinem Anfang noch nicht einmal wußte, wie man sich die Vererbung vorzustellen hatte und von welcher Art ihr Mechanismus sein könnte, gelingt es an seinem Ende bereits, Lebewesen nach Wunsch zu erzeugen und mit den Genen so umzugehen, als wären sie ein Baukasten. Kein Wunder, daß mit dieser Macht, die der Wissenschaftler gewonnen hat, sein Respekt vor dem Wunder der Schöpfung zum großen Teil verlorengegangen ist. Die Scheu davor, zu vernichten oder zu verändern, was man selbst nicht schaffen kann, nämlich Leben, hat sich reduziert auf Diskussionen, was opportun und was machbar ist. Der Mensch als Herr über Leben und Tod, der Mensch als eigentlicher Schöpfer, diese Utopie ist – gewollt oder nicht – weitgehend Wirklichkeit geworden.

Der Schriftsteller Aldous Huxley, der mit beklemmender Weitsicht in seinem Roman ›Schöne neue Welt‹[2] bereits 1932 Entwicklungen vorweggenommen hat, die heute »Stand der Technik« sind, erörterte in seinem Vorwort die Frage, wann derartige Dinge möglich sein werden: »Es bedarf [...] eines betriebssicheren Systems der Eugenik, darauf berechnet, das Menschenmaterial zu normen und so die Aufgabe der Manager zu erleichtern. [...] Technisch und ideologisch haben wir noch einen weiten Weg bis zu Kindern in Flaschen und Bokanowsky-Gruppen von Halbtrotteln. Doch ums Jahr 600 nach Ford – wer weiß, was bis dahin nicht alles geschehen mag?«

In der Tat ist in der Biologie seither viel geschehen, sogar völlig neue Zweige dieser Wissenschaft sind entstanden, von denen vorher niemand auch nur etwas ahnen konnte. Während die Biologen sich früher in erster Linie mit der Beschreibung und Klassifizierung von Tieren und Pflanzen beschäftigt hatten, im 19. Jahrhundert dann erbittert über die Entstehung der Arten stritten, entwickelten sich nach 1900 die neuen Wissenschaften Ethologie, Ökologie und Molekularbiologie.

Die Ethologie, oft auch vergleichende Verhaltensforschung genannt, hat Vorläufer in der sogenannten Tierpsychologie, deren Vertreter sich jedoch im allgemeinen jeweils nur mit einer einzigen Art befaßten und auf Lernprozesse konzentrierten. Die Ethologen moderner Prägung hingegen versuchen mit Hilfe vergleichender Studien vor allem, die Bedeutung des genetischen Programms im Wechselspiel mit den Einflüssen der Umwelt zu erforschen. Die Untersuchung des artspezifischen Werbeverhaltens führte beispielsweise zu vielen neuen Erkenntnissen über den Anteil der genetischen gegenüber der Umweltkomponente. Insbesondere Konrad Lorenz und Nikolaas Tinbergen steuerten herausragende Beiträge zur vergleichenden Verhaltensforschung bei.

Die Ökologie befaßt sich mit der Erforschung der Wechselwirkung zwischen Organismen und ihrer Umwelt. Zwar hatten schon Forscher wie Alexander von Humboldt oder Charles Darwin weit mehr getan als Pflanzen und Tiere nur zu beschreiben und zu ordnen; beide hatten sich mit dem Zusammenspiel zwischen Arten und ihren Lebensräumen auseinandergesetzt. 1866 wurde schließlich der Ausdruck »Ökologie« von dem Naturphilosophen Ernst Haeckel für die Erforschung des »Naturhaushalts« vorgeschlagen. Der berühmte Biologe Ernst Mayr beschreibt die Anfänge dieser Wissenschaft: »Möbius (1877) veröffentlichte seine klassische Studie über eine Austernbank, Hensen und andere konzentrierten sich auf die Meeresökologie, Warming auf die Pflanzenökologie, und wieder andere begründeten die Limnologie, die (hauptsächlich ökologische) Wissenschaft von den Binnengewässern. Die Ökologie blieb lange Zeit recht statisch und beschreibend.«[3]

Die Molekularbiologie schließlich als drittes neues Gebiet erlangte im 20. Jahrhundert eine ungeahnte Bedeutung. Früher war das Studium großer organischer Moleküle die Domäne der Chemie und der Biochemie gewesen. Die Untersuchung der chemischen Verbindungen, die für Lebensvorgänge wichtig oder bestimmend sind, eröffnete aber völlig neue Bereiche. So befaßte man sich vor allem mit dem Stoffwechsel und in zunehmendem Maße auch mit den Fragen der Vererbung. Gerade diese Richtung der Molekularbiologie war es, welche die biologische Forschung des 20. Jahrhunderts entscheidend geprägt hat. Sie eröffnete das Verständnis für die genetischen Grundlagen und führte letzten Endes zur neuen Technologie der Gentechnik, die möglicherweise im 21. Jahrhundert die menschlichen Lebensgrundlagen verändern wird.

Die Situation um 1900 war von einer großen Unsicherheit geprägt: Zwar hatte Charles Darwin bereits 1872 sein Hauptwerk ›Die Entstehung der Arten‹[4] veröffentlicht, in dem er die Grundlagen seiner Evolutionstheorie darstellte. Trotzdem hatte sich seine Theorie um die Jahrhundertwende noch längst nicht allgemein durchsetzen können. Noch immer wurde sie von Wissenschaftlern der unterschiedlichsten Richtungen angegriffen, vor allem die Anhänger des Lamarckismus stellten Darwins Erkenntnisse in Frage. Worum ging es?

Darwin wurde durch die Beobachtung von Finken auf den Galapagos-Inseln, die alle zur selben Art gehörten, aber auf jeder Insel eine bestimmte Eigenart aufwiesen, welche die Finken auf den anderen Inseln nicht zeigten, zu Überlegungen angeregt, wie die Vielfalt der Arten auf der Erde entstehen konnte. Er entwickelte seine Selektionstheorie, die auf zwei Grundvoraussetzungen beruhte: Die erste besagte, daß es Veränderungen von Lebewesen geben müsse, die vererbbar sind. Und die zweite postulierte, daß im Konkurrenzkampf durchschnittlich diejenigen Lebewesen am ehesten überleben, die ihrer Umwelt am besten angepaßt sind.

Der französische Naturforscher Jean Baptiste Lamarck hingegen hatte die These vertreten, daß jedem Lebewesen ein Streben innewohne, sich zu verändern. Er glaubte zum Beispiel, die Bildung eines neuen Organs (und damit eine Veränderung der Art) sei das Ergebnis eines dringenden Verlangens und einer neuen Tätigkeit, die dieses Bedürfnis verursache. Ferner ging er davon aus, daß alle Änderungen oder Neuentwicklungen der körperlichen Organisation durch Fortpflanzung auf die Nachkommen übertragen würden. Insbesondere diese Vererbung erworbener Eigenschaften wurde jedoch durch die Forschung nicht bestätigt.

In der Geschichte der Wissenschaft stechen manche Ereignisse auffällig hervor. Warum bestimmte Entdeckungen mitunter gleichzeitig und doch völlig unabhängig voneinander an verschiedenen Stellen gemacht werden, war bereits Gegenstand vieler Überlegungen. Ein besonders eklatantes Beispiel ist die Wiederentdeckung der Mendelschen Gesetze im Jahr 1900.

Der Augustinerpater Gregor Mendel hatte sich von 1856 bis zum Jahr 1868, als er zum Abt gewählt wurde, im Garten des Augustinerklosters zu Brünn in Mähren mit Kreuzungsversuchen beschäftigt. Insbesondere an Bohnen und Erbsen stellte er eine Reihe von Gesetzmäßigkeiten fest. Jost Herbig schilderte sie anschaulich so: »Kreuzt man zum Beispiel eine rotblühende mit einer weißblühenden Erbsensorte, so bleiben die Nachkommen der ersten Generation rot. Sie sind nicht, wie etwa ein Maler annehmen würde, rosa. Erstaunlicher noch, die Nachkommen der nächsten, der zweiten Generation blühen wieder so weiß und rot wie die Großeltern. Nur hat sich in der zweiten Generation das Verhältnis zwischen Rot und Weiß verschoben. Auf eine weißblühende Pflanze kommen nun drei rotblühende. Und dies wiederholt sich, so oft man reinerbige rot- und weißblühende Erbsen kreuzt. Was geschieht bei diesen rätselhaften Vorgängen in den Pflanzen?«[5]

Mendel fand heraus, daß es neben den Farben auch noch andere Eigenschaften gab, die alle Nachkommen seiner Versuchspflanzen erbten – er nannte sie »dominant« –, andere, die nur ein Drittel davon erbten. Diese nannte er »rezessiv«. Mendel interpretierte seine Ergebnisse so: Jede Pflanze besitze offenbar zwei Faktoren, die eine bestimmte Eigenschaft determinierten, etwa die Größe. Je einer der Faktoren werde von je einem Elternteil geerbt. Er spielte dann alle theoretischen Kombinationen in der nächsten Generation durch und stellte fest, daß die Verteilung der Eigenschaften mit seinen Vorhersagen gut übereinstimmten. Mendel unterbreitete seine Ergebnisse dem damals sehr angesehenen Evolutionstheoretiker Carl Nägeli. Sie wurden jedoch von diesem nicht weiter beachtet und gerieten zunächst in Vergessenheit.

Mayr beschreibt die Wiederentdeckung so: »Aber im Frühjahr 1900 fand eins der außerordentlichsten Ereignisse in der Geschichte der Biologie statt; es geschah scheinbar plötzlich wie eine Explosion, tatsächlich aber war es nur der Höhepunkt einer langen Entwicklung: Drei Botaniker, de Vries, Correns und Tschermak[6], veröffentlichten innerhalb nur weniger Monate Mitteilungen; sie hätten unabhängig voneinander gewisse Vererbungsgesetze entdeckt, nur um bei Überprüfen der Literatur festzustellen, daß Mendel ihnen um fünfunddreißig Jahre zuvorgekommen war.«[7]

Auf einmal paßte alles zusammen: Im letzten Drittel des 19. Jahrhunderts waren in der experimentellen Biologie und in der mikroskopischen Technik große Fortschritte gemacht worden, und so hatten auch viele Forscher sich mit der Untersuchung der physiologischen Vorgänge bei der Fortpflanzung beschäftigt. Insbesondere Befruchtung und Zellteilung waren beliebte Forschungsgegenstände. Man wußte bereits, daß sich der Zellkern bei der ungeschlechtlichen Vermehrung der Zellen teilte und daß jede der neu entstandenen Zellen einen der neuen Kerne enthielt. Im letzten Drittel des 19. Jahrhunderts hatte man auch herausgefunden, daß sich bei der geschlechtlichen Fortpflanzung die Zellkerne der männlichen und der weiblichen Keimzelle vereinigten. Aufgrund dieser Erkenntnisse sprachen die Biologen Oskar Hertwig in Berlin und Eduard Strasburger in Bonn die Vermutung aus, daß der Zellkern der physische Träger der Vererbung sei.

»Mit Hilfe der neuen Beobachtungstechnik erkannte man bei Versuchen mit tierischen Zellen, daß sich im Innern des Kerns im Ruhezustand ein feines Netzwerk befindet, dessen Substanz der Kieler Zytologe Walther Flemming [...] im Jahre 1879 als Chromatin bezeichnete. [...] Wenn die Zelle sich zur Teilung anschickt, zerfällt – so stellte man weiter fest – das Chromatin in eine Anzahl von Fäden, die man Chromosomen nennt.«[8] So beschreibt Stephen F. Mason die Entwicklung der letzten Jahre des 19. Jahrhunderts auf diesem Gebiet in kurzen Worten.

Zwischen 1901 und 1904 wiesen mehrere Biologen, unter anderem auch de Vries, darauf hin, daß offenbar das Verhalten der Chromosomen den von Gregor Mendel postulierten »Erbfaktoren« entsprach. Es hatte den Anschein, daß die Chromosomen die Träger der Mendelschen Vererbungseinheiten seien, die die Eigenschaften der Lebewesen bestimmten, eine Annahme, die sich bewahrheitet hat. Da die Anzahl der Erbfaktoren im Vergleich zur Anzahl der Chromosomenpaare groß ist, sagte der amerikanische Biologe W. S. Sutton voraus, daß in einem Chromosom mehrere Faktoren miteinander verbunden sein müßten. Tatsächlich wurde dieses Phänomen 1906 bei Erbsen entdeckt, bei denen gewisse Farb- und Polleneigenschaften gewöhnlich zusammen vererbt werden.

Immer noch waren die Gene aber weitgehend abstrakte Gebilde, von denen niemand sagen konnte, wie sie beschaffen waren. Die Lösung dieses Rätsels wurde nicht von Biologen gefunden, sondern vom Mediziner Salvador Luria und vom Physiker Max Delbrück. Die beiden Forscher beschäftigten sich 1943 mit Mutationen von Bakterien. Im darauffolgenden Jahr gelang ihnen der Nachweis, daß Gene organische Moleküle sind – Moleküle von enormer Größe, aber sonst ähnlich aufgebaut wie andere Bausteine organischer Substanzen. Diese im Grund recht prosaische Erkenntnis stellte eine wissenschaftliche Revolution dar, hatten doch bis dahin die Biologen immer noch an eine den Genen innewohnende geheimnisvolle Kraft geglaubt. In den Genen sind wie mit einem Alphabet die Erbanlagen festgeschrieben. 26 Buchstaben hat unser Alphabet. Aus ihnen setzt sich alles zusammen, was die Menschheit an Informationen angehäuft hat – vom Liebesgedicht bis zur Bedienungsanleitung für eine Waschmaschine. Vier Buchstaben hat der genetische Code. Und er liefert alle Informationen über alle Lebewesen der Erde. Vier Buchstaben, die ausreichen für eine allumfassende Bibliothek des Lebens.

Die Analogie zu einer Bibliothek erklärt in besonders anschaulicher Weise die Funktion des genetischen Codes: Angenommen, jemand, der unsere Sprache und Schrift nicht kennt, würde eine Bibliothek betrachten. Er sähe Regale mit vielen Büchern, die in einer bestimmten Reihenfolge nebeneinanderstehen. Wenn der Fremde die Bedeutung dieser Bibliothek erforschen wollte, würde er wohl zunächst versuchen, einen Sinn in der Reihenfolge der Bücher zu finden. Ähnlich erging es den Forschern, als sie versuchten, die Gene und ihre Bedeutung zu entschlüsseln. Zunächst entdeckte man, daß in den Zellkernen jedes Menschen jene Chromosomen (von griechisch »Farbkörper«, weil sie sich leicht anfärben ließen) zu finden waren, 46 wurmförmige Gebilde, und zwar immer die gleichen, egal ob es sich um eine Darm- oder um eine Nervenzelle handelte. Lediglich in den Ei- und Samenzellen fand man jeweils nur 23 davon. Aber erst, als man begann, sie unter dem Mikroskop zu betrachten, stellte man fest, daß sie ausgesprochen kompliziert aufgebaut sind.

Seit etwa 1960 weiß man: Jedes Chromosom des Menschen besteht aus einer zwei bis drei Zentimeter langen Molekülkette, die sich aus den Genen zusammensetzt. Sie sind wie eine in sich verdrehte Strickleiter aufgebaut. Und diese ist dann noch einmal ganz eng in Korkenzieherform aufgerollt – ein fast unentwirrbares Knäuel. Es ist so eng verschlungen, daß in dem winzigen Raum eines menschlichen Zellkerns – er hat einen Durchmesser von nur einem Tausendstel Zentimeter – etwa ein Meter dieser Strickleiter Platz hat.

Logischerweise versuchte man nun – wie soeben geschildert – zunächst, die Bedeutung der Chromosomen und damit auch der Gene aus ihrer groben Struktur herzuleiten. Das konnte keine überwältigenden Ergebnisse bringen, denn es entspricht ungefähr dem Versuch, die Bedeutung einer Bibliothek anhand der Reihenfolge der Bücher zu ermitteln.

Um aber zu den »Buchstaben« des genetischen Codes vorzudringen, reicht ein normales Mikroskop nicht mehr aus. Zum Analysieren der Feinstruktur der Strickleiter muß man mindestens ein Elektronenmikroskop benutzen. Man sieht dann, daß die Strickleiter aus zwei komplementären Strängen aufgebaut ist, die wie die beiden Hälften eines Reißverschlusses zueinander passen. Immer wieder kommen als »Sprossen« dabei die gleichen Verbindungen vor, insgesamt vier, je zwei pro Sprosse. Die »Holme« sind aus zuckerähnlichen Verbindungen und Phosphor aufgebaut. Verblüffend ist, daß diese Grundstruktur bei allen Lebewesen gleich ist, man findet sie in den Chromosomen der Birke ebenso wie in denen des Zebras oder des Menschen.

Der genetische Code ist universell. Er wird bei der Bauanleitung für jedes Lebewesen verwendet, und er steckt im Aufbau dieser Strickleiter. Das Alphabet, mit dem die Bauanleitung geschrieben ist, besteht – so erstaunlich es klingen mag – nur aus den vier Verbindungen, aus denen die Sprossen sich zusammensetzen. Der Fachmann spricht von »Basen«. Damit sind chemische Stoffe gemeint, die in der Hauptsache aus Kohlenstoff, Sauerstoff und Wasserstoff aufgebaut sind. Die vier Basen besitzen Namen: Adenin, Guanin, Thymin und Cytosin. Der Einfachheit halber und weil sie im genetischen Code die Rolle von Buchstaben übernehmen, bezeichnet man sie meist nur mit ihren Anfangsbuchstaben: A, G, T und C.

Im Lauf der letzten Jahrzehnte wurde es möglich, den Aufbau der Chromosomen immer genauer zu analysieren. So fand man heraus, daß auf den langen Molekülfäden, aus denen sie bestehen, nicht nur die Gene aufgereiht sind, sondern dazwischen auch Teile, die scheinbar »sinnlos« sind. Man nennt sie »Introns«, und ihr immer noch ungelüftetes Geheimnis bildet einen Anreiz für viele Forscher.

Den beiden Forschern James D. Watson aus Chicago und Francis H. C. Crick aus dem britischen Northampton gelang es 1953, die Struktur der Gene zu erkennen.[9] Diese vielfach als Jahrhundertentdeckung bezeichnete Leistung wird auch deswegen in Erinnerung bleiben, weil die beiden Biochemiker die Geschichte ihrer Entdeckung in fesselnden Autobiographien festgehalten haben.[10] In diesen Berichten zeigt sich, wie verschlungen der Weg zu einer großen Entdeckung sein kann, wie gepflastert mit Eifersüchteleien, Rückschlägen und Irrtümern. Gerade deshalb handelt es sich hier um Dokumente mit Seltenheitswert. Im allgemeinen erfahren die Wissenschaftlergemeinde und die Öffentlichkeit nur das erfolgreiche Ergebnis; das Ringen um Erkenntnis, die Irrwege und Fehler bleiben unbekannt.

Anfang der fünfziger Jahre hatte Watson am weltberühmten Cavendish-Laboratorium in Cambridge begonnen, sich der Aufklärung der DNS[11] zu verschreiben. Er tat sich mit seinem Kollegen Francis Crick zusammen, der durch das Buch Erwin Schrödingers ›Was ist Leben?‹ auf die DNS gestoßen war, und beide führten lange und leidenschaftliche Diskussionen über das Thema. Andere Forscher hatten bereits entscheidende Vorarbeiten geleistet. So hatte Erwin Chargaff, ein aus Österreich stammender Biochemiker, 1950 an der Columbia University in New York untersucht, in welchem Mengenverhältnis die vier Basen Adenin, Cytosin, Guanin und Thymin in der DNS verschiedener Lebewesen vorkamen. Das Ergebnis war erstaunlich: Chargaff konnte zeigen, daß in jedem beliebigen Gewebe das Verhältnis von Adenin zu Thymin und das von Guanin zu Cytosin nahe bei eins liegt. Daß es genau eins beträgt und die biologische Bedeutung dieser Entdeckung erkannte er damals noch nicht.

Eine weitere wichtige Vorarbeit stammte von dem US-Forscher Linus Pauling, der sich in jenen Jahren ebenfalls mit der Strukturaufklärung der DNS befaßte. Er hatte herausgefunden, daß Proteine, also Eiweißmoleküle, die Form einer »Alpha-Helix« besitzen, eine Entdeckung, für die er 1954 den Nobelpreis erhielt. »Helices lagen sozusagen in der Luft«, erinnerte sich Crick später[12], denn auch für das DNS-Molekül begann man fieberhaft nach einer schraubenförmigen Struktur zu suchen. »Bald kreisten unsere Tischgespräche nur noch um das Problem, wie die Gene zusammengesetzt waren. Und schon wenige Tage nach meiner Ankunft wußten wir, was wir zu tun hatten: Linus Pauling nachmachen und ihn mit seinen eigenen Waffen schlagen.«

Die dritte und wohl entscheidende Vorarbeit bestand in der Methode der Röntgenstrukturanalyse. Dieses Verfahren war von Sir William Henry Bragg zusammen mit seinem Sohn Sir William Lawrence Bragg – der nun Chef des Cavendish-Labors war – entwickelt worden. 1915 erhielten sie dafür gemeinsam den Nobelpreis. Es handelt sich um eine Methode, mit der man die innere geometrische Struktur eines Kristalls aufklären kann. Man durchstrahlt den Kristall mit Röntgenstrahlen. Diese werden an dessen regelmäßigen Strukturen in charakteristischer Weise abgelenkt – gebeugt sagt der Physiker – und erzeugen auf einem Schirm hinter dem Kristall ein eigenartiges Muster. Aus dem Aufbau dieses Musters kann der geübte Fachmann Rückschlüsse ziehen auf die räumliche Struktur des Kristalls. Watson und Crick hofften, daß die Durchleuchtung eines DNS-Kristalls ihnen Aufschlüsse über den Aufbau der Erbsubstanz geben könnte.

Mit der Röntgenstrukturanalyse hatten die beiden Forscher Maurice Wilkins und Rosalind Franklin am Londoner King's College bereits einige Jahre zuvor organische Kristalle untersucht. Sie begannen nun, ihre Arbeiten auf die DNS auszudehnen. Watson und Crick hielten von Cambridge aus engen Kontakt mit ihren Londoner Kollegen, wenn auch das persönliche Verhältnis zwischen den Männern und Rosalind Franklin teilweise stark angespannt war. Watson und Crick, die beide viel von Intuition, Modellen und Symmetrieüberlegungen hielten, standen in krassem Gegensatz zu der exakten »Rosy«, wie sie sie heimlich nannten. Rosalind Franklin konnte sich nicht vorstellen, daß es noch einen anderen Weg zur Strukturaufklärung der DNS geben könnte als den der exakten Analyse durch ihre Röntgen-Kristallographie. Watson kommentierte ihre Einstellung so:

»Die Idee, zur Erforschung biologischer Strukturen Modelle zu benutzen, die wie Blechspielzeug aussahen, war eindeutig das letzte, was sie in Erwägung ziehen würde.«[13]

Watson und Crick konnten sich nicht mehr von der Annahme lösen, daß die DNS eine Spiralform haben sollte. Sie experimentierten mit zwei, drei und vier Ketten, bei denen die Basen jeweils nach außen zeigten. Um einen Zusammenhalt zwischen den Ketten herzustellen, mußten sie Metallatome – etwa Magnesium – annehmen, die sogenannte Salzbrücken herstellen sollten. Derartige Metallatome waren jedoch bis dahin in der Erbsubstanz nicht gefunden worden. Ein dreikettiges Modell erwies sich schließlich als besonders gelungen. Man rief Maurice Wilkins in London an, und er kam wenige Tage später zusammen mit Rosalind Franklin, um das Modell zu begutachten. Das Ergebnis: Es stimmte nicht mit den Ergebnissen ihrer Messungen überein, weil es zu wenig Wassermoleküle enthielt.

Damit war der Traum von der Aufklärung der DNS-Struktur zunächst geplatzt. Auch eine Modifizierung des Dreikettenmodells brachte keine entscheidende Verbesserung. Man mußte also einen neuen Anfang machen. Fast ein Jahr lang beschäftigten sich beide Forscher mit anderen Themen. Crick arbeitete an seiner Doktorarbeit weiter, die er wegen des Krieges erst jetzt in Angriff nehmen konnte, und Watson forschte zum Thema Tabak-Mosaikvirus.

Als der große und weltberühmte Altmeister Linus Pauling aus Kalifornien verlauten ließ, er habe nun die Struktur der DNS entschlüsselt, packte die jungen Forscher fast Verzweiflung. Nachdem sie das Papier Paulings gelesen hatten, erkannten sie jedoch schnell, daß er bei seinem ebenfalls dreikettigen Modell einen ähnlichen Fehler gemacht hatte wie den, den sie selbst bereits hinter sich hatten.

Parallel zu den Überlegungen zum Aufbau der DNS machten sich etliche Forscher darüber Gedanken, wie der genetische Code vervielfältigt und weitergegeben werden könnte. Man war sich darüber einig, daß es Genen möglich sein müsse, eine genaue Kopie von sich selbst hervorzubringen, denn damals war bereits bekannt, daß sich vor einer Zellteilung die Chromosomen verdoppelten. Die meisten Genetiker glaubten, daß die Selbstreproduktion der Gene mit einer Art Matrize oder Abdruck geschehen müßte. So kann ein zweiter Genstrang jeweils nach dem Muster des ersten aufgebaut werden. Aus derartigen Ideen entstand bereits der Gedanke, daß die Basen möglicherweise eine spezielle Anziehungskraft aufeinander ausüben könnten, insbesondere Adenin und Thymin sowie Guanin und Cytosin.

Bei einem Besuch in London hatte Watson Gelegenheit, die neuesten Aufnahmen der Röntgenuntersuchungen Rosalind Franklins zu sehen. Wie üblich gerieten die beiden sofort darüber in Streit, wie die Ergebnisse zu interpretieren seien. Watson machte sich nach wie vor für eine schraubenförmige Struktur stark, während Rosy dies ablehnte. Der Streit eskalierte, und nur noch das Eingreifen Wilkins' bewahrte die beiden vor Handgreiflichkeiten. Dies änderte aber nichts an der Tatsache, daß Watson einen Blick auf das wichtige Röntgenbild geworfen hatte.

Den entscheidenden Denkanstoß zur Aufklärung der wirklichen Struktur erhielt Watson, als er sich endlich dazu entschloß, mit seinem »Blechspielzeug« eine Spiralstruktur zu erproben, bei der die Basen nicht außen lagen wie bei allen vorhergegangenen Versuchen, sondern nach innen gewendet waren. Eine Doppelhelix – denn die sollte es nun sein – aus dem chemischen Strukturmaterial war schnell im Modell aufgebaut, aber trotz aller Überlegungen gelang es Watson und Crick nicht, die Basen paarweise in dieses Gerüst einzufügen. Sie machten den Fehler, nicht komplementäre Basenpaare zu kombinieren, sondern jeweils zwei gleiche Basen als »Leitersprossen« zusammenzufügen. Dies ergab das Problem, daß jede Sprosse von unterschiedlicher Breite war und damit die Spirale nicht glatt sein konnte.

Was die Frage der Reproduktion der DNS betraf, wies dieses Modell aber bereits den richtigen Weg. Watson erkannte, daß eine derartige doppelsträngige Form aus zwei Hälften bestehen würde, die jeweils die Schablone für die andere Hälfte war. Die Verdoppelung des Gens könnte dann so ablaufen: Die beiden identischen Ketten trennen sich und werden jeweils wieder zu einer ganzen Doppelhelix ergänzt. In der Tat war die Vermutung richtig, allerdings sollten die beiden Hälften der Helix in Wirklichkeit nicht identisch, sondern komplementär sein.

Während in Cambridge heftig an der Struktur gebastelt wurde – im wahrsten Sinn des Wortes –, versuchte in London Wilkins, seine Assistentin Rosy loszuwerden, um sich endlich unbeschwert von Vorurteilen ebenfalls an die Entschlüsselung der DNS machen zu können. Bei einem Besuch in Cambridge »nutzte Francis [Crick] die Gelegenheit, Maurice [Wilkins] zu fragen, ob es ihm etwas ausmachte, wenn wir uns unterdessen schon ein bißchen mit DNS-Modellen beschäftigten. Als Maurice zögernd antwortete, nein, das mache ihm gar nichts aus, wurde mein Pulsschlag wieder normal. Denn selbst wenn er mit einem Ja geantwortet hätte, hätten wir weiter Modelle gebaut«, erinnert sich Watson.[14] Allen beteiligten Forschern war klar, daß es in diesem Fall nicht nur um eine weltbewegende wissenschaftliche Frage ging, sondern auch um den Nobelpreis.

Daß nicht je zwei identische Basen die Leitersprossen bildeten, sondern je zwei unterschiedliche Paare, erkannte Watson erst, als er die Form der vier Basen aus Pappe ausschnitt, um damit herumzuspielen. »Plötzlich merkte ich, daß ein Adenin-Thymin-Paar dieselbe Gestalt hatte wie ein Guanin-Cytosin-Paar. Alle diese Bindungen schienen sich ganz natürlich zu bilden.« Wenn man annahm, daß diese Paare die Sprossen der Strickleiter waren, ergaben sich keine Ausbuchtungen und Beulen mehr wie bei früheren Denkmodellen. Gleichzeitig ermöglichte diese Struktur eine Reproduktion nach dem bereits angenommenen Muster. »Es ist unserer Aufmerksamkeit nicht entgangen, daß die spezifische Paarbildung, die wir hier voraussetzen, sogleich an einen möglichen Kopiermechanismus für das genetische Material denken läßt.« Mit diesem Satz in ihrer gemeinsamen Veröffentlichung wies Francis Crick bereits auf zukünftige Entwicklungen hin.

Erst noch zweifelnd, dann aber überglücklich, überzeugten Watson und Crick sich und ihre Kollegen von der Richtigkeit ihrer Lösung. Sie bauten aus Metallteilen ein großes Modell und vermaßen die Atomabstände, die sich aus der Anordnung ergaben. Eine Überprüfung der Werte durch Wilkins und Franklin in London zeigte, daß die Struktur gut mit der Röntgenanalyse übereinstimmte. Die Ergebnisse wurden an die Wissenschaftszeitschrift ›Nature‹ zur Veröffentlichung eingereicht.

Linus Pauling, der unterlegene Konkurrent aus den USA, reagierte mit Anerkennung, ja Begeisterung. Der Nobelpreis war ihm in diesem Fall entgangen, aber er erkannte die Leistung seiner jungen Kollegen – Watson war damals erst 25 Jahre alt – an. Im Jahr 1962 erhielt Watson zusammen mit Wilkins und Crick den Nobelpreis für Medizin.

Auch wenn man inzwischen weiß, wie die Gene aufgebaut sind – zu behaupten, daß man den genetischen Code schon »lesen« könnte, wäre weit übertrieben. Man kennt lediglich die Bedeutung einiger »Wörter«, und man kann sagen, welche Rolle sie in der Bauanleitung spielen. Forscherteams auf der ganzen Welt sind damit beschäftigt, den Gencode des Menschen zu entziffern. (Leiter des amerikanischen »Genom-Projekts«, wie das Vorhaben genannt wird, ist übrigens James Watson.) Aber selbst wenn man die Reihenfolge der vier Buchstaben in den Genen des Menschen restlos aufgeklärt haben wird, kann man ihren Sinn noch nicht erkennen. Ähnlich wie man den Sinn der Texte in den Büchern nicht versteht, auch wenn man die Reihenfolge der Buchstaben unter einem Mikroskop entziffern kann.

Die Wissenschaftler standen erheblichen Problemen gegenüber. Der Molekularbiologe Philippe Kourilsky beschreibt die Gründe dafür: »Die 4000 Gene von E.coli liegen auf einem einzigen DNA-Molekül von ungefähr einem Millimeter Länge [...]. Die 46 Chromosomen einer menschlichen Zelle enthalten ungefähr tausendmal mehr DNA als E.coli und addieren sich zu einer Länge von einem Meter [...]. Wie sollte man auch aus diesen Riesenmolekülen, die man nur zufällig und mechanisch zu zerstückeln vermochte, ein bestimmtes Gen gewinnen? Wie sollte man das gesuchte Gen aus diesen Bruchstücken herausfinden?«[15] Probleme über Probleme, die jedoch mittlerweile gelöst sind.

Um den Gencode zu lesen, muß man seine »Sprache« lernen. Ein Weg dorthin führt über die Erforschung der Funktion der Gene. Wenn man weiß, wie die Bauanleitung in der genetischen Strickleiter in der Zelle in »Hardware« übersetzt wird, läßt sich damit vielleicht ihre Sprache verstehen. Da die Original-Bauanleitung im Zellkern selbst viel zu wertvoll ist, als daß man sie bei der täglichen Arbeit verwenden dürfte (sie könnte beschädigt werden), fertigt die Zelle zunächst eine identische Kopie der Gene an. Dazu teilt sich die Strickleiter wie ein Reißverschluß in ihre beiden komplementären Hälften. Ein komplizierter Mechanismus ergänzt dann die jeweils fehlende Hälfte. So entstehen zwei Bauanleitungen. Eine davon wandert aus dem Zellkern heraus in die Zelle und beginnt dort mit der Arbeit. Auch diese Strickleiter spaltet sich wieder in zwei Hälften auf, die als Schablonen für den Bau bestimmter Eiweißverbindungen dienen. Man nennt diesen Vorgang »Expression« des Gens, mit anderen Worten: Es drückt die in ihm enthaltene Software (den Code) in Form von Eiweiß-Hardware aus.

Eiweiß, der Baustoff des menschlichen Körpers, besteht aus Aminosäuren. Es gibt 20 verschiedene Arten davon. Aus ihnen sind die kompliziertesten Eiweiße aufgebaut, vom Blutgerinnungsstoff bis zum Bindegewebe. Die Natur hat nun einen Weg gefunden, wie sie mit nur vier Buchstaben, nämlich A, G, T und C, 20 verschiedene Aminosäuren »beschriften« kann. Mit je einem Buchstaben könnte man nur vier davon bezeichnen. Würde man eine Kombination aus je zwei Buchstaben verwenden, also AG, GT, AT usw., ergäben sich 16 verschiedene Möglichkeiten. Dies reicht für die 20 Aminosäuren aber nicht aus. So zeigt es sich, daß man je drei der vier Buchstaben kombinieren muß, um 20 Etiketten zu erhalten.

Genau dies tut die Natur. Je drei aufeinanderfolgende Buchstaben bilden die »Beschriftung« für eine Aminosäure. So bezeichnet beispielsweise CCU die Aminosäure Prolin, UCU Serin, CUU Leucin, UUU Phenylalanin. Der chemische Mechanismus in der Zelle liest diese Dreiergrüppchen – man nennt sie Tripletts – der Reihe nach ab und heftet die zugehörigen Aminosäuren ebenfalls der Reihe nach aneinander. Rechnet man genau nach, stellt man fest, daß es aber nicht nur 20 Dreierkombinationen aus vier Buchstaben gibt, sondern 64. Was tut die Natur mit den überschüssigen Tripletts?

Sie benutzt manchmal unterschiedliche Kombinationen für dieselbe Aminosäure, und vor allem, sie benutzt einige Tripletts als Start- und Stoppsignal. Denn die Eiweiße, die in der Zelle gebaut werden, sind bei weitem nicht so lang wie der gesamte Molekülfaden. Nur ein winziges Stück des Chromosoms entspricht jeweils einem Eiweiß. Damit die Zelle erkennt, wo in der Bauanleitung sie ihre Arbeit beginnen und beenden muß, richtet sie sich nach den Start- und Stopp-Tripletts. Sie entsprechen in etwa dem Punkt eines Satzes.

Die Eiweißmoleküle bilden den Ausgangsstoff, den die Zellen zum Aufbau und zur Teilung benötigen. Nach und nach entsteht so ein ganzer Organismus. Und alles beruht auf der Abfolge dieser vier Buchstaben, dem universellen Alphabet des Lebens. Wenn man nun weiß, wie die Erbinformation an jede neue Zelle weitergegeben wird, kann man aber immer noch nicht erklären, wie die spontane Veränderung von Lebewesen geschieht, die Darwin als Grundlage seiner Evolutionstheorie postuliert hat. Diese sogenannten Mutationen wurden zum ersten Mal in den zwanziger Jahren genauer erforscht – mit überraschenden Ergebnissen.

Carl Nägeli hatte Ende des 19. Jahrhunderts noch daran geglaubt, daß der damals »Keimplasma« genannten Erbsubstanz eine innere Kraft eigen sei, die zu plötzlichen und starken Veränderungen führen könne. Hugo de Vries nahm diese Vorstellung zunächst auf und begann nach solchen Mutationen zu suchen, die er schließlich bei einer aus Amerika eingeführten Nachtkerzenart fand.

Im Labor des Genetikers Hermann J. Muller wurden 1927 Fruchtfliegen Röntgenstrahlen ausgesetzt, und die Laborantin bekam einen gewaltigen Schrecken, als sie morgens den Glaskolben mit den Fruchtfliegen öffnete, um sie zu zählen: Unter den Tausenden von winzigen schwarzen Tieren, die erschreckt von ihrem Fruchtbrei aufflogen, hatten sich einige auffällig verändert. Sie schauten nicht wie üblich aus ihren riesigen runden Augen in die Welt, sondern aus winzigen, schmalen Schlitzen.

Was war geschehen? Hatten sich manche Fliegen plötzlich in seltsame Gespenster verwandelt? Oder waren sie über Nacht von einer unbekannten Augenkrankheit befallen worden? Erst genauere Untersuchungen ergaben die wirkliche Ursache für die erstaunliche Veränderung der Versuchsfliegen. Es waren allesamt Jungtiere, die erst in der Nacht ausgeschlüpft waren. Und sie hatten nicht die Augen ihrer Eltern ererbt, sondern auf damals noch ungeklärte Weise neue, andere Augen bekommen. Als man die

Chromosomen der Tiere unter dem Mikroskop betrachtete, stellte man fest, daß offenbar alle Fliegen mit »Bar-Augen« (nach dem englischen bar = Balken) Veränderungen in den Chromosomen aufwiesen. Muller ging davon aus, daß die Röntgenstrahlen die Mutationen hervorgerufen hatten, eine für die damalige Zeit sensationelle Entdeckung. Die grundlegende Bedeutung dieser Vorgänge für die Evolution wurde erst nach und nach erkannt.

Die Natur ist keine »heile Welt«, auch wenn sie im Vergleich mit den menschlichen Fehlern und Unzulänglichkeiten mitunter so erscheinen mag. Sie funktioniert nicht perfekt. Aber sie hat es in vielen Fällen geschafft, Fehler so in ihre Überlebensstrategie einzubauen, daß sie sich in Vorteile verwandeln. Zumindest beim Kopieren der Gene ist dies der Fall. Wenn sich eine Zelle teilt, müssen sich auch die Chromosomen teilen, damit jede der beiden neuen Zellen einen vollständigen Chromosomensatz mitbekommt. Auch wenn die Bauanleitung, die in den Chromosomen steckt, abgelesen wird, fertigt die Zelle vorher eine Arbeitskopie an. Dies gelingt ihr mit einem komplizierten Apparat, der aus Tausenden von riesigen Molekülen besteht, die untereinander zusammenwirken. Da kann es passieren, daß sich Fehler einschleichen. Durchschnittlich bei jedem milliardsten Schritt (also Basenpaar) kommt ein Kopierfehler zustande. Diese Fehlerrate erscheint gering, aber wenn man bedenkt, daß allein ein Kolibakterium schon drei Millionen Basenpaare besitzt, ergibt sich ein fehlerhaftes Bakterium unter 300 normalen. Dies wäre ziemlich schlimm, wenn die Zelle nicht einen Kontrollmechanismus besäße, der die meisten Fehler sofort erkennt und ausbessert.

Trotzdem gibt es immer wieder Defekte im genetischen Code. Es können falsche Basen sein, die versehentlich eingebaut wurden, aber auch das Herausbrechen ganzer Stücke oder das Einfügen überflüssiger Teile kann vorkommen. Derartige Fehler nennt man Mutationen. Sie verändern die Bauanleitung, die in den Genen steckt, und bewirken damit, daß manche Teile des Körpers anders gebaut werden als ursprünglich beabsichtigt.

Normalerweise erzeugen Mutationen nur Unsinn in der Bauanleitung. Das hat dann zur Folge, daß das Gen überhaupt nicht mehr funktioniert und ausgesondert wird. Aber manchmal entsteht durch Mutation eine Abart, die sich in einem bestimmten

Merkmal von den Artgenossen unterscheidet. Jeder kennt beispielsweise die Albinos, die es bei allen Tierarten und auch beim Menschen gibt. Sie entstehen durch Mutation. Entdeckt wurde das Phänomen der Mutation Anfang dieses Jahrhunderts zuerst bei einem beliebten Labortier, der Fruchtfliege Drosophila. Sie ist zum Studium von Vererbungsvorgängen besonders gut geeignet, denn sie besitzt nur vier Chromosomen. Außerdem entwikkelt sie sich vom Ei zur ausgewachsenen Fliege in nur zwölf Tagen. Hin und wieder tauchten Fliegen mit aprikosenfarbenen, roten, weißen oder sogar balkenförmigen Augen auf. Da sich die Chromosomen der Fruchtfliege recht leicht untersuchen lassen, stellten Forscher bald fest, daß jede dieser Veränderungen mit einer Chromosomenänderung einherging. Im Jahr 1933 fanden Calvin B. Bridges und andere heraus, daß man die Chromosomen in schmale Scheibchen zerlegen konnte, die sich beispielsweise durch entsprechendes Einfärben unterscheiden ließen. Zunächst hielt man diese Scheibchen für die Gene selbst, erst später erkannte man, daß die Gene noch viel kleiner sind. Trotzdem konnten einzelne Gene bestimmten Scheibchen zugeordnet werden. Inzwischen weiß man, daß der DNS-Faden, der die Gene enthält, in den Scheibchen eng aufgewickelt komprimiert ist.

Mit diesem Wissen läßt sich Darwins Theorie vom Überleben des Fittesten erklären. Angenommen, eine Mutation verändert ein Lebewesen so, daß es seinen herkömmlichen Artgenossen überlegen ist, dann hat dieser »Mutant« und seine Nachkommen – falls sie die gute Eigenschaft erben – einen Vorteil im Existenzkampf, sie können sich besser durchsetzen. Ein Beispiel mag das verdeutlichen. Wenn ein Bakterium aufgrund einer Mutation seinen Stoffwechsel bei kühlen Temperaturen beschleunigen kann, wird es in kühlen Regionen der Erde einen eindeutigen Vorteil gegenüber seinen Artgenossen haben, die sich nur bei höheren Temperaturen entfalten können. Und es wird nicht allzu lange dauern, bis sich dort der »kühle« Typ gegenüber denjenigen Artgenossen und ihren Nachkommen durchgesetzt hat, die Wärme brauchen.

Schritt für Schritt haben sich auf diese Weise die primitiven Lebewesen, die es anfangs auf der Erde gab, zu immer komplizierteren, aber auch besser angepaßten Arten entwickelt. Mutationen haben die Gene verändert, und die guten, nützlichen davon wurden durch Wettbewerb im Überlebenskampf ausgesiebt. Eine Art von Gentechnik, die die Natur selbst betrieben und mit der sie schließlich den Menschen hervorgebracht hat.

Neuere Forschungsergebnisse deuten beispielsweise darauf hin, daß es ohne Klimaschwankungen den Menschen nicht gäbe. So ist der heute erwartete Klima-Umschwung nicht der erste, an den sich der Mensch anpassen muß. Die Evolution des Menschen begann vor rund fünf Millionen Jahren und umfaßte etwa ein Dutzend unterschiedlicher Spezies, von denen wir heute als Homo sapiens sapiens übriggeblieben sind. Robert A. Foley von der Universität Cambridge[16] wies auf die erstaunliche Übereinstimmung zwischen Kälteperioden und Veränderungen in der Entwicklung des Menschen hin. Aus Tiefseebohrungen lassen sich Rückschlüsse auf das Klima in früheren Epochen ziehen. Foley setzte sie in zeitlichen Bezug zum Auftauchen, zur Entwicklung und zum Verschwinden menschlicher Arten und kam zu der Einsicht, daß sich dabei überraschende Parallelen ergeben. Sein Kollege Alan Turner von der Universität Liverpool fand entsprechende Gesetzmäßigkeiten auch für die Entwicklung anderer Säugetiere, und er betont, daß die Evolution des Menschen nicht losgelöst von der Entwicklung aller anderen Arten gesehen werden darf. »Klimaveränderungen ändern die Wettbewerbsbedingungen im Darwinschen Sinne«, erklärt Foley. »Genetische Vorteile können sich plötzlich als Nachteile auswirken und umgekehrt. Wird der Umweltstreß zu groß, sucht sich der Mensch neue Lebensräume. So zerbricht eine große, genetisch homogene Gemeinschaft in kleinere Strukturen, die räumlich getrennt weiterbestehen. Und jede davon erfährt nun ihre eigene genetische Weiterentwicklung. So finden wir heute, daß jede große Klimaänderung eine große Diversifizierung der Arten mit sich brachte.«

Professor Hans Grimm von der Humboldt-Universität in Berlin untersuchte 1990 Knochenfunde von Steinzeitmenschen auf ihre genetischen Schäden. Er rekonstruierte dabei die Ursachen anhand der damaligen Lebensbedingungen. Ein Leben ohne Zivilisation, angepaßt an Wetter, Jahreszeit und Umwelt, sich ernähren von dem, was die Natur hergibt, schlafen unter freiem Himmel oder in einfachen Hütten, das Leben unserer frühesten Vorfahren war unweigerlich von der meist feindlichen Umwelt bestimmt und nicht nur von offensichtlichen, sondern auch von versteckten Gefahren bedroht.

Der Steinzeitmensch, der in Höhlen lebte, war beispielsweise radioaktiver Strahlung aus den mineralischen Wänden ausgesetzt, er nahm mit der gebratenen Nahrung krebserregende Stoffe auf, schluckte und inhalierte zellverändernde Schwermetallspuren, die bei der Herstellung der Steinwerkzeuge entstanden. Beim Rösten von Körnern in Erdgruben entstanden ebenfalls krebsfördernde Stoffe, und die Schwelprodukte aus Herdstellen und Lampen lagerten sich in der Lunge der Menschen ab. Selbst in ägyptischen Mumien fand man in der Lunge Teer als Ursache von Krebs, und das, obwohl im Alten Ägypten das Laster des Rauchens wohl nicht bekannt war.

Grimm betont zwar, daß kaum Hinweise für genetische Veränderungen in den Keimzellen vorliegen, die für eine Vererbung notwendig wären, sondern nur in den Körperzellen. Bei Funden, die zigtausend Jahre alt sind, ist es jedoch schwierig, detaillierte Aussagen über derartige Vorgänge zu machen. Einen Ausweg könnten nach Meinung des Berliner Professors die experimentellen Archäologen liefern: Sie versuchen, in lebensechten Szenarien die Bedingungen früherer Lebenswelten nachzustellen und könnten deshalb auch die Bedrohungen durch die Umwelt in der Steinzeit hautnah erforschen. Mit Sicherheit weiß man, daß die Bestrahlung mit radioaktiven oder mit Röntgenstrahlen, aber auch der Kontakt mit bestimmten Chemikalien gehäuft Mutationen hervorrufen. Dies ist auch der Grund, warum Röntgen- und radioaktive Strahlen für den Menschen gefährlich sind, Krebs und Erbschäden hervorrufen können. So zeigt sich, daß der gleiche Mechanismus, der zur Entstehung des Menschen geführt hat, auch zu seinem Untergang beitragen kann: Mutationen, die die Bauanleitung für seinen komplizierten Organismus verändern.

Nachdem Anfang der sechziger Jahre die Mechanismen der Vererbung und der genetischen Vorgänge weitgehend aufgeklärt waren, entstand der Gedanke, dieses Wissen dazu zu benutzen, in die genetisch festgelegten Anlagen einzugreifen und sie zu verändern. Zunächst jedoch waren die Schwierigkeiten noch so groß, daß viele Forscher sie für unüberwindlich hielten. Philippe Kourilsky erinnert sich: »Obwohl alle Beteiligten darin übereinstimmten, daß es erforderlich sei, sich die Gene in irgendeiner Weise zugänglich zu machen, um die grundlegenden Probleme der Biologie angehen zu können, war um 1970 noch keine Lösung in Sicht, und niemand konnte sie sich vorstellen. Das änderte sich mit der Entwicklung der Gentechnik [...]. Der Rang des Gens wandelte sich grundsätzlich: Es war nicht länger eine Abstraktion, sondern ein Gegenstand der chemischen Forschung, eine vollkommen definierte Struktur und ein manipulierbares Objekt.«[17]

Der Genetiker Victor McKusick hatte an der Johns-Hopkins-Universität in Baltimore 1966 eine Datenbank angelegt, in die all jene Eigenschaften des Menschen, die durch die Mutation von Genen entstehen – darunter natürlich auch alle Erbkrankheiten –, eingetragen werden. Mitte der neunziger Jahre umfaßte der Katalog schon fast 8000 Positionen. Darunter fallen Krankheiten wie Mukoviszidose, Veitstanz, Bluthochdruck, Hautkrankheiten, Brustkrebs, bestimmte Stoffwechselerkrankungen, Darmkrebs, Lungen- und Hauttumoren, extreme Körperbehaarung sowie die Alzheimersche Krankheit.

Damit aber nicht genug. Inzwischen suchen Forscher auch nach Hinweisen, ob bestimmte Genschäden besondere Verhaltensweisen auslösen. Entsprechende Erfolgsmeldungen jagen sich, nicht immer sind sie seriös. Dennoch – die Suche nach »Verhaltensgenen« scheint an Attraktivität nicht zu verlieren. Die Neigung zu Gewalttätigkeit, Hyperaktivität bei Kindern und Streßanfälligkeit sollen zum Teil auf genetische Veränderungen zurückzuführen sein, ebenso homosexuelle Veranlagung, Neugier oder Hilfsbereitschaft. »Genetische Faktoren spielen neben äußeren Faktoren eine wichtige Rolle bei der Entstehung seelischer Krankheiten wie der Schizophrenie, der manisch-depressiven Krankheit, der Alzheimerschen Krankheit und der Alkoholkrankheit«, so Professor Peter Propping, Humangenetiker an der Universität Bonn.

Die Konsequenz aus den neuen Erkenntnissen ist beängstigend: Ist der genetische Code erst einmal verstanden, kann theoretisch jeder Mensch auf die Qualität seiner Gene getestet werden. Bereits 1996 gab es in den USA für einige hundert Dollar sogenannte Test-Kits für Laien, die Gentests auf die Veranlagung zu verschiedenen Krebsarten ermöglichen. Und der Markt entwickelt sich weiter. Man kann damit rechnen, daß man zum Ende des Jahrhunderts die unterschiedlichsten Gentests in der Apotheke kaufen kann.

Aber nicht nur die Testmethoden wurden zunehmend verfeinert und standardisiert. Durch immer feinere Instrumente und Beobachtungsmethoden entwickelten die Wissenschaftler auch Werkzeuge, mit denen die DNS zerlegt, neu zusammengesetzt, zerschnitten oder ergänzt werden konnte. Das ermöglichte es, spezielle Teile der Erbsubstanz aus Zellen von Lebewesen unterschiedlicher Art zu kombinieren, etwa die Gene einer Tabakpflanze mit denen eines Leuchtkäfers: Es entsteht eine leuchtende Tabakpflanze. Chimären nennt man derartige Lebewesen, die unterschiedliche Gene in sich vereinigen. Diese lebendigen Kunstprodukte – Schreckgespenster für die einen, Hoffnungsträger für die anderen – wurden zum Symbol für die gentechnische Revolution.

Das Phänomen der Artenschranken, das immer als gottgegeben angenommen worden war, war nun aufgehoben. Der Mensch als Herr der Schöpfung hatte wieder einmal einen fundamentalen Fortschritt gemacht, war weiter vorgedrungen auf ein Gebiet, das ihm bisher verschlossen gewesen war. Moralische Bedenken blieben bei derartigen Grenzüberschreitungen nicht aus. Hinzu kam die Angst vieler Menschen vor den unkontrollierten oder bösartigen Anwendungen der neuen Gentechnik. Hatte man nicht bereits mit der Atomspaltung Erfahrungen gemacht, die als Warnung vor menschlicher Hybris gelten konnten?

Vor allem die Tatsache, daß viele Experimente der Genforscher darin bestanden, fremde Erbanlagen in das Koli-Bakterium einzuschleusen, gab Anlaß zu Befürchtungen. Immerhin ist dieses Bakterium zuhauf im menschlichen Darm vorhanden. Als der Genforscher Paul Berg 1973 in Stanford, Kalifornien, ein Experiment plante, bei dem er die Erbanlagen eines Affenvirus in ein Koli-Bakterium überführen konnte, begann unter den Wissenschaftlern eine intensive Diskussion darüber, was erlaubt sein sollte und was nicht. Die Gefahr war denkbar, daß das Affenvirus über Umwege in den menschlichen Darm gelangen könnte und so die Möglichkeit hätte, Menschen zu infizieren.

Solche Gefahren wurden auf einer Konferenz unter der Schirmherrschaft der amerikanischen Akademie der Wissenschaften diskutiert, die Anfang 1975 im kalifornischen Asilomar stattfand. Rund 100 Teilnehmer erörterten Sicherheits-, juristische und moralische Fragen, die sich durch die neue Gentechnik stellten. Die Teilnehmer erinnern sich einerseits an einen hohen moralischen Anspruch, der die Gespräche kennzeichnete, andererseits an eine große Unsicherheit, weil man damals weder die Möglichkeiten noch die reellen Gefahren der Gentechnik abschätzen konnte, die noch in den Kinderschuhen steckte. Trotzdem führten die Konferenz von Asilomar und die öffentliche Diskussion, die sie angestoßen hatte, dazu, daß in den folgenden Jahren in 25 Ländern der Welt Gesetze und Vorschriften erlassen wurden, die die Gefahren durch Genmanipulationen einzuschränken suchten (allerdings bisher nicht in den USA). Gewarnt durch die verharmlosenden Sprüche der Atomindustrie war der mündige Bürger skeptisch geworden gegenüber dem sogenannten technischen Fortschritt. Er verlangte Aufklärung über Nutzen und Ziele der Forschung, und er wollte Sicherheit darüber, daß schädliche Folgen der Gentechnik vorher bedacht werden und nicht erst dann, wenn es zu spät ist. So blieb die Akzeptanz der neuen Technologie in der Bevölkerung gering.

Neuerungen lassen sich dennoch nicht aufhalten. Während Öffentlichkeit und Politik noch darüber diskutieren, wie man Mißbrauch verhindern könne, wendet beispielsweise die Pharma-Forschung die neuen Erkenntnisse bereits an. Mit Hilfe gentechnischer Methoden stellt sie Wirkstoffe industriell her. Als Beispiel mag die Insulin-Produktion der Firma Hoechst dienen: Bei der Einreichung der Genehmigungsunterlagen war ein Lastwagen nötig. 121 Aktenordner mit einem Gesamtgewicht von etwa fünf Zentnern mußten bei den Behörden in Darmstadt und Gießen vorgefahren werden, als die Hoechst AG die Anträge zur Genehmigung der Produktionsaufnahme einer Insulin-Fabrik stellte. Kurz zuvor, zum 1. Juli 1990, war vom Deutschen Bundestag das Gentechnik-Gesetz verabschiedet worden, und nun erhofften sich die Chemiewerker endlich einen positiven Bescheid für die bereits fertiggestellte, etwa 100 Millionen Mark teure Versuchsanlage. Sechs Jahre lang hatte sich der Streit um die Genehmigung schon hingezogen, Einspruch folgte auf vorläufige Genehmigung, Stoppantrag auf Sofortvollzugs-Bestimmung. Das neue Gesetz sollte nun die Lage klären. Aber auch die 121 Ordner brachten keine schnelle Entscheidung – die Anlage ging erst Mitte der neunziger Jahre in Betrieb.

Dabei kann man gentechnisch hergestelltes Insulin auch in Deutschland bereits in jeder Apotheke kaufen: Es wird von der Firma Eli Lilly in den USA und von Novo Nordisk in Dänemark produziert und weltweit verkauft. Rund 120 Millionen Zuckerkranke hat die Weltgesundheitsorganisation WHO geschätzt, und allein in den Industrieländern werden heute etwa acht Millionen Betroffene mit Insulin behandelt. Der Insulinbedarf liegt zur Zeit weltweit bei fünf bis sechs Tonnen pro Jahr.

Insulin ist ein Hormon, das in der Bauchspeicheldrüse gebildet wird und dafür sorgt, daß der Zucker im Blut abgebaut wird. Ist seine Produktion gestört, leidet der Patient an Diabetes, er »hat Zucker«, das heißt, sein Blutzuckerspiegel ist zu hoch. Er muß das Hormon dann von außen zuführen. 1921 wurde das Insulin von den beiden kanadischen Forschern Frederick Grant Banting und Charles Herbert Best entdeckt, und bereits zwei Jahre später gab es erste Medikamente, die den aus den Bauchspeicheldrüsen von Rindern und Schweinen gewonnenen Wirkstoff enthielten. Für die Diabetes-Patienten war dies ein großer Fortschritt – aber da tierisches und menschliches Insulin sich ein wenig unterscheiden, reagierten besonders empfindliche Kranke auf das Medikament mit Allergien. Im Lauf der Zeit entwickelten Pharma-Firmen immer besser verträgliche und reinere Präparate, aber die Tatsache blieb bestehen, daß sie ausschließlich aus tierischem Drüsengewebe gewonnen werden konnten.

Die neuen Entwicklungen in der Gentechnik erlaubten es Anfang der siebziger Jahre erstmals, Mikroorganismen so zu verändern, daß sie gezielt Insulin herstellen konnten. Als besonders geeignet hierfür erwies sich das Kolibakterium Escherichia coli K 12, eine Abart des gewöhnlichen E.coli. Kein anderes Lebewesen ist so gut erforscht wie das Kolibakterium. Jedes E.coli besteht aus einer einzigen Zelle. Es sieht aus wie ein Stäbchen, wiegt nur drei Milliardstel Gramm, mißt ganze ein bis zwei Tausendstel Zentimeter und ernährt sich hauptsächlich von Zuckerbausteinen. Es wächst in die Länge, schnürt sich dann in der Mitte ein und teilt sich etwa nach einer halben Stunde. Allein an dieser kurzen Fortpflanzungszeit kann man schon erkennen, wie intensiv die Moleküle innerhalb der Bakterie arbeiten: Jede Sekunde kopiert die Zelle ungefähr 2000 Basenpaare!

1922 fand man zum ersten Mal in Stanford, Kalifornien eine Abart des Kolibakteriums, die K 12 genannt wurde. Sie ist so degeneriert, daß sie nur überleben kann, wenn sie ständig mit Vitamin B gefüttert wird. Da sie deshalb weder in der freien Natur noch im Darm des Menschen existieren kann und damit ungefährlich für den Menschen ist, eignete sie sich besonders gut für mikrobiologische Experimente. K 12 wurde bald auf der ganzen Welt in der Grundlagenforschung verwendet. So kam es, daß 1973 die Mikrobiologen Stanley Cohen von der Stanford-Universität und Herbert Boyer von der Universität in San Francisco das Bakterium E.coli zum Versuchstier für die Gentechnik erkoren.

Ein Bakterium, das im Körper des Menschen zu Hause ist, als Forschungsobjekt zu verwenden – bedeutet dies nicht, ganze Heerscharen von Organismen zu erzeugen, die, gentechnisch verändert, dem Menschen schaden können? Was passiert, wenn ein künstlich erzeugtes E.coli, das Krankheiten auslöst oder Gifte produziert, im Darm eines Menschen heimisch wird? Derartige Bedenken wurden seit Beginn der Genforschung vorgebracht. Und die Wissenschaftler sannen auf Abhilfe: Schon das Ur-Tier, der Stamm K 12, konnte nicht in freier Wildbahn überleben. Und seit man weiß, wie man Kolibakterien gezielt verändern kann, haben die Mikrobiologen einige Sicherheitsstämme gezüchtet, die bei der Verwendung in gentechnischen Experimenten vorgeschrieben sind.

Der häufigste ist der Stamm Chi 1776. Die Beschreibung seiner Lebensbedingungen gibt eine Vorstellung davon, wie kompliziert es ist, ihn zu züchten: Er benötigt zum Wachstum Diaminopimelinsäure, L-Threonin, L-Methionin, Biotin und Thymin oder Thymidin. Er ist empfindlich gegen ultraviolettes Licht, verträgt nur Temperaturen unter 37 Grad Celsius und stirbt ab, wenn er mit bestimmten chemischen Stoffen in Berührung kommt. Er ist beim besten Willen nicht in der Lage, sich im menschlichen Darm anzusiedeln oder in der Natur frei zu überleben. Für den Menschen ist dies eine Sicherheitsgarantie.

Das Bakterium ist ein Einzeller, der neben seinen Genen noch kleine, ringförmige Strukturen aus DNS enthält, also aus dem gleichen Material, aus dem die Gene sind. Diese winzigen Ringe heißen Plasmide. Sie werden nun künstlich so umgestaltet, daß sie das E.coli dazu befähigen, als Insulinfabrik tätig zu werden. Als erstes werden die Plasmidringe aus den Kolibakterien isoliert. Dazu zerquetscht man die Zellen und zentrifugiert das Gemisch. Die Plasmide sammeln sich dann an einer bestimmten Stelle des Reagenzglases und können dort abgesaugt werden. Mit Hilfe einer molekularen »Schere« – man nennt sie Restriktionsenzym - lassen sich die Plasmidringe nun aufschneiden.

Mit entsprechenden »Scheren« hat man mittlerweile aus menschlichen Genen das Stück herausgeschnitten, das im Körper für die Herstellung von Insulin zuständig ist. Diesen Genschnipsel fügt man mittels eines »Klebstoffs« – Ligase genannt – in die Lücke des Plasmidrings. Er enthält jetzt eine neue Information, nämlich die, wie man menschliches Insulin herstellt. Das Plasmid pflanzt man nun wieder in Wirtszellen ein, indem man sie in einer Kalziumchlorid-Lösung zusammenbringt, welche die Wände der Bakterien durchlässig macht. So können die veränderten Plasmidringe in die Einzeller eindringen.

So einfach, wie dies klingt, ist die ganze Sache jedoch nicht. Zusätzlich wird noch eine Art genetischer »Schalter« eingebaut, mit dem die Chemiker die Aktivität des Gens an- oder abschalten können. Außerdem ist schließlich irgendeine Besonderheit erforderlich, anhand derer man später die gentechnisch veränderten Bakterien von den normalen trennen kann, beispielsweise die Resistenz gegen einen Wirkstoff. Alles in allem eine langwierige und umständliche Arbeit, und deshalb werden die gentechnisch veränderten Stammzellen, wenn sie einmal erzeugt sind, in einer Kultur gehätschelt und gepflegt.

Die wertvollen Laborbakterien werden auf viele kleine Ampullen verteilt und bei minus 80 Grad tiefgefroren. Später bildet der Inhalt einer einzelnen Ampulle den Grundstock für eine Tagesproduktion Insulin. Aus einem fünftel Milliliter Kulturlösung – ein Tröpfchen von der Größe eines Stecknadelkopfes – entstehen durch Vermehrung in etwa zwei Tagen zwei Tonnen Bakterienmasse in 45 Kubikmetern Flüssigkeit. Um dieses Vermehrungswunder zustandezubringen, setzt man die Stammbakterien in einen sogenannten Fermenter, ein Gefäß, das mit der optimalen Nährflüssigkeit gefüllt ist und immer auf der passenden Temperatur gehalten wird. Unter solch guten Bedingungen vermehren sich die Kolibakterien sehr rasch und in ihnen die gentechnisch manipulierten Bauanleitungen für Insulin. Sie werden schließlich über den eingebauten »Schalter« aktiviert und beginnen mit der Arbeit. Nach zwei Tagen ist alles vorbei. Die Bakterien werden abgetötet, geöffnet, das Insulin herausgelöst, gereinigt und auf chemischem Weg in eine Form überführt, die als Medikament geeignet ist: Das Insulinpräparat ist gebrauchsfertig.

Dieses Verfahren ist typisch für das Vorgehen der Gentechniker. Das Grundprinzip ist immer, die Bauanleitung für den Wirkstoff, den man herstellen will, in eine Zelle einzuschleusen, die ihn dann mehr oder weniger unfreiwillig produziert. Nun ist Insulin noch ein relativ einfach aufgebautes Eiweiß – es besteht aus rund 100 Aminosäuren. Andere Wirkstoffe sind komplizierter. Um sie künstlich herzustellen, genügt oft ein einfaches Kolibakterium nicht mehr. Die Gentechniker greifen dann zu anderen Wirtszellen, zu Hefezellen oder Schimmelpilzen, zu Tier- oder gar Menschenzellen. Man kann sie per Katalog kaufen – tiefgefroren in flüssigem Stickstoff.

Bakterien, Hefezellen oder Schimmelpilze machen es den Genforschern recht leicht, denn sie sind robust und an das Leben als Einzelzelle gewöhnt. Sie begnügen sich meist mit warmem Wasser, Zucker und ein paar Nährsalzen. Schwieriger ist es, Säugetierzellen zu kultivieren. Sie sind an ein Leben im Verbund gewöhnt und benötigen eine komplizierte Umgebung, damit sie sich vermehren können. Die Wissenschaftler müssen für sie ein körperähnliches Ambiente schaffen. Dies geschieht in sogenannten Bioreaktoren, die elektronisch geregelt Temperatur, Sauerstoffgehalt und chemische Zusammensetzung konstant halten.

Mit gentechnisch veränderten Hefezellen gelang es zum Beispiel 1986, endlich einen Impfstoff gegen die gefährliche Lebererkrankung Hepatitis B zu entwickeln. Herkömmliche Impfstoffe bestehen aus abgetöteten oder zumindest abgeschwächten Krankheitserregern, die den Körper in Alarmbereitschaft versetzen und seine Immunabwehr aufbauen und stärken, ohne selbst die Krankheit auszulösen. In den achtziger Jahren erkannte man, daß die Abwehrzellen und Antikörper des Immunsystems nicht den Krankheitserreger als Ganzes erkennen. Vielmehr reagieren sie lediglich auf ganz spezielle Merkmale auf der Oberfläche der Erreger. Wenn man diese Merkmale genau kennt und sie genetisch nachbauen kann, läßt sich auch eine Bauanleitung dafür in entsprechende Wirtszellen einschleusen. Und genau wie bei der Insulinherstellung produziert die manipulierte Zelle – in diesem Fall die Hefezellen – Eiweiße mit den erwünschten Merkmalen auf ihrer Oberfläche. Wenn man Menschen damit impft, erkennt das Immunsystem den vermeintlichen Feind und aktiviert sich, ohne daß die Gefahr besteht, daß der Mensch erkrankt. Pläne, nach diesem Muster auch Krebs und Aids zu bekämpfen, beflügeln die Phantasie vieler Forscher. Realisieren konnte man sie bisher zwar nicht, aber vielleicht ist dies nur eine Frage der Zeit.

Andere Medikamente, die in Genlabors entwickelt wurden, sind hingegen bereits lange in Anwendung. Dazu gehören unter anderem das Wachstumshormon Somatotropin, das früher mühsam aus den Hirnanhangdrüsen sezierter Leichen gewonnen werden mußte; dazu gehört Interferon, das einst als Wundermittel überschätzt, inzwischen aber als Heilmittel gegen Krebs und rheumatische Beschwerden eingesetzt wird, und dazu gehört der Blutgerinnungsfaktor VIII, der für Bluter lebenswichtig ist und keine Aids-Gefahr mehr birgt.

In den neunziger Jahren hat sich die Gentechnik zu einem beachtlichen Wirtschaftsfaktor entwickelt, vor allem im Ausland. In Deutschland, wegen seiner restriktiven Politik unter Gentechnikern gefürchtet, wurden 1995 zwar immerhin rund 1000 Experimente auf diesem Gebiet durchgeführt, aber nur 50 davon in der Industrie. Gentechnische Produktionsstätten sind hierzulande selten. In Japan hingegen existierten Ende 1990 bereits mehr als 130 Produktionsanlagen, in 76 davon wurden pharmazeutische Produkte hergestellt. In den USA sind weit über 100 Firmen bekannt, die sich auf gentechnische Produkte spezialisiert haben. 1993 waren allein in Deutschland bereits 90 gentechnisch hergestellte Medikamente zugelassen.

Angesichts der hohen Investitionen sind natürlich auch die Erwartungen für die Zukunft hoch. So begannen Anfang der neunziger Jahre Forscher und Forschergruppen, die von ihnen entschlüsselten genetischen Bauanleitungen patentrechtlich schützen zu lassen. Zunächst ging es nur um die genetischen Schlüssel für pharmazeutische Wirkstoffe. So gehört das Patent für ein blutbildendes Präparat der Firma Amgen, das Patent auf das Wachstumshormon hält die University of California. Da man aber die Gene des Menschen inzwischen schneller entziffern kann, als man ihre Bedeutung versteht, gehen am Ende des 20. Jahrhunderts immer mehr Forscher und Firmen dazu über, ganze Genabschnitte patentrechtlich schützen zu lassen, noch bevor irgend jemand überhaupt weiß, wofür sie codieren. Ein großes Monopoly-Spiel: Jeder versucht, so schnell wie möglich soviel wie möglich in seinen Besitz zu bringen, um später in Ruhe nachprüfen zu können, um was es sich da eigentlich handelt. Und natürlich immer in der Hoffnung, die ultimative Gensequenz zu ergattern – mit deren Hilfe er das Wundermittel gegen Krebs, Aids oder Altern erzeugen kann. Bis zum Jahr 2000 werden Firmen, Institute und Regierungen das Erbgut des Menschen unter sich aufgeteilt haben. Die Schöpfung, einst Domäne der Theologen, wird so zum Revier der Patentanwälte; ethisch motivierte Forschung verkommt zur reinen Geschäftemacherei.

Der Drang, mit allem und jedem Geld zu verdienen, ohne Rücksicht auf moralisch-ethische Normen, ergriff gegen Ende des 20. Jahrhunderts auch die Fortpflanzungsmedizin. Nun blieb das Bestreben der Forscher, Leben zu verändern, nicht mehr auf die Veränderung der Erbsubstanz beschränkt. Seit man gelernt hatte, mit einzelnen Zellen fast beliebig umzugehen, und weil die Hemmungen gegen Eingriffe in Lebewesen durch die zunehmende Mechanisierung der mikrobiologischen Vorgehensweise reduziert waren, nahm der Wunsch zu, die menschliche Fortpflanzung ebenso zu regeln wie die Zucht von Tieren oder die Produktion von Pflanzen. Bestärkt wurden diejenigen, die diesen Wunsch hatten, durch den Anspruch vieler Menschen, ihre ungewollte Kinderlosigkeit im Zeichen des wissenschaftlichen Fortschritts zu überwinden. War nicht auch das Gegenteil gelungen? Hatte nicht die Entdeckung des weiblichen Hormons und die darauf folgende Erfindung der Antibaby-Pille es den Beteiligten ermöglicht, über die Erzeugung von Nachwuchs autonom zu bestimmen?[18]

1978 brachte die britische Hausfrau Lesley Brown das erste »Retortenbaby« zur Welt, ihre Tochter Louise. Die Zeugung war im Reagenzglas erfolgt. Dort hatten Wissenschaftler eine Eizelle der Mutter mit dem Samen des Vaters verschmolzen und die befruchtete Zelle in den Uterus der Mutter eingepflanzt. Der Fall erregte weltweites Aufsehen. Die »Fortpflanzungsmedizin« entwickelte sich daraufhin zu einem eigenen Gebiet. Seit 1978 wurden beim Wissen über die künstliche Empfängnis große Fortschritte erzielt. Unfruchtbaren Paaren, die sich ein Kind wünschen, stehen nunmehr verschiedene Techniken der künstlichen Befruchtung zur Verfügung, angefangen von der Injektion des männlichen Spermas in die Gebärmutter der Frau bis hin zur Befruchtung einer Eizelle mit Sperma aus einer Samenbank und anschließender Einpflanzung des befruchteten Eis in eine Leihmutter.

Trotz aller technischen Fortschritte bleibt das gesamte Gebiet umstritten. Einhellig war die Ablehnung jedoch, als am 24. Oktober 1993 bekannt wurde, daß der Genetiker Jerry L. Hall an der Universität Washington menschliche Embryonen vervielfältigt hatte.[19] Er und sein Team teilten 17 winzige menschliche Embryonen in einzelne Zellen auf und ließen diese sich entwickeln, ein Vorgang, der bei Tieren längst Routine ist. Nun war also der Mensch an der Reihe. Ein Aufschrei ging durch die Presse, die Öffentlichkeit reagierte bestürzt, von »Klonen« war die Rede, und es wurde an Aldous Huxleys Roman ›Schöne neue Welt‹ erinnert, in dem dieses Verfahren zur Erzeugung von Normmenschen beschrieben wird. Klonen ist zwar strenggenommen etwas anderes: die Rekonstruktion eines ganzen Lebewesens aus einer einzigen Körperzelle. Doch groß ist der Unterschied zu Halls Unternehmung nicht, und die Horrorvorstellungen von »Viellingen« oder von einem eingefrorenen Doppelgänger als Organbank sind ein Stück nähergerückt. Welche Perversionen der ursprünglich gutgemeinten Idee, unfruchtbaren Paaren zu einem

Kind zu verhelfen, entstehen konnten, zeigt der Fall der Engländerin Mandy Allwood, die 1996 den vergeblichen Versuch unternahm, Achtlinge auszutragen, die sich durch eine Hormonbehandlung in ihrem Uterus gebildet hatten. Motiviert wurde sie durch Millionenhonorare, die ihr von Presseorganen im Erfolgsfall zugesagt worden waren.

Lebewesen als Experimentiermaterial, der Mensch als Versuchsfeld für genetische Verbesserungen: Die Wissenschaft hat sich von Gott emanzipiert. Die Sorge, einem Schöpfer ins Handwerk zu pfuschen, ist im Laufe des 20. Jahrhunderts immer geringer geworden. Viele Forscher stellten sich bereits die Frage, ob ein solcher Schöpfer zur Schaffung des Lebens überhaupt nötig war. Die Meinungen gingen auseinander, die Situation unterschied sich damit kaum von der in den ersten Jahrzehnten des Jahrhunderts. Damals, als Schrödinger die Frage stellte »Was ist Leben?«, diskutierte man noch in erster Linie die rätselhafte Tatsache, daß Leben immer aus einer gewissen Ordnung entsteht, die aus dem Chaos hervorgeht. Da aber alle anderen physikalischen Prozesse die Neigung zeigen, das Chaos, also die Unordnung, zu vergrößern, vermuteten viele Gelehrte zunächst, daß dem Leben ein gewisses göttliches Streben, ein höherer Wille innewohnen müsse. Schließlich, so argumentierte man damals, widerspräche die Bildung lebendiger Strukturen dem Zweiten Hauptsatz der Thermodynamik, der gerade damals (und bis heute) als eines der Dogmen der physikalischen Welt galt.

Das Rätsel wurde inzwischen gelöst. Wissenschaftler haben erkannt, daß lebendige Systeme nicht in sich abgeschlossen sind. Sie verbrauchen Energie in Form von Nahrung, und diese Energie befähigt sie dazu, in ihrem Inneren eine höhere Ordnung zu etablieren. Mit anderen Worten: Zwischen einem lebenden System und seiner Umwelt besteht zwangsläufig ein starkes thermodynamisches Ungleichgewicht, das nur durch ständige Energiezufuhr aufrechterhalten werden kann. Bleibt diese Energiezufuhr aus, stirbt das System und fällt der allgemeinen Unordnung in seiner Umwelt zum Opfer.

Trotzdem bleibt die Frage: Wie ist es zum erstenmal einem System gelungen, sich so zu organisieren, daß es dieses Ungleichgewicht gegenüber seiner Umwelt aktiv aufrechterhalten konnte? Durch Zufall kann es nicht geschehen sein. Daß sich nämlich auch nur ein Einzeller zufällig aus Eiweiß, Fett und Wasser zusammengefügt hat, »ist ungefähr so wahrscheinlich wie der zufällige Zusammenbau eines zerschellten Jumbo-Jets, wenn der Sturm über die Trümmer fegt«, spottete der weltberühmte Astronom Fred Hoyle. Wie ist also Leben auf der Erde entstanden? Auch diese Frage wurde wissenschaftlich erst im 20. Jahrhundert untersucht, allerdings fehlt bisher eine gültige Antwort.

Es gibt viele Theorien. Die gängige Lehrmeinung seit den sechziger Jahren ging davon aus, daß es vor etwa vier Milliarden Jahren auf der Erde eine Art »Ursuppe« gegeben haben muß, in der Bedingungen geherrscht haben, unter denen relativ komplizierte organische Moleküle, beispielsweise Nukleinsäuren, entstehen konnten. Damals soll die Atmosphäre sauerstofffrei gewesen sein und Wasserdampf, Ammoniak und Methan enthalten haben. Unter solchen Verhältnissen können sich in der Tat einfache organische Moleküle bilden, wie Stanley L. Miller im Experiment bewiesen hat: 1953 erregte er schon als Student mit seiner »Initialzündung« im Labor öffentliches Aufsehen. Mit Funkenentladungen in einer Mischung aus Ammoniak, Wasserstoff, Methan und Wasser ahmte er die »Ur-Atmosphäre« nach. Tatsächlich entstanden darin Aminosäuren.

Bei dieser Art der Entstehung von Leben sind hohe Energiemengen nötig, an denen es aber in der Frühzeit der Erde nicht gemangelt haben dürfte. Man denkt an intensive ultraviolette Strahlung, aber auch an Blitze, an Meteoriteneinschläge, Vulkanausbrüche und ähnlich dramatische Ereignisse. Das Wasser im Meer, aber auch in kleinen Tümpeln, sei damit zu einer Ursuppe geworden, in der einfache organische Verbindungen unherschwammen. Extreme Temperaturschwankungen hätten aus diesen einfachen Bausteinen kompliziertere Moleküle entstehen lassen.

Bei genauerem Hinsehen zeigt sich jedoch, daß viele Einzelheiten dieser Theorie äußerst unwahrscheinlich sind. Derartig hohe Methan- und Ammoniakkonzentrationen dürfte es wohl nie gegeben haben, und das Zusammentreffen so vieler Zufälle ist kaum anzunehmen. Diese Theorie, die lange Zeit relativ unangefochten galt, dürfte also kaum zu halten sein. Sie wurde auch von Manfred Eigen angefochten, der in seinem Buch ›Stufen zum Leben‹[20] vorrechnet, daß »während eines Zeitraums von einer Milliarde Jahren in einer – die gesamte Erdoberfläche bedeckenden – ein Zentimeter dicken Flüssigkeitsschicht bei einer Nukleinsäurekonzentration von einem Gramm pro Liter ständig Moleküle entstehen und zerfallen« müßten, damit sich ein Lebewesen mit einer auch nur kurzen Gensequenz von 1000 Basenpaaren bilden könnte. »Dazu kommt«, so fährt er fort, »daß die Bedingungen für eine natürliche Synthese auf der frühen Erde als in mehrfacher Hinsicht überschätzt gelten dürfen. Realistische Konzentrationen gelöster Nukleinsäuren liegen um Größenordnungen niedriger als ursprünglich angenommen. Die Synthesezeiten sind – besonders in den primitiven Anfangsstadien der Evolution – erheblich länger gewesen.«

Die Frage der Entstehung des Lebens auf der Erde ist also noch nicht geklärt. Anfang der neunziger Jahre jedoch machte ein Mann von sich reden, der als Außenseiter gilt. Der Münchner Patentanwalt Günter Wächtershäuser entwickelte eine Theorie über die Entstehung des Lebens, die alle bisherigen Vorstellungen über den Haufen wirft. Dabei stellte er sich die Grundfrage: Welche Nahrung war am Anfang vorhanden? Denn wenn etwas Neues entstehen soll, muß immer ein Ausgangsprodukt vorhanden sein, also Nahrung. Um hier zu einer Entscheidung zu kommen, ging er von den heutigen biologischen Gegebenheiten aus. Er fragte: Welche Nahrung wird denn heute in biologischen Systemen verwendet? Es gibt die Pflanzen, die produktiv tätig sind und ihren Organismus aus Kohlendioxid und Wasser unter Zuhilfenahme von Licht aufbauen, und die Tiere, die von der Arbeit der Pflanzen leben, indem sie diese fressen. Pflanzen sind also Produzenten, Tiere Konsumenten. Auch bei den Bakterien gibt es diese beiden Grundtypen: pflanzenartige und tierartige Bakterien. Das Koli-Bakterium zum Beispiel ist ein typischer Parasit. Andere, wie Zyano- oder Purpurbakterien leben von Licht und Kohlendioxid.

So kam Wächtershäuser zu dem Ergebnis: Es gibt grundsätzlich zweierlei Nahrung. Die sogenannten Heterotrophen fressen organische Nahrung, also Zucker, Eiweiß und andere organische

Verbindungen, und die »Autotrophen« fressen eine ganz primitive Ausgangssubstanz, nämlich Kohlendioxid. Von dieser Grundalternative ging er aus, um das Chaos der Möglichkeiten einzuschränken.

Dann entschied er sich dafür, daß die Urformen des Lebens autotroph sein und sich nur von den einfachsten chemischen Verbindungen ernährt haben müßten, die es damals gab, also von Kohlendioxid und Wasser. Die Ursuppentheorie hatte ja das Gegenteil behauptet: Die ersten Organismen brauchten nach ihrer Vorstellung bereits organische Verbindungen, um sich zu ernähren.

Wenn man jedoch aus Kohlendioxid Zucker machen will, benötigt man Energie. Woher kommt sie? Wenn man die Idee verfolgt, daß der erste Organismus Kohlendioxid frißt, braucht man eine relativ starke Energiequelle. Sie muß aber am Organismus selbst wirksam sein, deshalb muß diese Energie mild sein. Kein UV-Licht, kein Blitz, denn das hält ein Organismus nicht aus, sondern etwas ganz Sanftes. Dafür kommt – so Wächtershäuser – nur eine chemische Energiequelle in Frage. Ein chemisches Potential, ähnlich einer Taschenlampenbatterie. So kam er auf Pyrit. Es ist das stärkste Reduktionsmittel, welches in der Natur zur Verfügung steht, und es besteht aus Schwefel und Eisen.

Inzwischen gibt es auch experimentelle Hinweise, daß diese Reaktion bei der Entstehung des Lebens grundlegend war: Karl Otto Stetter von der Universität Regensburg zeigte gemeinsam mit seinen Mitarbeitern, daß die von Wächtershäuser vorgeschlagenen chemischen Reaktionen auch im Labor stattfinden, und zwar unter Bedingungen, die geochemisch plausibel sind: in einer 100 Grad heißen, neutralen wäßrigen Lösung. Eine Expedition Stetters zu unterseeischen Vulkanen bestätigte Wächtershäusers Theorie: Der Mikrobiologe fand dort Lebewesen, die sich ohne Kontakt zur Außenwelt in ihrer eigenen Evolution entwickelt hatten: schwefelfressende Bakterien, Röhrenwürmer und blinde Riesenkrebse. Ihre genetische Analyse ergab, daß es sich um die Nachkommen der ältesten Lebewesen der Erde handelt. Außerdem fand Stetter in der Tiefsee auch Pyrit – ein weiterer Hinweis auf die Haltbarkeit der neuen Theorie.

Mit Hilfe der Pyrit-Reaktion konnten – so Wächtershäuser –

organische Produkte entstehen, und zwar direkt auf der Pyritoberfläche. Auf diese Weise kam ein zweidimensionales Reaktionssystem zustande. Das Festsetzen auf der Oberfläche ist die zweite Bedingung, welche die Entstehung des Lebens als Organisationsprinzip erst ermöglichte. Von außen kommen Einheiten, die sich anlagern. So bildet sich nach und nach auf der Pyritoberfläche eine Haut aus organischen Bestandteilen, während das Pyritkorn immer weiter wächst. Je größer es aber wird, desto kleiner wird die Oberfläche im Vergleich zum Volumen. Da die Menge des organischen Materials dem Volumen entspricht (denn die Pyritmasse entsteht ja bei der Reaktion als Äquivalent), aber auf der Oberfläche Platz finden muß, kommt es immer mehr ins Gedränge. Deshalb findet nun ein Entwicklungsprozeß statt, bei dem sich immer mehr organisches Material ansammelt und am Ende eine geschlossene Haut, eine Membran, bildet. Diese Membran besetzt alle aktiven Stellen und erstickt damit das weitere Wachstum. Sie versiegelt quasi die Oberfläche.

Weiteres Wachstum ist dann nur dadurch möglich, daß ein neuer Kristall zu wachsen beginnt. Beim Pyrit bilden sich neue Kristalle im allgemeinen aber nur auf einem bereits vorhandenen Kristall. Wenn nun diese neuen Körnchen wachsen, bildet sich ein knospenfömiges Gebilde. Es sieht aus wie eine Himbeere: Himbeerpyrit, eine bekannte Erscheinungsform dieses Minerals.

Wenn sich das zweite Körnchen ablöst, entspricht dies einer Zellteilung: Aus einer Struktur wurden zwei gleiche. Aber im Inneren der »Zellen« ist immer noch Pyrit vorhanden. Das ist jedoch zunächst für den Organismus vorteilhaft, weil ihm ja dadurch immer noch im Inneren die Pyritoberfläche für den Stoffwechsel zur Verfügung steht. Die Membran löst sich allmählich von dem Körnchen ab, und der Hohlraum füllt sich mit einer wäßrigen Lösung organischer Produkte. In diesem Stadium – so glaubt Wächtershäuser – konnte der Organismus in aller Ruhe all jene »Apparate« entwickeln, die er für einen Stoffwechsel benötigt, die genetische Maschinerie, Nukleinsäuren, Proteine, Enzyme. Dazu Systeme, die die Membran für bestimmte Stoffe durchlässig machen.

Der Vorteil ist laut Wächtershäuser, daß die Membran für die Nahrung durchlässig ist. Diese wird im Inneren zu organischer

Substanz aufgebaut. Alles, was zum Wachstum der Zelle nötig ist, kommt also von innen. Ein faszinierender Gedanke, wie aus völlig leblosen Stoffen, nämlich Kohlendioxid, Wasser, Schwefel und Eisen schließlich komplexe Gebilde entstehen, die Nahrung verarbeiten und sich vermehren. Wächtershäuser hat die einzelnen chemischen Reaktionen genau durchdacht und seine Überlegungen so weit getrieben, daß er sogar schon die Entstehung der Gene erklären kann.

Eine dritte Theorie steht in Konkurrenz zu Millers und Wächtershäusers Erklärungen. Der Zürcher Chemiker Albert Eschenmoser geht von der Vorstellung aus, daß die Grundbausteine für organisches Leben aus dem Weltall auf die Erde getragen worden sind und dort begonnen haben, sich in geordneter Weise miteinander zu verbinden. Daraus, so Eschenmoser, habe sich dann eine höhere Organisation herausgebildet, die in der Lage war, sich selbst zu reproduzieren.

In der Tat wurden organische Moleküle wie Kohlenwasserstoffe, Ameisensäure, Essig und Alkohole in den kosmischen Staubwolken aufgrund ihrer Strahlenabsorption bereits nachgewiesen. Es wäre durchaus denkbar, daß sie auf der Erde landen konnten. Eschenmoser versucht nun, experimentell Bedingungen nachzustellen, wie sie möglicherweise in der Frühzeit der Erde geherrscht haben. Tatsächlich hat der Chemiker Mitte der neunziger Jahre nachweisen können, daß primitives Leben in seinen Reagenzgläsern entstanden war. Sein Kollege, der Chemiker Pier Luigi Luisi, versucht den nächsten Schritt zu simulieren und aufzuzeigen, wie aus diesen Vorformen schließlich Zellen entstehen konnten. Dazu verwendet er Lipidtröpfchen, die im Wasser winzige Bläschen formen. In ihrem Inneren ist es ihm schon gelungen, Gene am Leben zu erhalten. Bis zum Ende des 20. Jahrhunderts will er zeigen, daß sich im Inneren der Lipidbläschen, geschützt durch die hauchdünne Membran, ein chemischer Apparat aufbauen kann, der in der Lage ist, eine Verdoppelung der »Zelle« herbeizuführen. »Wir glauben nicht mehr an eine Schwelle zwischen Tod und Leben«, so Luisi, »es ist ein allmählicher Übergang«.[21]

So liegt zwar am Ende des 20. Jahrhunderts der Ursprung des Lebens noch im Dunkeln, aber der Mythos der Schöpfung ist gründlich entzaubert. Triumph für die einen, Frevel für die anderen: Vorstellungen, Leben sei etwas Göttliches, etwas Einmaliges, etwas vom Menschen nicht Nachahmbares, haben sich als falsch herausgestellt. Wieder einmal, wie so häufig im 20. Jahrhundert, hat die Naturwissenschaft die Religion zum Rückzug gezwungen. Die Schöpfung, so scheint es zur Jahrtausendwende, war ein chemischer Prozeß, der kein »höheres Wesen« benötigte.

Kapitel 5

Die Mechanisierung des Menschen

Die medizinische Forschung beginnt, Kranke zu »reparieren«

Obwohl die Medizin im 19. Jahrhundert gewaltige Fortschritte gemacht und im Vergleich zu den Epochen davor ungeahnte Möglichkeiten zur Heilung von Krankheiten entwikkelt hatte, waren der Mensch, seine Funktionen und seine Krankheiten zu Beginn des 20. Jahrhunderts immer noch weitgehend ein Rätsel. Heilerfolge beruhten damals im allgemeinen auf Erfahrung oder Zufall. Dies gilt beispielsweise für die Bekämpfung des gefürchteten Hospitalfiebers, einer mit Wundinfektionen verbundenen Erkrankung mit hoher Sterblichkeit. Sie trat in den Kriegslazaretten und Hospitälern der großen Städte auf und machte dort vielfach die Erfolge chirurgischer Maßnahmen zunichte. Das gleiche Krankheitsbild zeigte das Kindbettfieber. Kritische Beobachter wie der Geburtshelfer Ignaz Semmelweis erkannten zwar die infektiöse Ursache, aber die Erreger waren nicht bekannt. Das von Joseph Lister in England eingeführte Versprühen von Karbolsäure und die antiseptische Wundbehandlung mit karbolsäuregetränkten Verbänden brachten hier erste Erfolge und wurden in den sechziger Jahren des 19. Jahrhunderts auch auf dem Kontinent eingeführt. Aber erst als Robert Koch 1877 die Erreger der Wundinfektionskrankheit entdeckt hatte, erhielten die von ihm entwickelten Verfahren der Desinfektion und vor allem die Dampfsterilisation auch eine theoretische Begründung.

Damals kamen viele neue Verfahren und Erkenntnisse auf allen Gebieten der Naturwissenschaften der Heilkunde zugute. So widmete man sich erstmals mit systematischen Methoden der Erforschung von Krankheitsursachen: Seit der Mitte des 18. Jahrhunderts war die Sektion von Verstorbenen, deren Beschwerden und Befunde zu Lebzeiten beobachtet worden waren, zunehmend üblich geworden. Es entwickelte sich die pathologische Anatomie als eigenes Forschungsgebiet, die seit den dreißiger Jahren des 19. Jahrhunderts zur Basiswissenschaft der klinischen Medizin wurde. Der Bau zusammengesetzter Lichtmikroskope erlaubte es damals bereits, auch kleinere Bestandteile der Organe und Gewebe und schließlich die Zellen als Grundbausteine des pflanzlichen und tierischen Organismus zu erkennen. Rudolf Virchow gelang so der Nachweis, daß den Zellen im gesunden und kranken Organismus eine bestimmende Funktion zukommt. Mit Hilfe der verbesserten Mikroskope brachte er es fertig, die Entstehung einer Gruppe von Krankheiten aufzuklären, von denen man aus Erfahrung wußte, daß sie auf irgendeine Weise von Mensch zu Mensch weitergereicht werden. Diese seuchenhaft auftretenden Erkrankungen verbreiteten noch im 19. Jahrhundert Schrecken und Tod. Typhus, Ruhr, Pocken, Diphtherie, Schwindsucht gehörten ebenso dazu wie Fleckfieber; als neue Infektionskrankheit wurde die Cholera eingeschleppt, die in einer Pandemie in den Jahren 1863 bis 1866 viele Opfer forderte.

Nachdem es in den sechziger Jahren des 19. Jahrhunderts gelungen war, synthetische Anilinfarben herzustellen, ließen sich Gewebe anfärben, so daß deren Strukturen im Mikroskop erkennbar wurden. Die gleiche Färbetechnik erlaubte es auch, Bakterien zu erkennen und zu unterscheiden. Die Untersuchungen von Louis Pasteur über die parasitären Erkrankungen von Seidenraupen und insbesondere die Arbeiten von Robert Koch leiteten das Zeitalter der Bakteriologie ein. Koch und seine Schüler konnten die Erreger der meisten Infektionskrankheiten in den folgenden zwei Jahrzehnten nachweisen. Er selbst entdeckte 1882 den Tuberkelbazillus und zwei Jahre später den Erreger der Cholera. Zumindest die Bekämpfung der Infektionskrankheiten konnte sich nunmehr auf die gesicherte Kenntnis der Ursachen und der Verbreitungsweise stützen.[1] In der Diagnostik setzten sich ebenfalls neue Methoden durch, wenn hier auch zunächst Erfahrung und Empirie noch die entscheidende Rolle spielten.

Außer den Verbesserungen bei Diagnose und Behandlung erfolgten im 19. Jahrhundert entscheidende sozialstrukturelle Eingriffe, die den Kranken in vorher nicht gekanntem Ausmaß einen Anspruch auf ärztliche Betreuung sicherten. Gemeint ist die Einführung der sozialen Krankenversicherung in Deutschland, mit der nach 1883 auch für den Arztberuf eine veränderte Situation eintrat. Von nun an war der Kassenarzt die Schlüsselperson der gesundheitlichen Versorgung, die Betreuung durch Armenärzte für die Mittellosen und durch Hausärzte für das wohlhabende Bürgertum wurde damit abgelöst. Bis zum Ende des Jahrhunderts hatten auch die Krankenhäuser einen beachtlichen Leistungsstand erreicht. 1883 wurde die Krankenversicherung aufgrund einer Initiative Otto von Bismarcks für Arbeiter Pflicht. Von da an hatten Arbeitnehmer das Recht, sich unentgeltlich ärztlich behandeln zu lassen, außerdem erhielten sie bei länger andauernder Krankheit eine Beihilfe. Ähnliche staatlich geregelte und kontrollierte Pflichtversicherungen entstanden in den folgenden Jahren in allen europäischen Ländern. In den USA verlief die Entwicklung anders, dort wurde erst 1965 ein »Medicare-Gesetz« erlassen, vorher gab es nur freiwillige Initiativen. Allerdings hatten die Regelungen zur Kostenübernahme der ärztlichen Versorgung auch einen gravierenden Nachteil: Sie ließen die Kosten für die medizinische Versorgung stark ansteigen, ein Problem, mit dem die Krankenkassen auch noch Ende des 20. Jahrhunderts zu kämpfen haben.

Mit den organisatorischen Veränderungen und mit den neuen wissenschaftlichen Erkenntnissen ging ein Einstellungswandel einher, der tiefgreifender kaum hätte sein können: Die Vorstellung, Krankheit sei eine Strafe Gottes, die jahrhundertelang das Denken der Menschen beherrscht hatte, wurde nun abgelöst von der Erkenntnis, daß Umwelteinflüsse für die meisten Erkrankungen verantwortlich waren. Damit wurde aber gleichzeitig dem Patienten die Verantwortung für die eigene Krankheit genommen. Sie ging nun über an die Ärzte und das Gesundheitswesen.

Trotz der zunehmenden medizinischen Erfolge, die noch ergänzt wurden durch Fortschritte in Narkosetechnik und Chirurgie, bot die Medizin zu Beginn des 20. Jahrhunderts im Vergleich zu heute einen relativ ärmlichen Zustand. Leidtragende waren die Kranken: Dinge wie Antibiotika, Röntgenaufnahmen oder viele chirurgische Routineeingriffe waren um 1900 noch nicht möglich, gar nicht zu reden von extremen medizinischen Leistungen wie Organtransplantationen, endoskopischen Eingriffen oder Computertomographie.

Bis zum Beginn des Ersten Weltkriegs war Deutschland der Mittelpunkt der medizinischen Welt. Deutsche Lehrbücher waren Standardwerke, und in den ersten 20 Jahren des 20. Jahrhunderts gingen allein zwölf Nobelpreise für Chemie und Medizin an deutsche Forscher. Das änderte sich spätestens im Zweiten Weltkrieg. Abgeschnitten von der internationalen Forschung, blieb der medizinische Standard in Deutschland auf dem Vorkriegsniveau stehen. In der Chirurgie beispielsweise dauerte es rund zwölf Jahre, bis die Deutschen wieder international Anschluß gefunden hatten.

Kurz vor der Jahrhundertwende waren die Röntgenstrahlen entdeckt worden: Diese Errungenschaft war auch die erste, die im 20. Jahrhundert eine auffällige Verbesserung der medizinischen Versorgung brachte. Die Industrie entwickelte schnell Geräte, mit denen Aufnahmen der verschiedensten Körperteile möglich wurden, und die medizinische Diagnostik erhielt damit völlig neue Möglichkeiten. So gab es zunehmend Röntgen-Reihenuntersuchungen, die dazu beitrugen, Tuberkulosekranke ausfindig zu machen und damit die Ansteckungsgefahr zu vermindern.

Auch in der Knochenchirurgie wurden die neuen Strahlen bald unentbehrlich. Allerdings unterschätzte man zu Beginn des Jahrhunderts bei weitem das Risiko von Röntgen- und radioaktiver Strahlung. Der völlig unkritische Glaube an die Wunderstrahlen führte dazu, daß praktisch in jedem Schuhgeschäft ein Röntgengerät stand und daß manche Patienten mit radioaktiven Strahlenquellen behandelt wurden, die sie ständig bei sich tragen mußten oder die ihnen sogar in den Körper eingepflanzt wurden – viele dieser menschlichen Versuchskaninchen starben in der Folge an Krebs. Erst in der zweiten Hälfte des 20. Jahrhunderts setzte sich die Erkenntnis durch, daß Strahlung Krebs und Erbschäden verursachen kann und deshalb nur in sehr begrenztem Umfang angewandt werden darf.

Eine wichtige Entdeckung, die in der Öffentlichkeit heute oft vergessen wird, nennt der Chirurg Hans Schwabe in seiner Chirurgiegeschichte: »Das Jahr 1901 brachte für die Behandlung von schwer ausgebluteten Verletzten und auch für die Durchführung großer chirurgischer Eingriffe eine ganz entscheidende Neuigkeit. Landsteiner entdeckte in Wien die menschlichen Blutgruppen [...]. Landsteiner war es übrigens auch, der im Jahr 1940 den sogenannten Rhesusfaktor im menschlichen Blut entdeckte, auch dieser ist für die Transfusionstherapie von entscheidender Bedeutung.«[2]

Die augenscheinlichsten Fortschritte bei der Behandlung von Krankheiten brachte jedoch die Entwicklung synthetischer Medikamente. Im ersten Viertel des 19. Jahrhunderts standen an Arzneimitteln, deren Wirkung gesichert und anerkannt war, nur wenige Stoffe, meist pflanzlicher Herkunft, zur Verfügung. Die fiebersenkende Wirkung der Chinarinde, die Schmerzlinderung durch Opium, die Ausschwemmung von Körperflüssigkeit bei Herzkranken durch einen Aufguß von Fingerhutblättern, die belebende Wirkung von Wein und anderen alkoholischen Getränken gehören zu den klassischen Beispielen. Daß es daneben eine kaum überblickbare Fülle von Arzneizubereitungen gab, deren Anwendung nicht immer von Nutzen war, sondern vielfach infolge hoher Dosierung sogar Schaden verursachte, ließ manche Ärzte vorsichtig werden, andere zogen natürliche Heilverfahren oder die Homöopathie vor, nicht wenige gaben sich einem therapeutischen Nihilismus hin.

Eine Änderung trat mit der Einführung erster künstlich gewonnener Stoffe ein. 1859 gelang Hermann Kolbe die Synthese der Salizylsäure, die sich bei der Behandlung von Fieber, Schmerzen und rheumatischen Beschwerden bewährte. Weitere ebenfalls synthetisch hergestellte Fiebermittel erweiterten das Arsenal des Arztes erheblich. So wurden in der zweiten Hälfte des 19. Jahrhunderts als Ersatz des als Schlafmittel und zur Schmerzlinderung bewährten Opiums mehrere synthetisch gewonnene Stoffe eingeführt. Die bereits seit Ende des 18. Jahrhunderts bekannte Wirkung der Digitaliszubereitungen bei Herzinsuffizienz konnte um die Jahrhundertmitte durch Tierversuche experimentell bestätigt werden. Mit der Einführung der Tollwutbehandlung mit aktiver Schutzimpfung 1885 durch Louis Pasteur begannen schließlich die Bemühungen, Infektionskrankheiten durch Immunisierung zu bekämpfen.

Aber erst nach der Jahrhundertwende folgten Entdeckungen, die zu den später unentbehrlichen Medikamenten und Impfstoffen führten: Der Reigen begann mit Emil von Behring, der ein Serum gegen die damals noch häufige und gefährliche Diphtherie entwickelte. 1921 setzte er sich fort mit der Entdeckung des Insulins durch die beiden Amerikaner Banting und Best, ein Ereignis, das dazu führte, daß Insulin zur Behandlung von Zuckerkranken in ausreichenden Mengen produziert werden konnte. 1928 schließlich folgte die Entdeckung, die die gesamte Medizin revolutionierte: Alexander Fleming stellte bei Versuchen fest, daß der Schimmelpilz »Penicillium notatum« das Wachstum von Bakterien hemmen konnte. Er veröffentlichte seine Erkenntnisse, aber erst 1940 kam in den USA das erste Penicillin auf den Markt. 1935 schließlich fand der deutsche Pathologe Gerhard Domagk das erste Sulfonamid.

Als im Jahr 1846 in Boston die erste Operation unter Äthernarkose erfolgreich verlaufen und der Patient schmerzfrei geblieben war, verbreitete sich die Nachricht von diesem Ereignis sehr schnell auch in Europa. Schon wenige Wochen später wurde in England und dann auf dem europäischen Kontinent die Äthernarkose eingeführt. Im folgenden Jahr benutzte man in Edinburgh erstmals auch Chloroform als Narkosemittel. Beide Verfahren setzten sich rasch durch, das Chloroform vor allem in der Geburtshilfe. Auf Verbandplätzen und in Feldlazaretten wurde, da Ätherdämpfe explosibel sind und bei Laternen- und Kerzenlicht operiert wurde, dem Chloroform der Vorzug gegeben. Erst nach dem Zweiten Weltkrieg gelang es jedoch, die Narkose zu ihrer modernen Form zu verfeinern. Neue Medikamente und bessere Geräte ermöglichten es seit Anfang der fünfziger Jahre, das Narkosemittel unmittelbar in die Lunge des Patienten zu leiten, wozu eine sogenannte Intubation erforderlich ist, die Einführung eines Gummischlauchs in die Luftröhre. Da die Verfahren komplizierter wurden und die Überwachung des Patienten während der zunehmend riskanten Operationen zuverlässig sein mußte, wurde im Jahr 1953 eine neue Spezialausbildung für Ärzte geschaffen, der Facharzt für Anästhesie. Damit war der

Weg frei für die Erfolge der Chirurgie, die sich ebenfalls im 20. Jahrhundert häuften.

Eingriffe an praktisch allen menschlichen Organen waren im 19. Jahrhundert erprobt worden. Nun folgten Verfeinerungen und Verbesserungen der Verfahren. Im Jahr 1904 entwickelte der berühmte Chirurg Ferdinand Sauerbruch, damals noch 29jähriger Assistent in Breslau, eine Methode, die es erlaubte, am offenen Brustkorb zu operieren. In der Lunge herrscht ständig ein leichter Unterdruck, sonst wäre der Mensch nicht in der Lage zu atmen. Öffnet man den Brustkorb, fällt die Lunge sofort in sich zusammen, das Atmen wird unmöglich. Sauerbruch entwickelte einen Unterdruckraum, in dem sich Patient und Chirurgen befanden, nur der Kopf des Patienten ragte, luftdicht abgeschlossen, heraus. Dieses Verfahren funktionierte zwar, aber es war extrem aufwendig. Später hat man es durch eine einfache Methode ersetzt: Man läßt den Patienten durch ein Überdruckventil ausatmen – damit erzielt man die gleiche Wirkung.

Ein weiterer Fortschritt war die Erfindung des Herzkatheters: 1929 bewies Werner Forßmann, ein 25jähriger Mediziner, in einem Selbstversuch, daß es möglich war, eine Sonde durch die Venen bis ins Herz zu schieben, eine Maßnahme, die inzwischen vor Herzoperationen Routine ist, damals aber für unmöglich gehalten wurde. Ebenfalls Ende der zwanziger Jahre entdeckte ein weiterer mutiger Mann, August Bier, im Selbstversuch die Lumbalanästhesie. Hierbei wird ein Betäubungsmittel in den Rükkenmarkskanal injiziert und damit die untere Körperhälfte gefühllos gemacht. So kann man in diesem Bereich ohne Narkose operieren.

Die Knochenchirurgie machte in den dreißiger Jahren große Fortschritte. In Amerika und Schweden wurden erstmals Schenkelhalsbrüche dadurch repariert, daß man die Knochen nagelte. Der Deutsche Gerhard Küntscher entwickelte dann ein Verfahren, lange Röhrenknochen durch einen Nagel in der Markhöhle zu stabilisieren.

Als Christian Barnard 1967 in Kapstadt erfolgreich das erste menschliche Herz verpflanzte, läutete er damit ein neues Zeitalter ein: die Epoche der Transplantationsmedizin. Was allerdings weltweit als medizinische Heldentat gefeiert wurde und in den

Massenmedien ein ungeahntes Echo fand, kam in Wirklichkeit zunächst einem Debakel gleich. Im Rausch der neuen Technik wurden im darauffolgenden Jahr rund um den Globus 101 Herzverpflanzungen durchgeführt, mit niederschmetternden Ergebnissen. Der Amerikaner Denton Cooley beispielsweise nahm 1968/69 allein 24 derartige Operationen vor, mit einer Todesrate von fast 80 Prozent, weil die neuen Herzen vom Körper abgestoßen wurden. Dies veranlaßte Cooley, die Herzverpflanzungen wieder aufzugeben; auch das Montreal Heart Institute, ebenfalls führend in der neuen Technik, stellte derartige Operationen 1970 ein.

Das Team um Norman Shumway an der Stanford University in Kalifornien hingegen begann Anfang der siebziger Jahre, mit Medikamenten zu experimentieren, die die Abstoßung des Gewebes vermindern sollten. Da man dazu das Immunsystem massiv unterdrücken mußte, wurden die Patienten jedoch anfällig für alle Arten von Infektionskrankheiten, was erneut die Sterberate erhöhte. Erst die Entdeckung des Immunologen Jean F. Borel bei der Firma Sandoz GmbH in Basel, der 1970 aus einem in Norwegen heimischen Pilz einen Wirkstoff isoliert hatte, brachte – nach langer Entwicklungsarbeit – den Durchbruch. Bei der Suche nach Zytostatika hatte Borel im Rahmen seiner systematischen Arbeiten das sogenannte Zyklosporin entdeckt, das ihm wegen seiner geringen Giftigkeit auffiel. Als er erkannte, daß der Stoff immunsuppressiv wirkte, kämpfte er bei der Unternehmensleitung von Sandoz dafür, das Präparat weiterzuentwickeln, was ihm schließlich gestattet wurde. Tierversuche erbrachten gute Ergebnisse. Als das Mittel aber 1977 schließlich am Menschen erprobt wurde, zeigte sich, daß die Probanden den Stoff offenbar ausschieden, ohne daß er in der Lage war, ins Blut vorzudringen. Dies ist jedoch entscheidend für die Wirksamkeit. Borel machte einen letzten, verzweifelten Versuch, die Firmenleitung zur Fortsetzung des Erprobungsprogramms zu bringen: Er führte einen Selbstversuch durch, bei dem er Zyklosporin nicht in der üblichen Gelatinekapsel, sondern in einer Mischung aus Alkohol und Tensiden zu sich nahm. Tatsächlich zeigte sich kurz darauf in seinem Blut eine erhebliche Konzentration des Medikaments. Damit war bewiesen, daß auch der menschliche Organismus den immunsuppressiven Wirkstoff aufnehmen konnte. Das Medikament wurde 1978 erstmals bei einer Organtransplantation angewendet, bei einer Nierenverpflanzung an einer Klinik in Cambridge – mit Erfolg. Rasch eroberte es sich einen eigenen Markt, und Organtransplantationen wurden nun wieder möglich. In den ersten zwei Jahren nach der Zulassung des Wirkstoffes in den USA verdoppelte sich dort die Zahl der Lebertransplantationen, die Verpflanzungen von Herz und Bauchspeicheldrüsen verdreifachten sich. 1986 wurden in den USA fast 9000 Nieren verpflanzt, wobei die Überlebensrate der Patienten dramatisch anstieg.

Eine weitere Operationstechnik, die Endoskopie, bei der man mittels geeigneter Geräte in die diversen Körperhöhlen des Patienten schauen und dort arbeiten kann, entwickelte sich zwar schon zu Anfang des Jahrhunderts, aber erst biegsame Instrumente, die nach dem Zweiten Weltkrieg in Gebrauch kamen, waren so handlich, daß die Technik ausbaufähig und allgemein anwendbar wurde. In den achtziger und neunziger Jahren fand diese Technik immer mehr Anhänger. Für den Patienten hat sie gegenüber der herkömmlichen Operationstechnik den Vorteil geringerer Belastung und kürzerer Heilungszeiten.

Eines der Hauptprobleme bei dieser Methode des »Operierens durchs Schlüsselloch« besteht darin, daß dem Chirurgen die unmittelbare sinnliche Information vom Ort des Geschehens fehlt. Das Bild, das aus dem Körperinneren durch das Endoskop auf einen Monitor im OP übertragen wird, gibt zwar Einblick in das unmittelbare Operationsumfeld, aber bisher nur in zwei Dimensionen. Die räumliche Tiefe fehlt. Da außerdem keine Zusatzinformation über taktile Reize vorhanden ist – ist eine Stelle weich oder hart, gibt sie nach oder ist sie gespannt? –, bedarf es großer chirurgischer Erfahrung, um die Instrumente richtig zu steuern.

Ein neuartiges 3D-Endoskop erlaubte es Anfang der neunziger Jahre bereits, räumliche Bilder aus dem Inneren des Patienten zu empfangen. Verbesserungen für das System kommen laufend hinzu. Bis zum Ende des 20. Jahrhunderts wird der Chirurg in modern ausgestatteten Kliniken die Möglichkeit haben, über ferngesteuerte endoskopische Geräte im Körper des Patienten

Operationen wesentlich exakter auszuführen, als dies von Hand möglich ist.

Große Pläne hat man auch für die Visualisierung des Bildes im OP. Die Monitore der achtziger Jahre sollen durch Großprojektionssysteme mit hoher Bildqualität ersetzt werden. Guter Einblick ist zwar eine Grundvoraussetzung für die minimalinvasive Chirurgie, aber noch längst nicht alles. Die Entwicklung geht deshalb zu miniaturisierten Systemen, die in alle Richtungen beweglich sein werden. Dabei wird man modernste technologische Errungenschaften einsetzen, beispielsweise superelastische Form-Gedächtnislegierungen und Spezialwerkstoffe für die Kraftübertragung. Zusätzlich sollen derartige Systeme von intelligenten Sensoren geleitet werden. So könnte man sich etwa ein Endoskop vorstellen, das sich mit Hilfe seiner an der Spitze angebrachten Sensoren selbst einen Weg durch schwer zugängliche Körperregionen zum Operationsort sucht. Auch die sofortige Analyse von Körpersäften und Gewebeproben an Ort und Stelle ist ein Ziel der zukünftigen Entwicklung.

Ein völlig neuartiges technisches Gerät des 20. Jahrhunderts, der Laser, machte eine erstaunliche Karriere als medizinisches Instrument. Der Strahl, der einst verspottet wurde als »Erfindung auf der Suche nach einer Anwendung«, hat viele Skeptiker Lügen gestraft. Der Laser ist ein häufig benutztes Instrument, wenn es um die Blutstillung bei chirurgischen Eingriffen in stark durchblutetem Gewebe geht, außerdem ist er aus der Augenheilkunde kaum mehr wegzudenken. Andere Anwendungen, die sich abzeichnen, von der Zertrümmerung von Nierensteinen bis zur Entfernung der Kalkablagerungen bei Arteriosklerose, befinden sich am Ende des 20. Jahrhunderts noch im Versuchsstadium.

Unbestreitbar haben Laser für die Medizin große Vorteile: Sie schneiden feiner als ein Skalpell, stillen Blutungen sofort, versiegeln kleine Adern, vernarben Magengeschwüre und verdampfen überschüssiges Gewebe. Ihr Licht läßt sich durch Glasfasern über viele Meter wie durch ein Kabel leiten, durch Wände, um Ecken, durch Endoskope in den menschlichen Körper hinein.

Grundlage für alle Neuerungen in Diagnostik, Behandlung und Vorbeugung war die Anwendung der naturwissenschaftlichen Methoden auf die Medizin. Weg von der Empirie, hin zu gesicherter Erkenntnis lautete das Motto. Zwar gilt weiter: »Was hilft, hat recht«, aber diese Aussage beschränkt sich zunehmend auf Bereiche der Medizin, die sozusagen als Nachfolger der im 19. Jahrhundert aufkommenden »romantischen Medizin« fungieren. Ganzheitliche Medizin, fernöstliche Lehren, Homöopathie und Naturheilkunde im weitesten Sinne gehören dazu. Wahrscheinlich werden in wenigen Jahrzehnten auch diese Bereiche so genau erforscht sein, daß gesicherte Wirkmechanismen bekannt sind.

Der erste Schritt, der – wie geschildert – bereits im 19. Jahrhundert getan wurde, war die Erkenntnis, daß viele Krankheiten von Erregern hervorgerufen werden, kleinen Lebewesen, die man unter dem Mikroskop betrachten kann und die durch Weitergabe von einer Person zur nächsten zu Ansteckung führen. Damit waren die altertümlichen Ideen eines »Pesthauchs«, schlechter Luft und ähnlichem endgültig überholt. Allmählich setzte sich die Vorstellung durch, daß derartige Erreger durch Gift vernichtet werden konnten, das der Patient zu sich nahm: die Geburt der Chemotherapie.

Zu Beginn des 20. Jahrhunderts hatte man bereits eine Vielzahl von Erregern nachweisen können, aber was immer noch fehlte, war eine spezielle antibakterielle Therapie. Wolfgang Ekkart resümiert: »Gerade gegen die klassischen Infektionskrankheiten, gegen die Tuberkulose, aber auch gegen Geschlechtskrankheiten lagen noch keine wirksamen Therapeutika vor. Bei der Tuberkulose bemühten sich die Ärzte, durch Klimawechsel Stillstände im Krankheitsprozeß zu erreichen. Eine Volksheilstättenbewegung mühte sich um die Errichtung von Tuberkuloseheimen und Sanatorien für alle Bevölkerungsschichten. Beherrschbar war die Krankheit dadurch freilich nicht geworden. Bei den Geschlechtskrankheiten waren es vor allem adstringierende Mittel und solche, die wie das Arsen zwar gegenüber den Syphiliserregern eine gewisse Wirksamkeit zeigten, aber auch den Organismus insgesamt schädigten.«[3]

Dieses Problem, daß jedes Gift, das man zur Therapie gleich welcher Krankheit einsetzte, auch die gesunden Teile des Patienten schädigte, existiert auch noch zur Jahrtausendwende. »Keine

Wirkung ohne Nebenwirkung« wurde zum geflügelten Wort der Pharmaindustrie. Die Vergiftungserscheinungen durch Behandlungen in früheren Zeiten sind aus vielen Beispielen bekannt, etwa aus den Aufzeichnungen, die der Erfinder der Homöopathie, Samuel Hahnemann, über seinen prominenten Patienten Niccolò Paganini 1837 anfertigte. Aus ihnen geht hervor, daß Paganini massive Vergiftungserscheinungen von einer vorangegangenen Quecksilberkur zeigte. Heutzutage erregen die Bilder von Krebspatienten öffentliches Mitleid, die durch Chemotherapie abgemagert sind und ihre Haare verloren haben. Das Gift, das den Krebs vernichten soll, hat ihren Organismus geschädigt. Träume, Wunderwaffen gegen Krebs, Aids oder andere Erkrankungen zu entwickeln, Abwehrstoffe, die auf intelligente Weise ihre mikroskopischen Widersacher im Körper finden und vernichten können, werden sich wohl im 20. Jahrhundert nicht mehr verwirklichen lassen, auch wenn der Weg dahin zu großen Teilen durch Molekularbiologie und Gentechnik schon geebnet ist.

Die Gratwanderung zwischen Heilung und Vergiftung hat die chemische Therapie immer charakterisiert. Einen Ausweg aus dem Dilemma glaubten die Mediziner gefunden zu haben, als das Prinzip der aktiven Impfung erfunden wurde: Man hatte erkannt, daß der menschliche Körper auf Eindringlinge mit sogenannten Antikörpern reagiert, und machte sich diese Tatsache zunutze, indem man dem noch gesunden Menschen abgeschwächte oder modifizierte Erreger einspritzte. Das Immunsystem entwickelt daraufhin spezifische Antikörper, die bei einer Ansteckung mit wirklich aktiven Erregern derselben Art ihre Wirkung entfalten. Auch wenn man zunächst von der biochemischen Funktionsweise des Immunsystems noch keine Vorstellung hatte, erwies sich diese Methode als äußerst wirksam und ist für die meisten Schutzimpfungen gültig.

Als Pionier und herausragender Vertreter dieser sogenannten Serumtherapie darf Emil Behring gelten, ein eigenwilliger, streitbarer Mann, der ebenso viele Feinde wie Bewunderer hatte. Als Mitarbeiter von Robert Koch hatte er sich seit 1890 zunächst mit Desinfektionsmitteln beschäftigt, sich dann aber auf die antibakterielle Wirkung von Blutseren konzentriert. Zusammen mit seinem japanischen Mitarbeiter Shibasaburo Kitasato infizierte er

Meerschweinchen mit Diphtherie-Erregern und behandelte anschließend die Infektionsstelle mit Jodtrichlorid.[4] Die Tiere überlebten und sie hatten während ihres Kampfes mit den Diphtheriebakterien eine erstaunliche Eigenschaft entwickelt: Sie zeigten sich gegen eine erneute Infektion mit Diphtherie bis zu einem gewissen Grad immun. Diese Immunität ließ sich noch weiter steigern: Behring infizierte die Meerschweinchen erneut mit lebenden Diphtherie-Erregern. Er spritzte ihnen sogar reines Diphtheriegift ein. Aber beides machte den Tieren nichts aus. Etwas in ihrem Blut mußte sie vor dem Angriff der meist tödlichen Infektionskrankheit schützen.

Versuche mit Tetanuserregern an Kaninchen erbrachten die gleichen Ergebnisse. Damit war klar: Die eingespritzten Gifte hatten im Körper der Tiere ein ganz spezifisches Antigift erzeugt. Ein Antigenreiz hatte das Immunsystem angeregt, gegen dieses Antigen, beispielsweise Diphtherie-Erreger, eine genügend große Zahl von Antikörpern zu bilden, die das Antigen unschädlich machten. Am 5. Dezember 1890 veröffentlichte die ›Deutsche Medizinische Wochenschrift‹ die Arbeit von Behring und Kitasato unter dem Titel ›Über das Zustandekommen der Diphtherie-Immunität bei Tieren‹. Damit kann 1890 als das Geburtsjahr der Antikörpertheorie gelten.

Über seine Versuche zur Immunisierung von Tieren führte der Weg Behrings schließlich zur Entdeckung des Diphtherie- und Tetanusserums. 1893 wurde er zum Professor ernannt und führte seine Forschungen in Marburg weiter. Aus seinem dortigen Labor gingen später die Behringwerke hervor. »Die Berufung auf einen Lehrstuhl mußte Behrings Gönner, der Ministerialdirektor [Friedrich] Althoff vom preußischen Kulturministerium allerdings in schwerem Kampf gegen die Fakultät durchsetzen«, schreibt Ernst Bäumler. »Der Weggang von Berlin fiel Behring nicht schwer. Sein Verhältnis zu Koch war auf einem Tiefpunkt angelangt. Noch schlechter wurde es, als später bekannt wurde, daß Behring sich ausgerechnet dem Gebiet zuwendet, auf dem Koch bisher gescheitert war: der Bekämpfung der Tuberkulose.«[5]

Nach und nach überwarf sich Behring mit vielen seiner Kollegen. Aber so isoliert er im Kollegenkreis auch war, im öffentlichen Leben erhielt er hohe Ehrungen: Er wurde Ehrenbürger von Marburg, Wirklicher Geheimer Rat, und zur Feier des 200jährigen Bestehens des Hauses Hohenzollern wurde er sogar in den erblichen Adelsstand erhoben. Gekrönt wurde sein Lebenswerk durch die Verleihung des ersten Medizinnobelpreises im Jahr 1901.

Nach einem gesundheitlichen und nervlichen Zusammenbruch kehrte von Behring erst 1910 wieder nach Marburg zurück, wo er in einer erneuten großen Anstrengung zusammen mit seinen Mitarbeitern eine aktive Immunisierung, also eine Schutzimpfung, gegen Diphtherie entwickelte. 1917 starb der Forscher und wurde in dem Mausoleum, das er sich schon zu Lebzeiten hatte bauen lassen, beigesetzt.

Einer seiner Mitarbeiter, Paul Ehrlich, war von der Entdekkung des Diphtherie-Antitoxins fasziniert und versuchte, eine Theorie der Wirkungsweise aufzustellen. Seine »Seitenkettentheorie« verschaffte der neu aufblühenden Immunologie eine erste wissenschaftliche Basis. Ehrlich ging davon aus, daß sich analog zum Schlüssel-Schloß-Prinzip am Erreger eine bestimmte chemische Haftgruppe befinden müsse, die sich bevorzugt an eine Rezeptorgruppe, die er Seitenkette nannte, an der Körperzelle anlagere. Auch wenn Ehrlichs weitere Folgerungen den späteren Forschungsergebnissen nicht immer standhielten, so war er doch der erste, der die Wirkung spezifischer Haftgruppen auf Rezeptoren postulierte, ein Konzept, das grundlegend für die gesamte Biochemie wurde.

Paul Ehrlich beließ es nicht bei theoretischen Betrachtungen. Ausgehend von Tests mit Farbstoffen entwickelte er schließlich nach unzähligen Versuchen ein Präparat gegen die Syphilis, das 1910 unter dem Namen Salvarsan (heilendes Arsen) in den Handel kam. Nachdem das Medikament zunächst euphorisch aufgenommen wurde, stellte sich nach und nach heraus, daß es mit einer einzigen Injektion des arsenhaltigen Mittels nicht getan war, wollte man Patienten nachhaltig von der Syphilis befreien. Man mußte mehrfach spritzen und ein ähnliches Kursystem aufbauen wie einst beim Quecksilber. Patienten, die an massiven Nebenwirkungen litten – es soll bei unsachgemäßer Anwendung auch Todesfälle gegeben haben –, schürten den Widerstand gegen

Ehrlich und sein Medikament. Der Forscher, der 1908 den Nobelpreis erhielt, schrieb dazu im Jahr 1910: »Es ist vielfach die Forderung aufgestellt worden, daß man für die menschliche Therapie und insbesondere für die Syphilis ausschließlich Mittel verwenden solle, die absolut ungefährlich sind. Wenn man diese Forderung erfüllen will, ist ein Fortschritt der Therapie in chemotherapeutischem Sinne überhaupt unmöglich; denn Substanzen, die den lebenden Körper zu sterilisieren vermögen, können nicht als indifferent betrachtet werden, sondern es muß ihnen ein gewisser Charakter von Giftigkeit innewohnen [...]. Wohin würde es führen, wenn man an den Chirurgen die Forderung stellen wollte, daß er bei Erkrankungen nicht lebensgefährlicher Natur nur solche operativen Eingriffe vornehmen dürfe, die absolut ungefährlich sind? Mit einem solchen Ansinnen würde die wunderbare Entwicklung der Chirurgie überhaupt mit einem Schlage unterbunden werden. Der Chirurg arbeitet mit dem stählernen, der Chemotherapeut mit dem chemischen Messer, womit er das Kranke von dem Gesunden trennt.«[6]

Die Forderung nach unschädlichen Medikamenten, die später gang und gäbe war, wurde also bereits zu Beginn des Jahrhunderts gestellt. Allerdings haben strenge Vorschriften, verbesserte Methoden sowie der Erkenntnisfortschritt in der Arzneimittelforschung dazu geführt, daß man diesem Ideal relativ nahekommt. Der Streit um das Salvarsan wurde schließlich dadurch entschärft, daß eine verbesserte Version, das Neosalvarsan, entwickelt wurde, das bis zur Entdeckung des Penicillins als bestes Heilmittel gegen die Syphilis galt.

Der erfolgreiche Kampf gegen die Infektionskrankheiten ist nur einer der Gründe dafür, daß die Lebenserwartung der Menschen im 20. Jahrhundert dramatisch anstieg. Während sie in den meisten Industrieländern im Jahr 1900 noch rund 50 Jahre betrug[7], war sie bis 1965 bereits auf über 72 Jahre gestiegen. Dafür ist in erster Linie die Eindämmung der Geburtensterblichkeit verantwortlich. Starben in den USA im Jahr 1900 noch rund 200 Säuglinge pro 1000 Geburten, so betrug die Sterblichkeit im Jahr 1983 dort nur noch 10,9 pro 1000 Geburten.[8] In einigen indischen Bundesstaaten – wie auch in anderen Entwicklungsländern – liegt die Säuglingssterblichkeit jedoch auch am Ende des

Jahrhunderts noch über zehn Prozent. Statistiken zeigen: Je ärmer ein Staat ist und je geringer der Bildungsgrad seiner Bewohner, desto höher ist die Mortalität bei Säuglingen.

Weitere wichtige Faktoren für die Erhöhung der Lebenserwartung waren die Beherrschung der Infektionskrankheiten, die durch Antibiotika und Sulfonamide möglich wurde, und die Eindämmung einer Vielzahl von Krankheiten durch Schutzimpfungen. Mit ihnen gelang es, das Immunsystem des Menschen schon vor einer Erkrankung so zu stärken, daß es sich dann selbst gegen die entsprechenden Erreger wehren konnte. Bis man allerdings wußte, wie das menschliche Immunsystem wirklich funktioniert, sollten noch Jahrzehnte vergehen. Erst einmal war es nötig, den Aufbau der Gene zu entschlüsseln, was schließlich in den fünfziger Jahren gelang (siehe Kapitel 4). Fest stand jedenfalls, daß jeder Mensch in einem Meer von Mikroorganismen wie Viren, Pilzen, Bakterien, Giftstoffen und anderen Krankheitserregern lebt, gegen die sich sein Immunsystem wirksam zur Wehr setzen muß. Frank MacFarlane Burnet[9] erkannte 1959, daß die Evolution in Jahrmillionen dafür ein geradezu geniales Prinzip entwickelt hat: In den B-Lymphozyten, den Munitionsfabriken des Immunsystems, werden Antikörper der verschiedensten Art produziert. Millionen unterschiedlicher »Schlüssel« zu potentiell Millionen unterschiedlicher »Schlösser« auf den Fremdkörpern. Dank dieser winzigen Unterschiede kann jeder Antikörper ein spezifisches Ziel erkennen. An der Oberflächenstruktur haken sich dann die Antikörper fest und geben damit das Signal für die sogenannten Freßzellen, sich auf den erkannten Feind zu stürzen und ihn zu zerstören. Gleichzeitig behalten »Gedächtniszellen« die Form des Schlosses in Erinnerung und sorgen so für eine Immunisierung gegen einen erneuten Angriff desselben Erregers.

Im Gegensatz zu den sogenannten »Keimbahn-Theoretikern«, die daran glaubten, die Bauvorschrift für alle möglichen Antikörper stecke in den Genen, konnte Burnet nachweisen, daß sich die B-Lymphozyten ihrer jeweiligen immunologischen Umwelt individuell anpassen, und zwar durch Mutationen. Dadurch gelingt eine raffinierte Optimierungsstrategie, die der Japaner Susumu Tonegawa erkannt hat: Beim ersten Kontakt zwischen einem B-Lymphozyten und einem Antigen produziert ersterer zunächst einen »Schlüssel«, also einen Antikörper, mit grober Paßform. Er erhält dann in aller Eile durch Mutationen, also zufällige Veränderungen der Genstruktur, einen »Feinschliff«, bis er besser paßt. Durch dieses kombinatorische Prinzip ergeben sich rund eine Milliarde Variationsmöglichkeiten für die Antikörper. Tonegawa erhielt für diese Erkenntnis 1987 den Nobelpreis.

Ein anderer Nobelpreisträger, der Amerikaner Gerald M. Edelman, der viel zur Entschlüsselung der Antikörperstruktur beigetragen hat, zog frappierende Parallelen zwischen dem System der Erinnerung im Gehirn und der Erinnerungsfähigkeit des Immunsystems. Er schrieb 1992: »Das Immunsystem [...] existiert in einem Bereich (dem Körper eines Individuums) und reagiert mittels einer bestimmten Anbindung und einer Anpassungsreaktion der Zelle auf Neues, das unabhängig davon in einem anderen Bereich entstanden ist. Das System hat [...] auf der Ebene der Zellen eine Art Gedächtnis.«[10]

80 Jahre nach Emil von Behring erhielten wieder zwei Forscher den Nobelpreis für ihre Arbeiten mit Antikörpern: Am 10. Dezember 1984 übergab der schwedische König die Auszeichnung an den in Argentinien geborenen Briten César Milstein und an den Deutschen Georges Köhler. Dieser hatte im Labor von Milstein eine atemberaubende Entdeckung gemacht: Völlig gleichartige Antikörper, die im Körper jeweils nur einen bestimmten Fremdkörper angreifen und ihn im Verein mit anderen Abwehrzellen vernichten, lassen sich in beliebiger Zahl im Labor züchten – monoklonale Antikörper. Diese haben innerhalb weniger Jahre die Biowissenschaft und vor allem auch die Medizin revolutioniert. Die offizielle Veröffentlichung der sensationellen Erfindung, die am 7. August 1975 in der britischen Wissenschaftszeitschrift ›Nature‹ erschien, enthält den Satz: »Solche Kulturen könnten nützlich sein für den medizinischen und industriellen Gebrauch.« Dieser Satz gilt als die größte Untertreibung der modernen Wissenschaft, weil heute mit dieser Erfindung Milliarden umgesetzt werden.

Nicht eine Untertreibung, aber ein bisher ungelöstes Geheimnis umgibt die Entdeckung des Penizillins.[11] Alexander Fleming beschrieb sie etwa so: Er habe einige Bakterienkulturen angelegt und abgewartet, bis sie so groß wurden, daß sie Kolonien bildeten. Danach ließ er einen der Nährböden auf seinem Labortisch stehen, um gelegentlich nach ihm schauen zu können. Als er sich die Kultur wieder vornahm, fiel versehentlich ein wenig Schimmelpilz darauf. Er ließ den Pilz wachsen, und als er die Kultur wieder betrachtete, waren einige der Bakterienkulturen abgestorben.

Und nun begannen die Seltsamkeiten: Es gelang Fleming nie mehr, diesen Versuch im Labor zu wiederholen. Was er später in seinem Notizbuch aufschrieb, waren jeweils Versuche, bei denen er die Reihenfolge umkehrte: Erst züchtete er den Pilz und gab später die Bakterien dazu. Rätselhaft ist auch, warum er seine erste Kultur nicht in den Inkubator stellte, denn Bakterien wachsen nur bei 37 Grad, der Pilz hingegen bei Zimmertemperatur.

Viele haben sich den Kopf darüber zerbrochen, woher die Schimmelpilze wohl kamen, wie sie auf den Nährboden gelangten und wieso sich derartig viele Zufälle aneinanderreihten, daß schließlich alles paßte. Die Untersuchungen gingen so weit, daß man sogar das Wetter rekonstruierte, das in jenen Julitagen des Jahres 1928 in London herrschte. Tatsächlich fand ein extremer Wechsel von kühl nach heiß statt, so daß vielleicht erst die Pilze und danach die Bakterien wachsen konnten.

Das Rätsel wurde nie gelöst, auch Fleming selbst konnte nichts dazu beitragen. Vielleicht war wirklich alles nur Zufall. In einem Vortrag, den Fleming 1945 in Löwen hielt, sagte er: »Ich spiele mit Mikroben. Dieses Spiel hat natürlich viele Regeln [...]. Aber wenn man viel Erfahrung hat und die Regeln gut beherrscht, macht es gelegentlich Spaß, diese Regeln zu brechen und auf etwas zu stoßen, auf das noch nie jemand gekommen ist.«

Meist spielt aber nicht der Zufall die entscheidende Rolle, sondern systematische Forschungsarbeit. Die monoklonalen Antikörper, radioaktive Markierung einzelner Moleküle, Chromatographie, Ultrazentrifugen, Filtertechniken, Elektrophorese, aber auch noch bessere Mikroskope, Computer und Roboter haben die Molekularbiologie seit den sechziger Jahren aufblühen lassen. »Drei Nobelpreise«, schreibt Jean Vague 1980, »konnte die Endokrinologie seit der Stiftung dieses Preises im Jahr 1901 bis zum Zweiten Weltkrieg erringen, und seitdem ehrte man sie als Zweig der Medizin noch zehnmal: siebenmal in Physiologie und Medizin sowie dreimal in Chemie. Sechs andere Nobelpreise verlieh man überdies für Arbeiten, die ebenfalls mit Endokrinologie und Stoffwechselforschung zu tun haben.«[12] Allein diese Häufung von Auszeichnungen zeigt, wie stark das Interesse nach dem Zweiten Weltkrieg an den chemischen Vorgängen im menschlichen Körper war. Die Fortschritte in Chemie, Physik und Technik verhalfen den Forschern dabei zu neuen Untersuchungsmethoden.

Ein grundsätzlicher Streit brach aus, nachdem um die Jahrhundertwende die ersten Hormone entdeckt worden waren. Viele fortschrittliche Wissenschaftler glaubten, nun das Geheimnis entdeckt zu haben, das den gesamten Organismus steuert. Diese Ansicht bestritt eine Fraktion, die nach 1910, als Leo Hess entdeckt hatte, daß das vegetative Nervensystem für viele Abläufe im Körper zuständig ist, dafür plädierte, diese Art der Steuerung als noch viel grundlegender anzusehen. Im Grunde war dies ein Streit um des Kaisers Bart. Die Ausschüttung von Hormonen wird nämlich ebenso durch das vegetative Nervensystem gesteuert wie dieses durch Botenstoffe, also auf chemischem Wege, aktiviert wird. Die Verzahnung der beiden Mechanismen ist also so eng, daß von einer Trennung der beiden Theorien nicht mehr die Rede sein kann.

Daß die Hypophyse sozusagen die »Dirigentenrolle« im Konzert der hormonausschüttenden Drüsen spielte, glaubten die meisten Forscher von Anfang an. In der Tat spielt die Hypophyse, die Hirnanhangdrüse, eine übergeordnete Steuerungsrolle für alle Körperfunktionen. Sie wird ihrerseits geregelt vom Hypothalamus, einem Teil des Gehirns.

Da Hormone im Körper nur in Mengen von tausendstel Gramm vorkommen, dauerte es lange, bis es erstmals gelang, diese Stoffe in Reinform zu isolieren. Dies war aber nötig, um ihre chemische Struktur ermitteln zu können. Als feststand, daß die Hormondrüsen, anders als beispielsweise die Drüsen des Magensekrets, keine Ausführungsgänge besitzen, entstand der Name für die neue Wissenschaft: Endokrinologie, nach dem griechischen Wort für »innen« und »trennen«.

Schon im 19. Jahrhundert hatte der Göttinger Physiologe Arnold Adolph Berthold Versuche angestellt mit Hähnen, die er erst kastrierte und dann in Hähne zurückverwandelte, indem er ihnen die entnommenen Keimdrüsen an anderer Stelle wieder einpflanzte. Berthold schloß daraus, daß die Keimdrüsen Eigenschaften besitzen müssen, die solche Wandlungen bewirken. Im 17. Jahrhundert hatte man die Schilddrüse entdeckt, die den Stoffwechsel des Körpers steuert und antreibt. Der englische Arzt George R. Murray behandelte 1891 eine Patientin, die an Schilddrüsenunterfunktion litt, mit Schilddrüsenextrakt von Schafen – mit gutem Erfolg. Auf der Suche nach dem Wirkstoff der Drüse fand man bald heraus, daß sie geringe Mengen Jod enthielt. Aber das eigentliche Hormon der Schilddrüse konnte erst der Amerikaner Edward C. Kendall im Jahr 1914 isolieren. Er verbrauchte zu diesem Zweck drei Tonnen dieser Drüsen, bis es ihm gelang, den Wirkstoff zu kristallisieren. Er nannte ihn »Thyroxin«. Die chemische Struktur dieses Hormons wurde jedoch erst 1927 ermittelt, woraufhin es Charles Harrington aus Edinburgh und E. Barger aus den Niederlanden gelang, es synthetisch herzustellen.

Ähnlich mühsam gestaltete sich die Suche nach einem anderen Hormon, dem Adrenalin, das in der Nebennierenrinde produziert wird. Der Japaner Jokichi Takamine isolierte aus rund 10000 Nebennieren von Ochsen die ersten vier Gramm des kostbaren Stoffs. Adrenalin war das Hormon, das man als erstes synthetisch herstellen konnte: Friedrich Stolz gelang dies im Jahr 1904.

Eine besondere Bedeutung auch in der Heilkunde erlangte das Hormon Cortison. Als sein Vater gilt der Amerikaner Edward C. Kendall, der sich bereits um das Schilddrüsensekret verdient gemacht hatte. Seine Versuche zur Herstellung des Cortison verliefen zunächst langwierig und ohne besondere Erfolge, bis seine Aktivitäten 1941 plötzlich intensiv vom National Research Council gefördert wurden, einer von der Regierung gegründeten Organisation. Später stellte sich heraus, daß der Grund hierfür in dem Gerücht lag, die deutschen Nationalsozialisten hätten ein ähnliches Hormonpräparat entwickelt, nach dessen Injektion Piloten in der Lage seien, in Höhen über 10 000 Meter zu fliegen.

Die amerikanischen Militärs wollten hier mithalten und unterstützten Kendalls Arbeiten deshalb intensiv. Die Förderung wurde aber ebensoschnell wieder eingestellt, als sich herumsprach, daß die Meldung falsch gewesen war. Erst 1948 waren so große Mengen Cortison synthetisiert, daß die klinische Erprobung anlaufen konnte.

Als sich hierbei herausstellte, daß Cortison eklatante Erfolge bei der Behandlung von Rheuma zeigte, setzte eine stürmische Nachfrage ein. Der Rohstoff für das Präparat wurde aus Pflanzen und Wurzeln gewonnen, die beispielsweise im mexikanischen Urwald wuchsen. Der amerikanische Chemiker Russel Marker gründete einen Produktionsbetrieb in Mexico City, aus dem bald ein bedeutendes Pharmaunternehmen, die Firma Syntex, wurde. Chemischer Kopf von Syntex wurde Carl Djerassi, der seine Firma erfolgreich in die Cortisonherstellung führte und schließlich auch in das Gebiet der Empfängnisverhütungsmittel. Im Jahr 1954 brachte seine Firma das Präparat Norethisteron auf den Markt.

Gerade in diesem Bereich entwickelte sich nach dem Zweiten Weltkrieg ein weltweiter Markt, der auf biochemischen Erkenntnissen beruhte, für die wiederum einige herausragende Wissenschaftler die Grundlagen geschaffen hatten. Zu ihnen gehörte zweifellos der deutsche Biochemiker Adolf Butenandt. Er hatte zuerst in Marburg studiert und ging dann zu Professor Adolf Windaus nach Göttingen. Dieser hatte dadurch Ruhm erworben, daß er aus dem Harn trächtiger Stuten das erste weibliche Sexualhormon isoliert hatte, das Ostron. Im Sommer 1927 entschloß sich Butenandt, ebenfalls in die Hormonforschung einzusteigen. Im August 1929 gelang es ihm, gleichzeitig mit dem Amerikaner Edward A. Doisy das Follikelhormon rein herzustellen. Anschließend ging er daran, das männliche Sexualhormon zu erforschen und verarbeitete zu dessen Reindarstellung 150 Hektoliter männlichen Urins, den er aus Berliner Polizeikasernen bezog. Im Jahr 1931 hatte er Erfolg: Er gab dem Hormon den Namen Andosteron; später stellte sich heraus, daß dies ein Stoffwechselprodukt des eigentlichen männlichen Keimdrüsenhormons, des Testosterons, ist.

Die Idee, daß man aus den weiblichen Sexualhormonen

schwangerschaftsverhütende Präparate entwickeln könnte, kam Anfang der dreißiger Jahre auf. Bevölkerungsstatistiken des 19. Jahrhunderts zeigen, daß in vielen westeuropäischen Ländern die Geburtenrate um 1870 zu sinken begann und vor dem Ersten Weltkrieg einen Tiefstand erreichte. Vor allem im wohlhabenden Bürgertum setzte sich zunehmend die Zwei-Kinder-Familie durch, was darauf hindeutet, daß kontrazeptive Verhaltensweisen an Bedeutung gewannen.[13] Dabei spielte zunächst der Abbruch des Geschlechtsverkehrs vor dem Samenerguß die größte Rolle, aber auch Scheidenspülungen, vaginal eingeführte Präventivmittel und erste Kondome, die aus Naturdärmen hergestellt waren, erfreuten sich zunehmender Beliebtheit. 1928 beschrieb der Berliner Gynäkologe Ernst von Gräfenberg erstmals einen Spiralring aus Silberdraht, der in den Uterus eingelegt werden sollte und Schwangerschaften verhinderte – der Vorläufer der Spirale, die erst in den späten fünfziger Jahren weit verbreitet war.

Der Weg zur modernen medizinischen Empfängnisverhütung führte über die Hormonforschung. Ihren Protagonisten gelang es, die endokrinologischen Abläufe während des weiblichen Zyklus detailliert aufzuklären. Der Japaner Kiusako Ogino erkannte im Jahr 1923 durch empirische Studien, zu welchem Zeitpunkt die Ovulation im Körper stattfindet, der Österreicher Hermann Knaus entdeckte, daß das Gelbkörperhormon die unfruchtbare Periode bestimmt. Aufgrund dieser Forschungsergebnisse wurde es möglich, durch genaue Beobachtung des weiblichen Zyklus und Messung der Basaltemperatur die fruchtbaren Tage der Frau zu bestimmen und an diesen den Geschlechtsverkehr zu vermeiden – eine zwar ungefährliche, aber aufwendige Methode der Empfängnisverhütung, die aber gegenüber den teilweise brachialen Mitteln früherer Zeiten einen riesigen Fortschritt darstellte.

»Es muß doch etwas Besseres und Zuverlässigeres geben als das Kondom; es muß doch möglich sein, die Erkenntnisse der modernen Biologie und Endokrinologie zu einer anderen Methode der Geburtenregelung zu nutzen«, schrieb der Innsbrucker Physiologe Ludwig Haberlandt in sein »Jahresbuch«, das Einblick gibt in die Arbeit von 1919 bis 1931, und in der Tat gelang es ihm, das Grundprinzip der späteren Antibabypille zu entwerfen: »Ich erinnere mich noch so gut, wie mir der Grundgedanke hierzu an einem Februarabend des Jahres 1919 ganz plötzlich gleichsam wie durch eine höhere Eingebung gekommen war und mir sofort die weitgehende Bedeutung der Sache voll zum Bewußtsein kam.«[15]

Susanne Köstering schildert die wissenschaftliche Diskussion in jenen Jahren: »Die Tendenz im deutschsprachigen Raum ging dahin, dem Corpus Luteum (dem Gelbkörper) im wesentlichen schwangerschaftsvorbereitende Aufgaben zuzuschreiben. In England und in Frankreich war dagegen schon 1898 die These aufgestellt worden, das Corpus Luteum unterdrücke weitere Ovulationen, wenn ein Ei befruchtet sei. Es sorge also dafür, daß eine schwangere Frau nicht noch einmal schwanger werden könne.«[16] Auf dieser These beruhte die Eingebung von Ludwig Haberlandt: Wenn man dem weiblichen Körper durch Einnahme von Gelbkörperhormonen vorspiegeln könnte, daß eine Schwangerschaft besteht, dann könnte man damit weitere Ovulationen unterdrücken. Die theoretischen Voraussetzungen dieses Vorgehens wurden später bestätigt. Heute weiß man, daß es zwei grundlegende Arten von weiblichen Geschlechtshormonen gibt, die Östrogene und die Gestagene.

Von 1919 bis 1926 führte Haberlandt mehrere Versuchsreihen an Mäusen durch, um seine Theorie zu untermauern. Als diese Experimente erfolgreich verliefen, schloß er mit der ungarischen Firma Gedeon Richter in Budapest einen Vertrag über die Produktion eines hormonellen Verhütungsmittels ab. 1931 soll das hier produzierte Mittel namens »Infecundin« in der Innsbrucker Frauenklinik getestet worden sein.[17] Danach verlieren sich die Spuren im Ungewissen. Jedenfalls konnte Haberlandt nie ein Präparat auf den Markt bringen. 1935 entdeckte man schließlich das Progesteron, das zu den Gestagenen gehört und mit dessen Hilfe man dem weiblichen Körper eine Scheinschwangerschaft vorspiegeln kann, um die Empfängnisbereitschaft zu unterdrücken. 1937 erbrachten diesbezügliche Versuche an Kaninchen an der Harvard-Universität in Boston erste Erfolge. Als Butenandt in Danzig das Progesteron aus Schweinen gewinnen konnte, schien der Weg zu einem empfängnisverhütenden Mittel geebnet.

Den großen Durchbruch erzielte jedoch erst Gregory Pincus von der Universität Boston. Er und seine Mitarbeiter untersuchten Hunderte von Stoffen und begannen schließlich Tests mit Ovulationshemmern an 550 Frauen auf Puerto Rico und Haiti. Die Ergebnisse waren ermutigend, allerdings klagten viele Frauen über starke Nebenwirkungen. Im Lauf der Entwicklung wurde die Hormondosis der Präparate gesenkt, bis schließlich die inzwischen weltweit verbreitete Antibabypille entstand. Sie beruhte auf den Gestagenen, Stoffen, die künstlich hergestellt wurden und dem Progesteron glichen. 1960 kam sie auch in Deutschland auf den Markt.

Wohl kaum ein anderes Medikament hat das Leben der Menschen im 20. Jahrhundert so nachhaltig verändert wie die »Pille«. Zum ersten Mal in der Weltgeschichte wurde es möglich, Schwangerschaften relativ sicher und ohne gravierende gesundheitliche Beeinträchtigung zu verhüten. Die Sexualität wurde damit zum ersten Mal von der Fortpflanzung getrennt. Trotz massiver Widerstände von kirchlicher und konservativer Seite setzte sich die Geburtenkontrolle mit Hilfe der Antibabypille in vielen Ländern der Erde durch. Dem Leben der Frauen hat die »Pille« einen Zuwachs an Freiheit und Selbstbestimmung gebracht. Nun waren sie es, die entscheiden konnten, ob sie eine Schwangerschaft auf sich nehmen wollten oder nicht. Mit dieser neugewonnenen Macht erhielten die Emanzipationsbestrebungen insbesondere in den westlichen Kulturen enormen Auftrieb. In Ländern wie der Volksrepublik China jedoch wurde die Empfängnisverhütung auch als Zwangsinstrument der Bevölkerungspolitik eingesetzt. Die Ein-Kind-Familie wurde zur Norm erklärt, wer sie nicht wollte, wurde geächtet. Dennoch überwiegen im Ganzen gesehen wahrscheinlich die positiven Effekte der Antibabypille. Andere Konzepte, wie etwa die »Pille danach«, die im Grunde eine frühzeitige Abtreibung verursacht, konnten sich gegen die Vorbehalte konservativer Kreise nicht durchsetzen.

Nicht nur bei der Kontrolle der Fortpflanzung schreitet die Mechanisierung des Menschen im 20. Jahrhundert immer weiter voran. Auch die Apparatemedizin trägt einen großen Teil dazu bei, die Haltung zu bestärken, der Mensch sei im Grunde eine Maschine, deren innerer Mechanismus bei Krankheit gestört sei und repariert werden könne. Während zu Beginn des 20. Jahrhunderts noch die Messung von Pulsfrequenz und Körpertemperatur als echter Fortschritt in der Diagnostik galt, ist am Ende des Jahrhunderts die Apparatemedizin insbesondere bei der Diagnose von Krankheiten so weit perfektioniert, daß sie den Medizinbetrieb weitgehend beherrscht.

Neben der Röntgendiagnose, die in Form der Tomographie in Kombination mit Computern sogar in der Lage ist, den Menschen »scheibchenweise« abzutasten und im Bild darzustellen, wurde Mitte der achtziger Jahre die Kernspintomographie entwickelt. Bei dieser Methode wird der Mensch einem starken Magnetfeld ausgesetzt, und nach dessen Abschalten zeichnen feinste Meßgeräte auf, wie schnell sich die Wassermoleküle im Körper wieder zufällig ausrichten. Je nach Gewebeart geht dies unterschiedlich schnell, und aus den so gewonnenen Informationen errechnet ein Computer Schnittbilder durch den Körper mit unterschiedlichen Farben für unterschiedliches Gewebe. So lassen sich beispielsweise Tumoren im Gehirn, aber auch in anderen Organen, relativ leicht vom gesunden Gewebe abgrenzen.

Andere Durchleuchtungsverfahren benutzen die Eigenschaft bestimmter Elemente, radioaktive Strahlen oder andere Teilchen auszusenden. Die Strahlen durchdringen zum großen Teil das Gewebe und lassen sich von außen angebrachten Detektoren registrieren. Diese Art der Diagnose ist zum Beispiel bei Schilddrüsenerkrankungen seit langem üblich. Andere Teilchen, etwa Positronen, die im Inneren des Körpers ausgesandt werden, zerstrahlen zusammen mit den überall vorhandenen Elektronen zu winzigen Energieblitzen, die ebenfalls von Meßgeräten von außen registriert werden. Das Verfahren heißt Positronen-Emissions-Tomographie, PET, und es ermöglicht beispielsweise, von außen zu erkennen, in welchen Gehirnregionen bestimmte Wahrnehmungs- und Denkprozesse ablaufen.

Eine andere Art, in den Körper des lebenden Menschen »hineinzuschauen«, ist es, die elektrischen Ströme aufzuzeichnen und zu analysieren, die, ausgelöst durch die vielfältigen physiologischen Prozesse im Inneren, nach außen dringen. Der niederländische Physiologe Willem Einthoven darf als Erfinder der Elektrokardiographie (EKG) gelten, mit der die Herzströme aufgezeichnet werden. Ihm gelangen mit einem selbstgebauten Gerät 1902/3 die ersten konkreten Aufzeichnungen. 1924 erhielt er für seine Arbeiten auf diesem Gebiet den Nobelpreis.

In Jena entwickelte der Psychiater Hans Berger 1929 ein entsprechendes Verfahren zur Aufzeichnung der Hirnströme am lebenden Menschen. Mit dieser Methode der Elektroenzephalographie (EEG) lassen sich krankhafte Hirnveränderungen wie Hämatome oder Läsionen feststellen. Sie half auch, das Krankheitsbild der Epilepsie zu erklären, weil man erkennen konnte, daß dabei eine riesige Anzahl von Nervenzellen gleichzeitig krampfhaft erregt wurde.

Daß auch die Schallwellen, die aus dem Körper nach außen dringen, zur Diagnose von Krankheiten benutzt werden können, zeigte das Stethoskop, das bereits im 19. Jahrhundert in Gebrauch kam. Bei der weiterführenden Methode der Auskultation wurden durch Klopfen beispielsweise auf den Brustkorb Schallwellen erzeugt, deren Weiterleitung und Reflexion dem Arzt Auskunft gaben über die Beschaffenheit der Gewebe. Eine technische Weiterführung dieser Methode ist die Ultraschall-Echo-Diagnostik. Das Meßgerät erfaßt die Zeit, die ein Ultraschallimpuls benötigt, bis er vom Sendekopf zu einer Gewebewand und zurück braucht. Tastet man mit dem Ultraschallkopf ein größeres Gebiet ab, ergeben sich so Bilder der Organe im Inneren des Körpers. Erste einfache Versuche, dieses Verfahren als Routinemethode für die klinische Medizin zu nutzen, wurden in den frühen siebziger Jahren unternommen. Aber erst die computergestützten Auswertungsmethoden erlaubten es, Bilder von ausreichender Qualität zu erzielen. Heute ist die Sonographie vor allem aus der Schwangerschaftsbetreuung und der Geburtshilfe nicht mehr wegzudenken.

Zusätzlich zu all diesen physikalischen Diagnosemethoden stellen die chemischen Verfahren eine der wichtigsten Säulen der Krankheitserkennung und -vorbeugung dar. In weitgehend automatisierten Labors werden Blut, Gewebe und Urin schnell und vielseitig analysiert. Die hierzu nötigen Verfahren entstanden zum größten Teil zwischen 1880 und 1930. Die fortgeschrittene Gendiagnostik läßt es sogar zu, die Gene von Embryos auf Erbschäden hin zu untersuchen.

Allerdings tun sich mit zunehmender Verfeinerung der Methoden auch Konflikte auf, die früher unbekannt waren. So gestattet etwa die großtechnisch-apparative Medizin des späten 20. Jahrhunderts ganz neue Zugriffe in den Bereichen der Krankheitserkennung und Krankheitstherapie; sie fördert aber auch gleichzeitig die Entfremdung zwischen Arzt und Patient, zwischen Mensch und Medizin, wie sie bereits in der Labormedizin faßbar wurde und sich in der Maschinenmedizin vollends entfaltet hat. Die neuen Möglichkeiten der Diagnostik, etwa im Bereich der pränatalen Medizin bei den Ultraschallverfahren und bei der Gendiagnostik, gestatten einen sicheren Zugriff auf Krankheitsgeschehen, die sich erst in der Zukunft manifestieren werden. Ein solcher diagnostischer Zugriff ist indes nicht nur ein Segen, sondern er wird in dem Maße zur Last, wie er die ärztliche Toleranzschwelle gegenüber pränatal diagnostizierbaren Defekten senkt und damit die Entscheidungsbereitschaft zu einer abortiven »Therapie« hebt. Weitere Problemfelder entstehen im Rahmen der Transplantationsmedizin, vor allem bei der Gewinnung von Spenderorganen und der Auswahl von Spendern, und vor allem bei der Fortpflanzungsmedizin. Diese wird an anderer Stelle besprochen (siehe Kapitel 4).

Die Aufklärung der biochemischen Vorgänge, die der Empfängnis und ihrer Verhütung zugrunde liegen, hat die menschliche Fortpflanzung ihrer Geheimnisse beraubt. Diese Entmystifizierung auf biochemischem Niveau ist typisch für die medizinische Forschung des 20. Jahrhunderts. Um die Jahrtausendwende weiß man von jedem Organ, wie es funktioniert, von jeder Körperflüssigkeit, wie sie zusammengesetzt ist, von den meisten Krankheiten, was sie verursacht. Defizite gibt es lediglich noch bei der Untersuchung der Einzelheiten des Stoffwechsels. Trotz der unüberschaubaren Vielfalt der enzymatischen Regelkreise ist aber auch die Entschlüsselung dieser Details nur eine Frage der Zeit.

Das letzte Organ des Menschen, das auch noch gegen Ende des 20. Jahrhunderts mit einem geheimnisvollen Schleier umgeben ist, ist das Gehirn. Hier – nicht mehr im Herzen – vermutete der aufgeklärte Mensch den Sitz der Seele, manchmal auch der Gefühle. Die Entwicklung, die bei der Hirnforschung in den letzten beiden Jahrzehnten des 20. Jahrhunderts stattfand, hat derartige Vorstellungen in den Bereich der Fabel verwiesen. Sie hat sogar dazu geführt, daß in den neunziger Jahren ernsthaft daran gezweifelt werden darf, ob es etwas wie die Seele als eigenständiges Konstrukt überhaupt gibt. Die moderne Wissenschaft legt vielmehr den Schluß nahe, daß es sich dabei ebenso wie beim Gedächtnis oder beim Instinkt um rein physiologische Korrelate handelt.

Das Schlüssel-Schloß-Prinzip, das für das Immunsystem entscheidend ist, gilt, wie die moderne Molekularbiologie nach und nach erkannte, auch für das Gehirn, dessen Nervenzellen durch Botenstoffe miteinander kommunizieren. Es ist das komplexeste Gebilde im gesamten Universum. Alles, was den Menschen und seine Zivilisation ausmacht, beruht auf diesen rund 1300 Gramm Wasser, Fett und Eiweiß. Das geheimnisvolle Gebilde in unserem Kopf hat zu allen Zeiten Gelehrte herausgefordert. Je nach Weltanschauung, Zeitgeist und persönlicher Phantasie formten sie Theorien über Denken, Wahrnehmung und Seele.

Der Aufbau des Gehirns – so hat die moderne Forschung bestätigt – ist unvorstellbar kompliziert. Allein schon die rein statistischen Angaben darüber sind erstaunlich: Insgesamt stecken in unserem Kopf etwa 100 Milliarden Nervenzellen und eine Million Kilometer Nervenbahnen. Hintereinandergelegt würden diese 25mal den Äquator umrunden. Das Denken findet im Gehirn wiederum in der nur zwei Millimeter dünnen äußersten Schicht der Großhirnrinde statt. Hier sitzen in jedem einzelnen Kubikmillimeter Gewebe rund 40 000 kleine graue Zellen, die untereinander mit fünf Kilometern Nervenleitungen verkabelt sind.

Berechnet man die Anzahl aller möglichen Verbindungen zwischen allen Hirnzellen, ergibt sich eine Zahl, die größer ist als die Anzahl der Atome im gesamten Universum. Wenn man sich diese Tatsachen vor Augen hält, versteht man einerseits, daß die Möglichkeiten, die im Gehirn stecken, ungeheuer vielfältig sind, und andererseits, daß nie zwei Gehirne gleich sein können, auch wenn sie eineiigen Zwillingen gehören.

Die Weiterleitung der Signale innerhalb der Nervenzellen geschieht elektrisch, außerhalb, also zur nächsten Zelle, chemisch.

Aufgrund intensiver Forschungsarbeiten weiß man ziemlich genau, wie die Signale durch die Nerven laufen. Es handelt sich um einen aufwendigen und komplizierten Mechanismus, der hier aber nicht eingehender geschildert werden soll. Wichtig für das Verständnis des Gehirns ist vor allem, daß diese elektrischen Signale wie Morsezeichen kurz hintereinander abgefeuert werden, mit einer Frequenz um die 40 Hertz. Die am schnellsten leitenden Axone erzielen eine Übertragungsgeschwindigkeit von etwa 100 Metern pro Sekunde. Das ist relativ langsam, wenn man es mit einem elektrischen Kabel vergleicht, in dem die Übertragung mit Lichtgeschwindigkeit läuft. Aber im Vergleich mit einem elektrischen Kabel hat die Nervenleitung trotz ihrer Langsamkeit einen großen Vorteil: Die Größe des Signals ist überall gleich, egal, wie lang die Nervenzelle ist. In einem elektrischen Kabel hingegen nimmt die Stärke des Signals allmählich ab. Das Nervensignal ist also digital in dem Sinn, daß es nur ja oder nein sagen kann. Es ist ein Alles-oder-nichts-Prozeß. Je dünner die Nervenfasern, desto langsamer arbeiten sie. Die dünnsten Axone leiten ihre Botschaft mit weniger als einem Meter pro Sekunde weiter. Die dicksten sind die sogenannten Motoneuronen, die das Gehirn mit den Muskeln verbinden. Diese müssen natürlich schnell sein, damit die Muskeln im Notfall blitzartig aktiviert werden können.

Die eigentliche Kommunikation, also die Verständigung der Nervenzellen untereinander, funktioniert auf chemischem Wege. Neuronen kennen sozusagen zwei Sprachen: die elektrische und die chemische. Jedes Axon spaltet sich in eine Anzahl dünner Fasern auf, die winzige Verdickungen an ihren Enden haben. Diese Knötchen bilden die eigentliche Verbindung zur nächsten Zelle. Man nennt sie Synapsen; im menschlichen Gehirn gibt es etwa eine Billiarde davon. Der Name wurde 1897 vom englischen Physiologen Charles Sherrington eingeführt und bedeutet etwa »gemeinsame Berührungsstelle«. Betrachtet man eine Synapse unter dem Elektronenmikroskop, stellt man fest, daß sie keine feste Verbindung zwischen den Neuronen darstellt. Der Kontakt zur Nachbarzelle geschieht über sogenannte Neurotransmitter. Sie können nur zwei Arten von Antwort hervorrufen: Erregung oder Hemmung. Die Stellen, an denen der Transmitter ankommt, besitzen sogenannte Rezeptoren, Proteine, die selektiv auf diesen Stoff reagieren. Man kann sich die Rezeptoren vorstellen wie ein Schloß, in das der Neurotransmitter exakt als Schlüssel paßt. Auch hier ist also wieder das offenbar universell gültige Schlüssel-Schloß-Prinzip verwirklicht.

Im Grunde ist dieser Mechanismus die Grundlage unseres ganzen Lebens. Mit ihm werden äußere Eindrücke über die Sinne ins Gehirn geleitet, mit ihm werden die Signale dort verarbeitet, und mit ihm reagiert das Gehirn auf äußere und innere Reize, beispielsweise, indem es eine Bewegung veranlaßt. Millionen von Nervenzellen sind beteiligt, wenn beispielsweise das Auge in Aktion ist. Sie senden elektrische Signale, die durch das dichte Kabelwerk im Gehirn fließen. Eine verwirrende Vielfalt von elektrischen Impulsen ist da unterwegs, kreuz und quer. Dabei stellt sich natürlich die Frage: Wie finden sich die Nervenzellen im Gewirr der Signale zurecht? Lange Zeit galt dies als Rätsel, inzwischen ist die moderne Hirnforschung aber so weit vorangekommen, daß es zumindest Hypothesen für eine Antwort gibt.

Man hat erkannt, daß Nervenzellen nicht allein arbeiten, sondern sich jeweils mit anderen zu einem sogenannten Ensemble zusammenschließen. Ein Beispiel mag dies verdeutlichen: Ursprünglich nahm man an, daß jede Gedächtniszelle ein Bild speichert. Man sprach von einer »Großmutterzelle«, von der man glaubte, sie sei zuständig für das Erkennen der Großmutter. Sie sollte bei jedem Menschen dann und nur dann aktiviert werden, wenn er seine Großmutter sieht. Diese Vorstellung stellte sich als falsch heraus. Es ist ein ganzes Ensemble von verschalteten Nervenzellen, das die Stelle der Großmutterzelle einnimmt. Jedes Ensemble steht für eine bestimmte Merkmalskombination, eines also auch für das Bild der Großmutter.

Dadurch, daß es keine spezialisierten Großmutterzellen gibt, gewinnt das Gehirn an Flexibilität. Mit Großmutterzellen könnte man nur so viele Muster unterbringen, wie es Neuronen gibt. Wenn aber für jedes Muster ein anderes Ensemble gemeinsam erregt wird, bestehen viel mehr Möglichkeiten. Denn am zweiten Ensemble können viele Neuronen beteiligt sein, die auch beim ersten Muster schon beteiligt waren, allerdings mit anderen

Partnern. Wenn man bedenkt, wie groß die Vielfalt durch die unterschiedlichen Kombinationen der Nervenzellen ist, kann man ermessen, welch ungeheure, mit Zahlen kaum mehr beschreibbare Flexibilität das Gehirn mit seinen 100 Milliarden Nervenzellen zustandebringt.

Es bleibt aber immer noch die Frage, woher jede Nervenzelle in jedem Augenblick weiß, zu welchem Ensemble sie gehört. Christoph von der Malsburg von der Universität Bochum hat dafür eine genial einfache Lösung vorgeschlagen: Er stellte die These auf, daß die Nervenzellen sich gegenseitig an dem Rhythmus ihrer Aktivität erkennen. Denn die elektrischen Impulse, mit deren Hilfe sie kommunizieren, sind nicht gleichmäßig, sondern schwanken mehr oder weniger regelmäßig, oft im Frequenzbereich von rund 40 Hertz. Wenn nun jedes Ensemble in einem anderen Rhythmus schwingt, können die Nervenzellen die Gruppen unterscheiden, auch wenn sie gleichzeitig erregt sind, ähnlich wie man Personen, die gleichzeitig sprechen, durch die Frequenz ihrer Stimmen unterscheiden kann.

Jede Nervenzelle fühlt sich dann zu dem Ensemble gehörig, dessen Rhythmus mit ihrem eigenen identisch ist. In der Wissenschaft nennt man dieses Phänomen »Synchronizität«. Es besagt nichts anderes, als daß zwei Systeme etwas gleichzeitig und im gleichen Rhythmus tun. Der Frankfurter Hirnforscher Wolf Singer hat damit einen Mechanismus beschrieben, der im Grunde nichts anderes ist als das Gedächtnis. Das Gehirn »merkt« sich Erregungsmuster, die es bei nächster Gelegenheit wiedererkennt. Es scheint sich also um ein ganz grundlegendes Prinzip für die Funktionsweise des Gehirns zu handeln.

Wie entsteht nun das komplizierte Netzwerk von Verbindungen zwischen den Nervenzellen? Hat nicht hier doch wieder ein zentraler Befehlshaber seine Hand im Spiel? Die Antwort ist verblüffend einfach: Das Netzwerk organisiert sich ganz von selbst. Carla J. Shatz, Professorin für Neurobiologie an der University of California in Berkeley, erforscht seit vielen Jahren die Entwicklung des kindlichen Gehirns. Sie schreibt: »Auch wenn der Mensch mit fast allen Nervenzellen auf die Welt kommt, die er je haben wird, beträgt die Gehirnmasse eines Säuglings lediglich etwa ein Viertel derjenigen eines Erwachsenen. Das Gehirn vergrößert sich nur deshalb noch, weil seine Nervenzellen wachsen und sich viele ihrer Fortsätze sowie Verknüpfungen erst nach der Geburt bilden.« Erst mit dem Ende der Pubertät ist dieser Prozeß abgeschlossen.

Damit aus einem Säugling ein normal denkender und handelnder Erwachsener werden kann, muß sein Gehirn also noch unzählige Verbindungen ausbilden, und diese werden von den Reizen gesteuert, die aus der Umwelt auf den Menschen einwirken. Die Vorgaben von seiten der Erbanlagen allein reichen nicht aus, um die volle Entwicklung des menschlichen Hirns sicherzustellen.

Diese »Verdrahtung« des Gehirns erfolgt nach den gleichen Grundprinzipien wie die Evolution. Vorgegeben ist ein Grundmuster, das noch viele Möglichkeiten der Variation aufweist. Es wird modifiziert durch Reize von außen, also durch die Umwelt. Das Grundmuster reagiert darauf und behält erfolgreiche Variationen bei, während es erfolglose wieder »vergißt«.

Daß in der Tat auch Gefühle durch die Erregung bestimmter Regionen im Gehirn »erzeugt« werden können, hat ein aufsehenerregendes Experiment bewiesen, das die beiden Forscher James Olds und Peter Milner 1953 durchführten: Sie implantierten Ratten einen feinen Draht ins Gehirn, mit dem sich diese über eine Taste selbst schwache elektrische Stromstöße versetzen konnten. Manche Ratten drückten nun diese Taste fast ununterbrochen, sie fraßen nichts mehr, sie schliefen nicht mehr, sie drückten nur noch diese Taste, bis zu hundertmal pro Minute. Olds und Milner schlossen daraus, daß sie bei diesen Ratten offenbar mit der Elektrode unmittelbar das Lustzentrum des Gehirns getroffen hatten. Die Tiere konnten nicht mehr aufhören, sich per Tastendruck zu stimulieren, weil sie nicht mehr genug von diesem wunderbaren Gefühl der Lust bekommen konnten. Selbst Schmerzen konnten sie nicht davon abhalten, die Taste zu drücken.

Auch in einigen wenigen Menschenversuchen an Epilepsiepatienten zeigte sich, daß es im Gehirn des Menschen ebenfalls Regionen gibt, die Lust erzeugen. Meist, so beschrieben die Probanden ihre Empfindungen, war das Lustgefühl eindeutig sexuell getönt. Der Psychologe Aryeh Routtenberg nennt diese Regionen das »Belohnungssystem« des Gehirns. Olds und Milner stellten aber auch fest, daß die Ratten sich völlig anders benahmen, wenn die Elektrode eine Stelle im Gehirn traf, die nur Millimeter vom Lustzentrum entfernt war. Die Tiere schienen dann starke Unlustgefühle zu verspüren und drückten nie wieder auf die Taste. Der Schluß daraus ist zwingend: Bestimmte Bereiche des Gehirns haben offenbar etwas mit Gefühlen zu tun. Dies vermutete schon der griechische Arzt Hippokrates um 400 v. Chr. Auch wenn der Volksmund etwas anderes sagt – Schmerz, Lust, Angst, Wut, Freude, Hunger, Durst, sexuelles Begehren sitzen nicht etwa in Herz oder Bauch, sondern im Gehirn.

Aus vielen Experimenten an Tieren, aus einigen Versuchen an Menschen und aus der Analyse von Gehirnverletzungen weiß man, daß emotionale Regungen hauptsächlich von drei Bereichen ausgehen: von Thalamus und Hypothalamus, vom limbischen System und von einigen Bezirken der Großhirnrinde. Der Hypothalamus, ein entwicklungsgeschichtlich früher Teil des Gehirns, ist zusammen mit seiner Umgebung sowohl für die Ausschüttung von Drüsensekreten als auch für die Steuerung der Verdauung zuständig. Die Experimente von Olds und Milner legen aber nahe, daß er auch an dem Zustandekommen gefühlsmäßiger Reaktionen beteiligt ist. Daß Hormonspiegel, Verdauung und Gefühle eng miteinander zusammenhängen, weiß jeder. Warum sollte man sonst vor Angst Durchfall bekommen oder vor Freude Herzklopfen? Nach allem, was man inzwischen über die Verbindungen der Gehirnregionen herausgefunden hat, scheint der Hypothalamus auch eine Art Schaltstelle und Vermittler für Gefühle zu sein, denn er hat Kontakte zu vielen anderen Bereichen des Gehirns. Der Neurophysiologe Walle J.H. Nauta revolutionierte in den letzten 20 Jahren die Neuroanatomie, weil er zeigen konnte, daß alle vermeintlich isolierten Zentren der verschiedenen Gehirnfunktionen in Wirklichkeit dicht miteinander verbunden sind und ständig kommunizieren.

Offenbar sind die Gefühlszentren im Gehirn aber nicht symmetrisch verteilt. Die Psychologin Sally S. Springer und der Neurologe Georg Deutsch berichten über Untersuchungen des emotionalen Verhaltens bei Patienten, die einseitige Hirnschäden erlitten hatten: »Von linkshemisphärisch geschädigten Patienten wird berichtet, daß sie Gefühle von Verzweiflung, Hoffnungslosigkeit und Wut zum Ausdruck bringen, [...] während eine rechtshemisphärische Schädigung mit einer indifferent euphorischen Reaktion einhergeht, bei der die Krankheitssymptome heruntergespielt werden und emotionale Gelassenheit sowie gehobene Stimmung vorherrschen.«[18] Sogar die Wahrnehmung von emotionalen Informationen verläuft in den beiden Hälften offenbar unterschiedlich: Die rechte Hemisphäre ist dabei stärker beteiligt als die linke.

Neben zahlreichen Grundlagenforschern hat sich gerade im Bereich der chemischen Botenstoffe im Gehirn die pharmazeutische Industrie intensiv in der Forschung engagiert. Groß schien die Aussicht, Wirkstoffe zu finden, die eine Rolle ähnlich den Neurotransmittern spielen könnten. Denn die Botenstoffe, die für die Übertragung der Information zwischen zwei Nervenzellen verantwortlich sind, verursachen auch die Gefühle. Zwischen den Endigungen einer Nervenzelle und der nächsten, also an den Synapsen, befindet sich jeweils ein winziger, flüssigkeitsgefüllter Spalt. Wenn ein elektrisches Signal dort ankommt, werden Chemikalien freigesetzt, die vorher in winzigen Bläschen, sogenannten Vesikeln, in der Synapse gespeichert waren. Rund 50 verschiedene Botenstoffe kennt man inzwischen, die als Neurotransmitter im Gehirn arbeiten. Ein Teil davon ist verantwortlich für Stimmungen und Gefühle. Aus vielfältigen Untersuchungen weiß man, daß die Wirkung mancher Medikamente und Nervengifte daher rührt, daß sie die chemische Übertragung der Nervensignale unterbrechen, verändern oder nachahmen, und es gibt Hinweise dafür, daß auch Geisteskrankheiten auf Defekten in den chemischen Überträgersystemen im Gehirn beruhen.

Da die Botenstoffe im Gehirn nur in winzigsten Mengen vorkommen, ist es ausgesprochen schwierig, ihre Verteilung und Wirkungsweise detailliert zu erforschen. Lange Zeit war das überhaupt nicht möglich, man konnte lediglich bestimmte Neurotransmitter aus Teilen des toten Hirngewebes herauslösen und analysieren.

Wo genau diese Stoffe sitzen und arbeiten, wurde erst bekannt, als man in den siebziger Jahren lernte, sie mit besonderen Methoden selektiv anzufärben. Dies gelingt beispielsweise, indem man im toten Gewebe den Neurotransmitter chemisch so umwandelt, daß er zu fluoreszieren beginnt. Dann kann man die Verteilung der leuchtenden Stellen unter dem Mikroskop auswerten. Eine andere Methode ist es, einem Versuchstier radioaktiv markierte Moleküle eines bestimmten Botenstoffes ins Gehirn zu spritzen und nach dem Tod des Tieres dessen Gehirn daraufhin zu untersuchen, wo sich die Radioaktivität angereichert hat. Am modernsten ist das Verfahren, radioaktiv markierte Antikörper gegen ein Enzym zu benutzen, das einen Neurotransmitter aufbaut. Die Antikörper suchen nun selbständig das Enzym und markieren deshalb die Stellen, wo es am häufigsten auftritt. Dort ist dann auch der entsprechende Neurotransmitter zu finden.

Mit derartigen Methoden ging man nun daran, das Gehirn zu durchforsten und zu prüfen, an welchen Stellen welche Botenstoffe benutzt werden. Diese Arbeiten gaben nicht nur Auskunft darüber, wo im Gehirn welche Aktivitäten stattfinden, sondern sie führten die Forscher auch immer näher an die Lösung der Frage, wo denn nun eigentlich die Seele des Menschen sitzt.

Für das Erleben des Selbst gibt es verschiedene Wörter, zum Beispiel Bewußtsein, Geist oder Seele. Seit der Mensch dieses geheimnisvolle »Bewußtsein« hat, versucht er auch, dessen Ursache und Wirkungsweise zu ergründen. Zwei Grundströmungen haben sich im Lauf der Jahrhunderte für die Erklärung des Bewußtseins herausgebildet: Die Monisten glauben, daß sowohl Geist als auch Körper Ausformungen ein und derselben Ursache sind, daß es sich dabei nur um unterschiedliche Manifestationen ein und derselben »Grundsubstanz« handelt. Die Dualisten gehen davon aus, daß Körper und Geist unterschiedliche Gebilde sind, die zwar auf die eine oder andere Weise miteinander verbunden sind oder aufeinander einwirken, aber grundsätzlich verschiedene Ursachen und Wirkungsweisen haben.

Noch ist der Grundsatzstreit zwischen Monisten und Dualisten nicht entschieden, aber je weiter die Hirnforschung voranschreitet, desto kleiner wird das Lager der Dualisten. Der Trend in der modernen Hirnforschung geht erkennbar in eine Richtung, die immer mehr Funktionen und Fähigkeiten des Gehirns durch seine materielle Basis erklären kann. Erst seit man eine

Vorstellung entwickelt von der tatsächlichen Komplexität der Verschaltungen und Querverbindungen im Gehirn, wird auch erahnbar, daß selbst sehr hochstehende Qualitäten wie Bewußtsein oder Geist »nur« durch ein Netz von Nervenzellen hervorgebracht werden können.

Daß aus relativ einfachen Verknüpfungen ausgesprochen komplizierte Phänomene hervorgehen können, dafür sind Sprache und Schrift überzeugende Beispiele: Zwischen den Mustern auf dem Papier und dem Sinn, den wir in geschriebener Sprache erkennen, besteht im Grunde kein offensichtlicher Zusammenhang. Wer nicht weiß, wie über die Zuordnung von Symbolen zu Schriftzeichen und Wörtern der Sprung vom Materiellen zum Sinn vollzogen wird, der wird dem Rätsel »Schrift« verständnislos gegenüberstehen und vergeblich darüber nachdenken, was die Zeichen auf dem Papier bedeuten. Ebenso vergeblich ist es, die Funktionsweise des Gehirns zu betrachten und bis ins Detail zu beschreiben und dabei etwas zu suchen, das »Bewußtsein« erklären könnte. Warum sollte nicht aus Erregungsprozessen im Gehirn etwas entstehen können, das eine völlig neue Qualität besitzt, nämlich Bewußtsein und Erleben?

Gerald M. Edelman sieht die Verbindung von zwei Gehirnregionen, die völlig unterschiedliche Aufgaben wahrnehmen, als Grundlage für die Entstehung von Bewußtsein an: Im Laufe der Evolution wurde vor rund 300 Millionen Jahren das limbische System, das für Gefühle und langsame Körperanpassungen zuständig ist, mit dem Cortex verbunden, der Wahrnehmung und schnelle Reaktionen und Handlungen steuert. Durch diese Rückkopplung entstehen zum ersten Mal Wertungen, die mit bestimmten Wahrnehmungen und Handlungen verbunden sind. Das heißt, daß eine neue Kategorie ins Spiel kommt, die über eine direkte Reaktion und Anpassung an die Umwelt hinausgeht: Jedem Reiz wird ein Wert zugemessen, der sich an den früher gemachten Erfahrungen orientiert. So kommt zum rein assoziativen Gedächtnis eine neue Qualität hinzu, die ohne Verbindung zum Gefühlssystem nicht möglich wäre.

Ein Triumph der Wissenschaft: Sogar die Seele des Menschen läßt sich also mit physikalisch-chemischen Vorgängen erklären. Oder ist es die totale Desillusion, der vollkommene Materialismus? Der Mensch ist zu einem Automaten geworden, dessen Funktionen man nach und nach erkannt hat. Er arbeitet mit Botenstoffen und elektrischen Potentialen, und wenn diese auf Null sind, ist er tot. Viele Menschen empfinden diese Vorstellung als beängstigend. Sie wollen den Gedanken nicht aufgeben, daß die Erde im Weltall eine irgendwie geartete Sonderrolle spielt. Aus dieser Desillusionierung, die der modernen Wissenschaft innewohnt, speist sich unter anderem die Skepsis, der Widerstand gegen sie. Mechanistische Modelle spenden keinen Trost, sie erklären weder Moral noch Religion. Trotzdem: Ist die kulturelle Leistung der Menschheit und der Humanismus des Einzelnen nicht noch höher zu bewerten, wenn man der These folgt, daß beides durch reine Evolution entstanden ist? Vermindert man dadurch den Wert dieser Haltungen?

Kapitel 6

Die Veränderung der Arbeitswelt

Computer auf dem Weg vom Ungetüm zur Mikrotechnik

Es war vielleicht die erste »Rückrufaktion« der Weltgeschichte: Im Jahr 1890 nahm William S. Burroughs alle 50 Rechenmaschinen zurück, die er kurz zuvor in den USA ausgeliefert hatte, weil die Hebel zu leicht abbrachen. Zwei Jahre lang bastelte er daran, diesen Fehler zu beseitigen, dann war das neue Modell fertig. Burroughs ging in den zweiten Stock seines Produktionsgebäudes, wo die 50 zurückgeholten Maschinen lagerten, und warf alle, eine nach der anderen, durchs Fenster in den Hof. Als die letzte dort zerschellt war, soll er gesagt haben: »Dort endet die letzte meiner Sorgen.«

Um die mühselige Plackerei beim Addieren langer Zahlenkolonnen zu beenden, hatte der Bankangestellte Burroughs im Alter von 25 Jahren beschlossen, eine mechanische Addiermaschine zu entwickeln. Ende des 19. Jahrhunderts erlebte die Welt eine aufregende Periode mit vielen Neuerungen: Die transkontinentale Eisenbahn transportierte Waren und Post schneller als je zuvor und belebte die Wirtschaft. Prompte und zuverlässige Abrechnungen waren gefragt. Das Telefon begann sich gerade durchzusetzen und versprach alles noch weiter zu beschleunigen. Da erschien es dem jungen Angestellten als Anachronismus, daß er rund die Hälfte seiner Zeit damit zubrachte, Rechenfehler zu vermeiden und ein weiteres Viertel damit, bereits geschehene Rechenfehler aufzuspüren. Er erlernte Maschinenbau, fand Geldgeber und begann, die Addiermaschine zu konstruieren, die er sich vorgestellt hatte. Im Gegensatz zu anderen mechanischen Rechenmaschinen, die es damals bereits gab, sollte sein Apparat die Zahlenkolonnen sofort ausdrucken und auch nachträgliche Korrekturen ermöglichen. Er wurde mit Hilfe von Tasten bedient, aber er hatte zusätzlich noch jenen ominösen Hebel, der die Addition erst wirklich auslöste. Nachdem Burroughs es geschafft hatte, ein wirklich ausgereiftes Modell zu entwickeln und herzustellen, gelang es ihm zunächst nicht, einen vernünftigen Vertrieb auf die Beine zu stellen. Erst nach mehreren Jahren begann sein Betrieb zu florieren.

In St. Louis, wo Burroughs seine Addiermaschinen erfand, begann auch der Aufstieg eines anderen Pioniers der Datenverarbeitung, des Hermann Hollerith. Als Angestellter des amerikanischen Census-Büros, das die Auswertung der Volkszählungen durchzuführen hatte, begann er sich Gedanken darüber zu machen, wie man das Auswertungsverfahren beschleunigen könnte. Die manuelle Auszählung der Daten von 1880 hatte immerhin siebeneinhalb Jahre gedauert, und als die Zahlen endlich feststanden, waren sie größtenteils schon wieder überholt. Hollerith griff die Idee des Mathematikers Charles Babbage, Lochstreifen zu benutzen, wie sie in automatischen Strickmaschinen zur Steuerung des Musters üblich waren, auf und entwickelte daraus eine Technologie, die die Welt verändern sollte. Zunächst begann der junge Ingenieur 1880 – er war gerade 20 geworden –, ebenfalls Lochstreifen auszuprobieren, auf denen die wichtigsten Daten der Volkszählung registriert werden konnten. Das System funktionierte, jedoch hätte man jedesmal kilometerlange Papierschlangen auswerten müssen, wenn man statistische Überblicke gewinnen wollte.

Hollerith kam deshalb bald auf den Gedanken, daß nicht ein langer Lochstreifen das Mittel der Wahl war, sondern einzelne Karten. Der Einfall war ihm gekommen, als er einen Zugschaffner beim Lochen der Tickets beobachtet hatte. Für jeden Bürger der Vereinigten Staaten konnte eine Karte (sie hatte übrigens die Größe einer Dollarnote) angelegt werden, die mittels der eingestanzten Löcher die erhobenen Daten angab. Wollte man die Karten auswerten, mußte man sie in ein Lesegerät geben, das die Löcher abtasten konnte und so die Zählung der Häufigkeit bestimmter Merkmale vornahm.

Nach einem kurzen Zwischenspiel beim Patentamt in St. Louis begann sich Hollerith ganz der Konstruktion der Zählmaschinen zu widmen. Sein erstes Patent meldete er 1884 an; insgesamt kam er im Laufe seines Lebens auf 31 Patente. Nachdem er die Tochter seines früheren Chefs, des Leiters der Census-Behörde, geheiratet und eine Firma gegründet hatte, erhielt er den Zuschlag für die Auswertung der Volkszählung 1890. Sein Verfahren hatte Erfolg: Pro Minute konnten in jeder Maschine 50 bis 80 Karten gelesen werden. Bereits einen Monat, nachdem alle Ergebnisse der Umfrage in Washington eingetroffen waren, war er in der Lage, die Gesamtzahl der Einwohner der USA anzugeben: Es waren 62622250. Obwohl die Bevölkerung seit 1880 um rund zwölf Millionen Menschen angewachsen war, wurde die gesamte Auswertung mit Hilfe von Holleriths Lochkarten in zweieinhalb Jahren fertiggestellt, also in nur einem Drittel der Zeit, die zehn Jahre zuvor benötigt worden war. Wegen der leichten Auswertung konnten sogar zusätzliche Fragen gestellt werden, die in der vorausgegangenen Volkszählung noch nicht möglich gewesen waren.

Da Hollerith die wirtschaftliche Bedeutung seiner Erfindung erkannte, gründete er 1896 eine Firma, die sowohl Karten als auch die dazugehörigen Maschinen herstellte. Bald wurden die Anlagen auch bei Volkszählungen in Kanada, Österreich, Italien, Frankreich und Deutschland eingesetzt. Auch die zwölfte amerikanische Volkszählung im Jahr 1900, die besonderes Augenmerk auf landwirtschaftliche Statistiken legte, benutzte Holleriths Maschinen, die er inzwischen weiter verbessert hatte.

Erst als ein Streit über die Höhe der Miete für seine Anlagen im Jahr 1903 die Zusammenarbeit mit dem Census-Büro beendete, wandte sich der Ingenieur anderen Märkten zu. Seine Maschinen wurden ein wertvolles Hilfsmittel für Eisenbahngesellschaften, Handelshäuser und große Versicherungen. 1911, in dem Jahr, als sein Konkurrent James Powers eine eigene Firma gründete, schloß sich Holleriths inzwischen 15 Jahre alte Firma mit drei anderen Gesellschaften zusammen, um gemeinsam die »Computing-Tabulating-Recording Company« (CTR) zu eröffnen. 1924 wurde diese Holding umbenannt in »International Business Machines Corporation«, abgekürzt IBM. Powers, der große Konkurrent, wurde übrigens später zum Gründer der »Sperry Rand Corporation«. So entstanden aus den Firmen der beiden Lochkarten-Pioniere zwei der später größten Computerhersteller der Welt.

Von vielen Mythen umgeben ist vor allem der Aufstieg von IBM zwischen 1914 und 1953. In diesen 40 Jahren konnte die Firma ihren Wert auf das 24fache steigern, die Zahl der Mitarbeiter erhöhte sich auf das 34fache, und die Entwicklungskosten stiegen um das 500fache. Ihren gewaltigen Erfolg hatte die Firma einem Mann zu verdanken, dessen Zielstrebigkeit und moralische Grundsätze sie fast zu einer Art religiöser Vereinigung machten: Thomas J. Watson. Mitarbeiter, die nicht absolut loyal waren und sich dem »Familiengeist« nicht unterordneten, mußten gehen. »Sie müssen ihre Seele in ihre Arbeit legen und ihre Arbeit in ihre Seele«, war das Motto, das Watson seinen Angestellten beibrachte. Gleichzeitig bot er ihnen aber auch Annehmlichkeiten, die sonst nicht üblich waren: einen Country Club, Fortbildungsprogramme und Galaveranstaltungen.

Aus einfachen Verhältnissen stammend, hatte sich Watson als Handelsvertreter hochgearbeitet und machte schließlich in der Firma National Cash Register (NCR) Karriere. Ein Zerwürfnis mit deren Präsidenten John H. Patterson endete mit Watsons Entlassung. Drei Monate vor seinem vierzigsten Geburtstag und zwei Monate vor der Geburt seines ersten Kindes stand Watson auf der Straße. Da jedoch seine Erfolge bei NCR bekannt waren, erhielt er viele gute Angebote, aber er entschloß sich, auf eigenen Füßen zu stehen und beteiligte sich an der Firma Computing-Tabulating-Recording, dem erwähnten Zusammenschluß der Lochkartenfirma Hermann Holleriths mit drei weiteren Gesellschaften. Watson begann 1914 mit einem Jahresgehalt von 25 000 Dollar und 1220 Firmenaktien. Nach drei Monaten war er Präsident der Firma.

Eine der größten Herausforderungen für das junge Unternehmen war, daß der schärfste Konkurrent, die Powers Accounting Corporation, bessere und billigere Geräte herstellte. Watson gründete deshalb noch im Herbst 1914 eine Entwicklungsabteilung, in der unter Leitung des Ingenieurs Clair D. Lake eine Schreib-Lesemaschine konstruiert wurde, die Watsons Firma vor dem Ruin rettete. Im Rahmen einer pompösen Veranstaltung wurde das Gerät 1919 bei einer großen Vertreterversammlung vorgestellt. Es sollte zum Beginn des kommerziellen Erfolges werden. Drei Jahre nach Watsons Eintritt hatte sich das Bruttoeinkommen der Firma von vier Millionen auf 14 Millionen Dollar erhöht. Sie war auf dem Weg von der Herstellung reiner Rechenmaschinen zur Datenverarbeitung und globalen Kommunikation. Die Internationalität kam zum Ausdruck, als die Firma sich 1924 in IBM umbenannte.

In den Jahren der großen Depression um 1930 schränkte Watson die Arbeit seiner Firma nicht ein, sondern produzierte auf Vorrat. Das kam ihm zugute, als er sich 1935 um einen Auftrag der neu gegründeten Sozialversicherung bewarb. Er konnte sofort die nötigen Maschinen für die Buchhaltung zur Verfügung stellen und erhielt den Zuschlag. Um 1940 war die Firma IBM die größte in ihrer Branche.

Watson hielt engen Kontakt zu den Politikern in Washington. Um ihn zu ehren, bot Präsident Roosevelt ihm den Posten des Botschafters in England an, später den des Handelsministers, aber Watson lehnte ab. Er baute aber eine eigene Organisation in Europa auf. 1949 arbeitete seine Firma bereits weltweit, als »IBM World Trade Corporation«.

Als 1939 der Zweite Weltkrieg ausbrach, stellte Watson sofort alle IBM-Fabriken der Regierung zur Verfügung. Nun wurden nicht mehr Bürogeräte, sondern Gewehrteile und Flugzeugkomponenten gefertigt. Watson konnte sich wegen dieses Engagements natürlich des Wohlwollens der Regierung sicher sein. Während des Krieges begann für IBM auch das eigentliche Computergeschäft. Der Erfinder Howard Aiken, der damals an der Harvard-Universität arbeitete, hatte sich schon lang Gedanken darüber gemacht, ob es nicht möglich wäre, kleinere Rechner zu einem großen »Superrechner« zusammenzuschließen. Watson ließ sich von der Idee überzeugen und stellte das für die Entwicklung nötige Geld von einer halben Million Dollar zur Verfügung. 1944, fünf Jahre später, wurde das Wunderding unter dem Namen »Mark I« der Öffentlichkeit vorgestellt: Es war 15,5 Meter lang, 2,4 Meter hoch, enthielt 800 000 Einzelteile sowie 800 Kilometer Draht und konnte 23stellige Zahlen verarbeiten. Für eine Addition benötigte die Anlage eine Drittel Sekunde, für eine Multiplikation drei Sekunden. Einen Logarithmus auf 20 Stellen genau zu berechnen dauerte eineinhalb Minuten.

Aiken machte allerdings einen entscheidenden Fehler, als er

sein Werk präsentierte: Er erwähnte mit keinem Wort die Mitwirkung von Watson und IBM an dem Superrechner. Der Firmenchef sann auf Rache und gab seiner Entwicklungsabteilung den Auftrag zu einer noch besseren Anlage, die Mark I in den Schatten stellen sollte. Inzwischen war jedoch 1946 an der Universität von Pennsylvania der erste voll einsatzfähige elektronische Computer entwickelt worden, der Eniac. Er wog 30 Tonnen, füllte eine ganze Turnhalle, enthielt 18 000 Elektronenröhren und übertraf in geradezu revolutionärer Weise die bis dahin gebauten elektromechanischen Geräte an Geschwindigkeit und Vielseitigkeit. Trotzdem kann ein Taschenrechner von heute mehr als diese gigantische Anlage. IBM nahm die Herausforderung an und präsentierte 1948 den »Selective Sequence Electronic Calculator« (SSEC).

Nun begann ein Wettlauf um den besten, schnellsten und leistungsfähigsten Computer, in erster Linie zwischen IBM und seinem Konkurrenten, der Remington Rand Corporation, die den »Univac« entwickelt hatte. IBM antwortete mit dem Modell 701, das 25mal so schnell war wie der SSEC. Es folgten die Serien 702, 704 und 705, die so erfolgreich waren, daß IBM bald konkurrenzlos dastand. Als James Watson 1956 im Alter von 82 Jahren die Leitung der Firma an seinen Sohn übergab, war sie die größte Computerfirma der Welt.

Der Durchbruch der Computer und ihr wirtschaftlicher Erfolg wären natürlich nicht denkbar gewesen ohne den Beitrag der Erfinder und Ingenieure. Einer der genialsten Köpfe auf diesem Gebiet war der Engländer Alan M. Turing, der sich mit 42 Jahren mit Zyankali das Leben nahm – so lautete jedenfalls die offizielle Todesursache. Viele glaubten nicht an einen Selbstmord des homosexuellen Forschers, der zu Depressionen neigte. Aber die Affäre wurde nie aufgeklärt. 1912 in London geboren, erwies er sich schon als Kind als besonders begabt, manche hielten ihn für ein mathematisches Wunderkind. Für seine Leistungen erhielt er eine ganze Reihe von Auszeichnungen und Preisen. 1936, also mit 24 Jahren, veröffentlichte er in den ›Proceedings‹ der Londoner Mathematical Society eine aufsehenerregende Arbeit[1], in der er untersuchte, was eine Rechenmaschine könne und was nicht. Er kam zu dem Schluß, daß es einen Automaten geben müsse, der jede Rechnung, die ein Mensch auch könne, zu lösen imstande sein müsse. Diese nur auf dem Papier existierende Maschine heißt heute »Turing-Maschine«.

Turing studierte an der Universität in Princeton, wo zu jener Zeit eine ganze Reihe weltberühmter mathematischer Geistesgrößen lehrten, darunter von Neumann, Courant, Hardy, Einstein, Lifschitz, Weyl und andere. Nach seiner Promotion 1938 bot von Neumann Turing eine Stelle als Assistent an. Dieser jedoch entschied sich, lieber in sein geliebtes England zurückzukehren, und ging zunächst nach Cambridge ans King's College. In den Kriegsvorbereitungen der Engländer gegen das nationalsozialistische Deutschland wurde Turing zur treibenden Kraft bei den Bemühungen um die Herstellung eines digitalen Computers. Anfang der vierziger Jahre, als in England die Angst vor einer Invasion Hitlers stieg, versammelte die britische Regierung ein Team aus den besten Mathematikern und Elektronik-Spezialisten in einem ruhig gelegenen Landhaus in Hertfordshire mit dem Namen Bletchley Park. Dieses Zentrum, das berühmt geworden ist durch seine Erfolge bei der Entschlüsselung der deutschen Verschlüsselungsmaschine Enigma, wurde zum Schauplatz der ersten britischen Versuche mit elektronischen Rechengeräten, die extra für diese Aufgabe gebaut wurden.

Turing war am Entwurf der Maschinen maßgeblich beteiligt. Zunächst baute man sie aus Relais zusammen, und die Rechner der ersten Generation erreichten beachtliche Lesegeschwindigkeiten. Ein photoelektrisches Lesegerät konnte auf einem Papierstreifen 2000 Zeichen pro Sekunde lesen – eine Leistung, die am Ende des 20. Jahrhunderts normal ist, damals aber geradezu unglaublich erschien. Die zweite Rechnergeneration arbeitete bereits mit Vakuumröhren anstelle der langsameren Relais. 2000 derartiger Röhren waren zusammengeschaltet, und die Maschine konnte 5000 Zeichen in der Sekunde lesen. Insgesamt zehn Maschinen dieser zweiten Generation wurden gebaut – sie hießen Colossus –, und sie erreichten außerordentlich gute Leistungen, allerdings nur für den einen Zweck: die Entschlüsselung von Codes.

Nach dem Zweiten Weltkrieg begann Turing, seine theoretischen Vorhersagen in der Praxis zu überprüfen, und baute einen eigenen Computer. Er wurde dabei unterstützt von John R. Womersley, der vorher an der Universität Pennsylvania an der Entwicklung des weltberühmten Eniac mitgearbeitet hatte. Turings Rechner, der 1950 unter dem Namen ACE »Pilot« seine Fähigkeiten demonstrierte, enthielt 1000 Vakuumröhren, hatte eine Speicherkapazität von 512 Wörtern von je 32 Bits und benötigte für eine Addition 32 Millisekunden und für eine Multiplikation rund eine Millisekunde. Die Maschine arbeitete mit einer besonderen Art von Speicher, »Verzögerungskette« genannt. Es handelte sich dabei um eine mit Quecksilber gefüllte Röhre, in der die Ziffernimpulse als Schallimpulse entlangliefen und am Ende verstärkt wurden. Trotz dieses exotischen Speichers war der Rechner recht zuverlässig, aber sperrig und empfindlich gegen Temperaturänderungen, vor allem jedoch gegen Schwingungen und Lärm. Trotzdem galt der »Pilot« eine Zeitlang als der leistungsfähigste Computer der Welt. Er wurde fünf Jahre lang benutzt und steht seither im Londoner Science Museum.

Damals machten sich viele Wissenschaftler Gedanken darüber, was ein Computer zu leisten imstande sei und was nicht. Turing selbst hatte 1940 einen Aufsatz verfaßt mit dem Titel ›Kann eine Maschine denken?‹, 1951 und 1952 nahm er an Rundfunkdiskussionen zu diesem Thema teil. Ein Kommentator meinte damals, es wäre sicherlich interessant, einer Diskussion zuzuhören, die zwei Maschinen darüber führten, warum die Menschen so denken, wie sie denken.

Während in England und in den USA das Computerzeitalter heraufzog, hatte ein Ingenieur in Deutschland auf eigene Faust eine ganze Reihe von Rechnern gebaut, die er allerdings zunächst nicht vermarktete: Konrad Zuse, der als der Erfinder des programmierbaren digitalen Computers gilt. Im Wohnzimmer seiner Eltern in der Methfesselstraße 7 in Berlin-Kreuzberg bastelte er in den dreißiger Jahren Rechenmaschinen, die er zunächst V-1 usw. nannte, später jedoch in Z-1 usw. umbenannte, um Verwechslungen mit den Raketenwaffen Wernher von Brauns zu vermeiden. Zuse hatte eine symbolische Notation für die binäre Arithmetik entwickelt, die sich zur Steuerung von Relais verwenden ließ. Sein erstes Modell von 1938 war noch vollkommen mechanisch und kam aus Zuses Wohnung nie heraus. Da der junge Erfinder als Luftfahrtingenieur tätig war, glaubte er, daß automatische Rechenmaschinen vor allem zur Berechnung aerodynamischer Gleichungen dringend nötig seien. Seine zweite Maschine, die Z-2, die bereits aus einer Kombination von Relais und Elektronenröhren bestand, war äußerst unzuverlässig, arbeitete aber zufällig an dem Tag sehr genau, als ein sehr angesehener Kollege Zuse besuchte und den Rechner besichtigte. Er half ihm bei der Geldbeschaffung, aber Zuse arbeitete weiter allein in der Wohnung seiner Eltern. Zusammen mit seinem Freund Helmut Schreyer baute er dort Ende 1941 die Z-3, die bereits relativ leistungsfähig war. Sie benötigte für eine Multiplikation fünf Sekunden.

Seine Z-3 modifizierte Zuse zu einem Spezialcomputer, der in der Flugzeugfirma Henschel in Berlin von 1942 bis 1944 bei der Entwicklung von unbemannten Flugzeugen mit der Typenbezeichnung HS-293 eingesetzt wurde. Zuse erdachte dazu ein Programm, das so benutzt werden konnte, daß der Anwender nicht alle Einzelheiten des Maschinenaufbaus kennen mußte. Man kann das System als erste Programmiersprache bezeichnen. Als Zuse am Z-4 arbeitete, lernte er den amerikanischen Erfinder Howard Aiken kennen, der am Bau des Mark I beteiligt war. In jenem Jahr – man schrieb 1945 – baute Zuse den Z-4 zu Ende, obwohl seine Werkstatt in Berlin mehrfach von Bomben getroffen wurde und er immer wieder umziehen mußte. Auch nach dem Krieg mußte er den Computer mehrfach auseinandernehmen und mit ihm auf Reisen quer durch Europa gehen. Trotzdem funktionierte dieses Gerät bis 1959. Es benötigte zum Multiplizieren eine Sekunde und zum Wurzelziehen fünf Sekunden. Zuse hatte dafür eine eigene Programmiersprache erfunden, die er »Plankalkül« nannte.

Nach dem Krieg, als die Siegermächte so gut wie alle bedeutenden Wissenschaftler des besiegten Deutschlands verhörten, wurde klar, daß niemand in der Führungsspitze des Dritten Reichs von den bahnbrechenden Arbeiten Zuses gewußt hatte. So war er der Schwierigkeit entgangen, für das nationalsozialistische Regime arbeiten zu müssen. 1949 gründete er eine eigene Firma und versuchte vergeblich, IBM zu einer Kooperation zu bewegen. Die Amerikaner wollten lediglich einige Patente von ihm erwerben. Später verkaufte Zuse seine Firma an Siemens.[2]

Einem anderen Computerklassiker verhalf der Zweite Weltkrieg zu seiner Entstehung: Der »Eniac« wurde in Auftrag gegeben, weil die Amerikaner hofften, damit die Flugbahnen der modernen Geschosse schneller berechnen zu können. Normalerweise benötigten mehrere Spezialisten mit ihren mechanischen Rechenmaschinen einige Stunden, um eine Flugbahn unter vorgegebenen Bedingungen zu berechnen. In Krisenzeiten waren Hunderte von Angestellten rund um die Uhr mit Rechnen beschäftigt. Der Einsatz eines schnellen Computers versprach hier eine entscheidende Entlastung. Die beiden Ingenieure Presper Eckert und John William Mauchly begannen im April 1943 mit der Entwicklung. Zwei Jahre später war der Eniac fertig, allerdings erst, als Japan schon kapituliert hatte.

Der neue Computer wurde neben den nun nicht mehr so vordringlichen Bahnberechnungen auch zur Berechnung der Wettervorhersage, zur Simulation von Windkanalversuchen und zur Auswertung der kosmischen Strahlung eingesetzt. Das Ungetüm war riesig und verschlang viel Energie, aber es konnte tausendmal schneller rechnen als beispielsweise Mark I von IBM. Es war vollkommen elektronisch gesteuert und enthielt einige wichtige Teile des Programms in fest verdrahteter Form – später eine Selbstverständlichkeit für jeden Computer. Gesteuert wurde Eniac durch eine Mischung aus Schaltern und einem Schaltbrett, das ähnlich aussah wie die früher verwendeten Schalttafeln der Telefonvermittlungen. Wollte der Programmierer ein neues Programm einspeisen, war er gezwungen, die Drähte in dieser Schalttafel neu zu verlöten. Ein schwieriges Verfahren, das eine flexible Nutzung des Computers kaum zuließ.

Eckert und Mauchly stellten deshalb Überlegungen für den Bau eines Rechners an, dessen Programm elektronisch gespeichert werden konnte, ähnlich wie man auch die Daten innerhalb des Computers bereits speicherte. Diese »Programmspeicher-Maschine« mit informatorischer Steuerung, »Edvac« genannt, wurde bis 1951 fertiggestellt. 1945 schloß sich den beiden Computerbauern ein Mathematiker aus Ungarn an, John von Neumann. Er faßte die Ergebnisse der Arbeiten zusammen und veröffentlichte sie unter dem Titel ›First Draft of a Report on Edvac‹, was ihm von Eckert und Mauchly sehr übelgenommen wurde. Die beiden machten sich 1946 selbständig und gründeten die Eckert-Mauchly Computer Corporation. Sie stellte für die Flugzeugfirma Northrop einen Computer mit dem Namen »Binac« her, der 1949 fertig war. Gleichzeitig hatte der Engländer Maurice Wilkes im britischen Cambridge den programmgesteuerten »Edsac« gebaut, der den Konkurrenten Edvac noch übertraf. Nachdem Eckert und Mauchly in Geldschwierigkeiten gekommen waren, verkauften sie ihre Firma an die Rand Corporation.

Die Zeiten, als jeder Computer noch einen eigenen Namen hatte, gingen in den fünfziger Jahren langsam zu Ende. 1954 brachte IBM die erste in Serie gefertigte Rechenanlage auf den Markt: die mittelgroße IBM 650. Sie wurde 1800mal verkauft und war damit bis zum Ende der fünfziger Jahre der am weitesten verbreitete Computer der Welt. Zwar waren mittlerweile die mechanischen Relais nicht mehr üblich, die in den allerersten Rechner-Ungetümen Platz und Energie verschlungen hatten, aber man baute damals Computer immer noch mit Elektronenröhren. Dabei handelt es sich um luftleer gepumpte Glasröhren, in die Kontakte und ein sogenanntes Gitter eingeschmolzen sind. Aus der Kathode, dem Minuspol, fliegen Elektronen heraus, wenn dieser bis zur Weißglut aufgeheizt ist und bewegen sich zur Anode, dem Pluspol auf der anderen Seite der Röhre. Durch das Gitter kann der Strom mit Hilfe eines geringen elektrischen Signals verstärkt oder geschwächt werden. So arbeiten diese Röhren einerseits als Verstärker, andererseits als »elektrisches Ventil«, als Gleichrichter. Solche Röhren waren zwar recht robust und zuverlässig, aber sie benötigten viel Platz und heizten vor allem die Geräte so stark auf, daß sie intensiv gekühlt werden mußten.

Daß die Röhren auf Dauer keine Lösung darstellten, erkannte man überall dort, wo große und leistungsfähige Computer gebaut wurden, vor allem aber in der Telekommunikationsindustrie. Dort waren Verstärker lebenswichtig, denn sie erlaubten es erst, Informationen über weite Entfernungen zu übertragen, indem sie die Urinformation durch Verstärkung immer wieder auffrischten. So war es nicht verwunderlich, daß die Erfindung, welche die zweite Computergeneration hervorbrachte, aus den 1925 gegründeten Bell Telephone Laboratories in New Jersey kam. Die große amerikanische Telefongesellschaft »American Telephone and Telegraph«, von Alexander Graham Bell ins Leben gerufen, hatte schon sehr früh den Weg konsequenter Grundlagenforschung eingeschlagen. Vom Firmengründer ist der Ratschlag überliefert: »Verlaßt den ausgetretenen Pfad gelegentlich, taucht ein in den Wald. Mit Sicherheit werdet ihr etwas finden, was ihr noch nie gesehen habt!« Dieses Motto konsequent in die Tat umzusetzen, dazu waren in den vierziger Jahren rund 6000 Forscher angetreten, die im Entwicklungslabor der Firma tätig waren. Ihre Arbeit wurde mit vielen Millionen Dollar finanziert, ein ungewöhnliches Vorgehen für damalige Zeiten. Aber der Erfolg gab dieser Firmenstrategie recht.

Vordringlich war in jenen Tagen, die unhandlichen Relais durch kleine, handlichere Teile zu ersetzen. Hans Queisser, einer der renommiertesten Festkörperphysiker Deutschlands, schildert jene Zeit des Versuchens und Entdeckens: »Alle Wissenschaft, alle Technik, jede Idee sollte verfolgt und verbessert, diskutiert und erforscht werden, die Schalten, Verstärken, Speichern in neuer Form versprach. Im Zentrum dieser anfangs noch unsicheren Hoffnung und verschwommenen Zielvorgabe stand der Kristall. Der feste Körper in seiner geordneten Form des kristallinen Aufbaus bot im Grundsatz die Chance eines neuen Schalters, ohne aus grobschlächtigen Einzelteilen zusammengesetzt zu sein. Die Elektronenröhre war zwar vorhanden, aber man konnte leicht nachrechnen, daß diese plumpe, auf Weißglut aufzuheizende Einrichtung niemals in der notwendigen großen Zahl für die Telefonvermittlung eingesetzt werden konnte. Ein Ersatz der Röhre im Kristall, mit den gleichartigen Wirkungen und Funktionen, war das Ziel.«[3]

Drei junge Forscher machten sich mit einem interdisziplinär zusammengesetzten Team daran, dieses Ziel zu verfolgen: Walter Brattain, der seit 1929 in den Bell-Labors arbeitete, William Shockley, ein ehrgeiziger theoretischer Physiker, und schließlich John Bardeen, der in Princeton bei den besten Lehrern Festkörperphysik studiert hatte. Daß die Oberflächen geordneter Kristalle eine Sonderrolle spielten, hatte bereits der bei Siemens tätige Walter Schottky entdeckt. Shockley konzentrierte sich zunächst vor allem auf dieses Thema. Am 29. Dezember 1939 notierte er in sein Notizbuch die Idee, an der Oberfläche von Halbleitern Ströme gleichzurichten. Aus diesem Grundgedanken entstand später der sogenannte Schottky-Feldeffekt-Transistor. Shockley mußte aber zunächst in den Krieg, und erst 1945 kehrte er ins Bell-Labor zurück.

Durch die Versuche, die man im Zuge der Radarentwicklung mit Halbleitern angestellt hatte, war das Wissen über diese seltsamen Elemente, die in ihren Eigenschaften zwischen den Metallen und den Isolatoren liegen, enorm angewachsen. Germanium und Silizium wurden nun zu den hauptsächlichen Forschungsgegenständen. Die besondere Eigenart dieser Elemente ist es, ebenso wie Kohlenstoff beim Diamant ein Kristallgitter zu bilden, in dem jedes Atom von vier gleichartigen Nachbaratomen umgeben ist. So entsteht ein Aufbau in Form eines regelmäßigen Tetraeders (einer dreiseitigen Pyramide), der sich durch besonders hohe Symmetrie auszeichnet. Jedes Atom besitzt ferner vier Elektronen in seiner äußersten Hülle, und es »teilt sich« je eines davon mit jedem seiner Nachbarn. Durch dieses Vorgehen hat jedes Atom im Kristallgitter acht Außenelektronen, ein sehr stabiler Zustand.

Die äußeren Elektronen sind so fest gebunden, daß keines von ihnen zur Weiterleitung eines elektrischen Stromes frei ist, deshalb können diese Elemente – vorausgesetzt, sie liegen in höchst reiner Form vor – nicht als Stromleiter arbeiten. Andererseits sind die Elektronen aber doch nicht so stark an die Atome gebunden wie beispielsweise im Diamantgitter. Durch Stöße, beispielsweise mit einem Lichtquant, lassen sich Elektronen aus ihrem festen Verband herausschlagen und stehen dann als Leitungselektronen zur Verfügung. Einmal Leiter, einmal nicht, wegen dieser Zwitterstellung gab man den Elementen den Namen »Halbleiter«.

Was in jenen Jahren im Bell-Laboratorium vor sich ging, war nicht ein intuitiver Glücksfall oder ein Zufall, der alles über den Haufen warf. Was hier geschah, war Knochenarbeit, war Basteln, Probieren und Rechnen, war Spekulieren, Diskutieren und Verwerfen. Obwohl diese Experimente zum Gebiet der Grundlagenforschung gehörten, waren sie das, was man später als Industrieforschung bezeichnete: ziel- und anwendungsorientierte Forschung zu einem ganz bestimmten Zweck. Die drei Amerikaner waren nicht die ersten, die sich mit dem Thema befaßten. Drei deutsche Vorläufer gab es schon: 1926 hatte Julius Lilienfeld ein Patent auf ein Phänomen angemeldet, das als Vorläufer des Feldeffekt-Transistors gilt. 1934 erhielt Oscar Heil ein Patent auf eine Anordnung zur Verstärkung von Strömen in einem Kristall. Und wenige Tage vor dem Ende des Zweiten Weltkriegs schlug Heinrich Welker den Bau eines Halbleiterverstärkers vor. Seine Unterlagen wurden zusammen mit vielen anderen nach Kriegsende in die USA transportiert.

Ideen gab es also schon, aber die praktische Umsetzung schien immer noch weit entfernt. Der Durchbruch kam quasi als Weihnachtsgeschenk: Bei einem seiner vielen Versuche hatte Brattain auffallende Ergebnisse erzielt. Er ging zusammen mit Bardeen der Sache nach. Queisser berichtet: »Eine Germaniumoberfläche wurde so schonend wie möglich chemisch vorbereitet. Dann wurde im Vakuum Gold in Form kleiner Pünktchen aufgedampft, die als die äußeren Kontakte zu dienen hatten. Auf diese Kontakte wurden unter dem Mikroskop vorsichtig die Nadelspitzen aufgebracht, die Stromversorgung von außen brachten. Ein winziger Effekt war zu sehen: Wenn einer der beiden Kontakte eine Spannung erhielt, dann vergrößerte sich der Strom, der vom anderen Kontakt in den Kristall hereinfloß. Die helle Aufregung war berechtigt; ein richtiger Kristall-Verstärker schien sich tatsächlich verwirklichen zu lassen, wenn auch die Verstärkung noch ausgesprochen mickrig und unansehnlich war.«[4]

In den Tagen zwischen dem 8. und 16. Dezember 1947 herrschte Hochspannung im Bell-Laboratorium. Unzählige Versuche wurden gemacht, jedes Ergebnis genau dokumentiert. »Zur rechtlichen Absicherung unterschreibt ein Kollege als Zeuge mit der stereotypen Formel ›read and understood‹ – gelesen und verstanden. Diese Tage sind für alle Beteiligten einer der Höhepunkte des Lebens als Forscher.«

Die Wissenschaftler konstruierten nun verschiedene Anordnungen, die den erhofften Effekt zeigten. Ihnen allen war gemeinsam, daß sie winzig und extrem instabil waren. Einen Tag vor Weihnachten wurde die Entdeckung den Chefs des Bell-Laboratoriums erfolgreich vorgeführt. John Pierce schlug dafür den Namen »Transistor« vor, der sich international einbürgerte. Brattain gab dazu in einem Interview 1975 folgende kleine Anekdote zum besten: »Als meine verstorbene Frau Kate den Namen zum erstenmal hörte, sagte sie, er würde sicherlich bald auf ›sistor‹ gekürzt werden. Als Bardeen, Shockley und ich die Nachricht von der Verleihung des Nobelpreises erhielten, war mein Vater draußen in den Bitterroot Mountains in Idaho. Die einzige Möglichkeit für meine Mutter, ihm eine Botschaft zu senden, war über ein Telefon der Forstverwaltung: Man sollte Ross Brattain sagen: ›Der Transistor hat den Nobelpreis erhalten.‹ Die Botschaft, die mein Vater aber erhielt, war: Ihre sister (Schwester) hat den Nobelpreis bekommen!«[5]

Die Entwicklungsingenieure bemühten sich in den darauffolgenden Monaten, die Anordnung mechanisch so zu stabilisieren, daß sie die Aussicht auf eine Massenherstellung bot, denn nur wenn man Tausende der kleinen Verstärker bauen konnte, bestand die Chance, durch die neue Technik die Telekommunikation zu revolutionieren. Aber alle Vorschläge, die aus den Entwicklungslabors kamen, waren mehr oder weniger kompliziert und störanfällig, insbesondere wegen der nötigen winzigen, spitzen Kontakte. Dies ließ vor allem John Shockley keine Ruhe. Den ehrgeizigen Forscher wurmte es, daß seine Kollegen im April 1949 in der Zeitschrift ›Physical Review‹ die Grundlagen der Transistorphysik darlegten und ihn dabei erst in der dritten Zeile erwähnten. »Ungeduld, Ärger und Trotz«, so schildert Hans Queisser die Ereignisse, »waren die Triebkräfte bei seiner wissenschaftlichen Arbeit.« Er versuchte, eine einfachere Lösung zu finden. Dabei nutzte er folgendes Phänomen aus: Wenn man einige der Germanium- oder Siliziumatome im Kristall durch Arsenatome ersetzt, die jeweils fünf Außenelektronen haben, erhält man Überschußelektronen, da jeweils nur vier davon für die Bindungen gebraucht werden. Das fünfte kann sich relativ frei bewegen. Während völlig reines Germanium oder Silizium den elektrischen Strom so gut wie nicht leitet, kann es, wenn Arsenatome eingepflanzt werden, als Leiter dienen. Auch der umgekehrte Vorgang ist möglich: Ersetzt man Halbleiteratome beispielsweise durch Galliumatome, die nur drei Außenelektronen besitzen, erzeugt man damit einen Mangel an Elektronen. Die Fehlstellen im Kristall, an denen kein Elektron sitzt, werden »Löcher« genannt, und sie können ebenso durch den Festkörper wandern, als wären sie positive Ladungen. Das Ersetzen von Atomen durch andere nennt man »Dotieren«.

Durch eine schichtweise Anordnung von Arsen- und Galliumatomen im Halbleiterkristall könnte man vielleicht die anfälligen mechanischen Kontakte außen am Transistor ersetzen, so Shockleys Überlegungen. Als er zusammen mit Helfern im Labor die Theorie experimentell überprüfte, zeigte sich, daß sie funktionierte. Damit stand dem Siegeszug des Transistors nichts mehr im Wege. Im Jahr 1956 erhielten Bardeen, Brattain und Shockley gemeinsam den Nobelpreis für die Erfindung des Transistors.

Daß die neuen Halbleiterelemente so winzig waren, lag in der Natur der Sache: Die Elektronen können ebenso wie die Löcher im Kristall nur über winzige Distanzen beeinflußt werden. Auch die Strom- und Spannungswerte für die Halbleiterelemente betragen nur noch Bruchteile der hohen Werte, die einst in den Elektronenröhren oder Relais nötig waren. Diese Miniaturisierung war jedoch äußerst erwünscht: Der Platzbedarf wurde verringert, ebenso der Energieverbrauch und die Wärmeentwicklung. Das Zeitalter der Mikroelektronik hatte begonnen. Bis zum Ende des Jahrhunderts sollte sie die Welt verändern.

Auf dem Markt konnte sich das neue Wunderwerk namens Transistor allerdings nicht so schnell durchsetzen. Zu unzuverlässig waren die ersten Geräte noch, und zu gering war das Interesse der Industrie. So war die erste weit verbreitete technische Anwendung des Transistors sein Einsatz in Hörgeräten. Erst nach und nach – und vor allem mit Hilfe des Militärs, das kleine, tragbare Geräte brauchte – bürgerten sich Transistorradios ein. Sie kamen schließlich in Mode, und die Massenherstellung der Halbleiterelemente begann vor allem auch deswegen, weil die Bell Telephone and Telegraph Company von der US-Regierung gezwungen worden war, auf einen Teil ihrer diesbezüglichen Patente zu verzichten.

Den entscheidenden Durchbruch brachten die Transistoren und Halbleiter jedoch auf dem Gebiet der Computerentwicklung. 1956 wurde bei IBM eine mutige Entscheidung getroffen, die sich im nachhinein als richtig erwiesen hat[6]: Trotz erster, durchaus gemischter Erfahrungen mit einem transistorierten Prototyp-Rechner (dem Typ 608) entschloß man sich, keine weiteren Computer mit Elektronenröhren mehr zu entwickeln, sondern voll auf das Potential einer künftigen Festkörper-Elektronik zu setzen. Dabei ergab sich ein Problem: Computerspezifische Transistoren waren nicht verfügbar, und die Elektroindustrie der ganzen Welt war damals noch nicht daran interessiert, solche zu entwickeln. Während der Fernsehmarkt sich langsam ausweitete, erschien der Computermarkt zu unbedeutend für eigene Entwicklungen. Dies war ein folgenschwerer Irrtum und gleichzeitig der Anlaß für IBM, eine eigene »Components Division« aufzubauen. Um 1956 wurde bei IBM eine weitere zukunftsbestimmende Entscheidung getroffen: die Einführung des Magnetplattenspeichers. Sie kombinierte die bereits bewährte magnetische Aufzeichnung mit dem dreidimensionalen Zugriff auf gestapelte Speicherplatten.

Die Computer der zweiten Generation arbeiteten nun also mit Transistoren. Man montierte die einzelnen Schaltelemente auf Karten und verlötete sie miteinander. Da Transistoren kaum Kühlung brauchen, wurden die Rechner damit kleiner und billiger. Der erste hundertprozentig mit Transistoren bestückte Rechner kam aus Deutschland: 1957 stellte Siemens seinen legendären »Computer 2002« vor. Die Rechengeschwindigkeit dieser Anlage betrug bereits zehn Millionen Additionen pro Sekunde.

Hand in Hand mit der Einführung der Halbleiter in der Computertechnik erfolgte die Umstellung auf digitale Technik. Daß der Mensch auf der Basis des Dezimalsystems rechnet, liegt wahrscheinlich daran, daß er zehn Finger hat. Für eine Maschine ist es jedoch äußerst umständlich, zehn verschiedene Zahlen zu unterscheiden. Am einfachsten ist es, nur zwei Zahlen zu benutzen: 1 und 0 oder ja und nein oder ein und aus. Die winzigen Halbleiterbauelemente boten sich dafür geradezu an, schließlich entsprachen sie im Grunde winzigen Schaltern, die nur »ein« oder »aus« als Zustände kannten. So setzte sich schnell die duale Rechenweise durch, in der alle Zahlen durch Folgen von 0 und 1 – sogenannte Bits – dargestellt wurden. Außerdem ergaben sich bei dieser Technik noch elegante Möglichkeiten, das sogenannte Rauschen zu unterdrücken, das Hintergrundgeräusch, das bei jeder Art von Datenübertragung auftritt. Von nun an konnte jede Information, egal ob Zahl, Wort, Bild oder Musik, in Bitfolgen umgewandelt werden. Digitaltechnik und Mikroelektronik entwickelten sich miteinander.

Der Computermarkt für Halbleiterelemente vergrößerte sich anfangs nur zögerlich. Die wichtigsten Abnehmer für die neue Technik waren Flugzeug- und Raketenhersteller und das Militär. Ihre Anforderungen an die Bauteile waren aber besonders hoch: Sie mußten Temperaturschwankungen, Vibrationen, hohe Beschleunigungen und Strahlung aushalten. Das relativ leicht zu bearbeitende Germanium, aus dem damals die Transistoren in der Hauptsache bestanden, hat jedoch den Nachteil, daß es verhältnismäßig weich ist und bei Erwärmung schnell Elektronen freisetzt und damit alle Bemühungen zunichte macht, dotierte Schichten aufrechtzuerhalten. In dieser Hinsicht als wesentlich stabiler erwies sich das Silizium, das jedoch weit schwieriger zu bearbeiten ist. Es schmilzt erst bei 1400 Grad und ist mechanisch spröde. Trotzdem gingen viele der jungen Firmen, die sich vor allem im Westen der USA – in Silicon Valley – angesiedelt hatten, dazu über, anstelle von Germanium nun Silizium (silicon) zu verwenden.

Jeder Rechner besteht im Prinzip aus zwei Teilen: dem Rechenwerk und dem Speicher. Ersteres ist die Verknüpfung vieler Elemente, mit deren Hilfe Rechnen, Vergleichen und Manipulieren von Daten möglich ist. Im Speicher müssen die Daten abgelegt werden, und zwar so, daß man sie so schnell wie möglich wieder finden und auf sie zugreifen kann. Speicher aus Halbleitern zu fertigen war anfangs nicht möglich, so behalfen sich praktisch alle Computerhersteller mit Lösungen wie der genannten Magnetplattentechnik. Erst ein neuerlicher Durchbruch in der Mikroelektronik ermöglichte auch die Herstellung von Halbleiterspeichern, und so entstanden die Computer der dritten Generation. Sie enthielten »integrierte Schaltungen«. Als Väter dieser Idee gelten der Amerikaner Jack Kilby von Texas Instruments in Dallas und Bob Noyce von Fairchild in Kalifornien, der 1968 die Firma Intel gründete. Während Kilby mit Germanium und aufgepreßten Golddrähten experimentierte, ging Noyce noch einen Schritt weiter und dampfte die Verbindungsbahnen gleich auf Siliziumchips mit auf.

Möglich wurden diese schon recht komplizierten Bauelemente, die mehrere Komponenten auf einem »Chip« vereinigten, durch eine Verbesserung der Herstellungstechnik. Die Transistoren, Dioden, Kondensatoren und Widerstände wurden nun mit Hilfe eines ausgefeilten Ätzverfahrens auf die glatte Silizium-Einkristallfläche aufgebracht. Die Anfänge dieser Technologie stammten aus den Jahren 1959 und 1960, als erste so hergestellte Teile für rund 100 Dollar das Stück an das amerikanische Militär verkauft wurden. Man konnte und mußte so hohe Preise verlangen, denn es gab keine Konkurrenz und das Verfahren war kompliziert und aufwendig: außerdem erzeugte es riesige Mengen von Ausschuß.

Dies änderte sich jedoch bald. Neue Verfahren des Aufdampfens von dünnen Schichten, des Ätzens und der Maskentechnik ließen die Strukturen kleiner und exakter werden. Hand in Hand mit dieser Entwicklung ging ein unglaublicher Preisverfall. IBM-Forscher haben einmal ausgerechnet, daß – würde man die Fortschritte in der Entwicklung der Computertechnik auf die Flugzeugindustrie übertragen – heute eine Boeing 767 in 20 Minuten die Erde umrunden müßte, dabei aber nur 20 Liter Treibstoff verbrauchen dürfte und einen Preis von 1500 Mark hätte. Man rechnet damit, daß sich der Preis für Computerspeicher alle sechs Jahre auf ein Zehntel des Ausgangswerts reduziert. Gleichzeitig steigt die Packungsdichte. Um 1970 hatte die durchschnittliche Zahl von Bausteinen auf einem Chip die Grenze von 50 überschritten, später fanden sich Hunderttausende davon auf einem integrierten Schaltkreis.

Die Entwicklung war aber damit noch keineswegs zu Ende. Noyce hatte kurz nach der Gründung von Intel den 34jährigen Ingenieur Marcian Edward Hoff, der von der Stanford University kam, eingestellt. Ihm gelang zwei Jahre später der Coup, der den Computer erst zum Massenprodukt machte: Zusammen mit Stanley Mazor und Federico Faggin entwickelte er den Mikroprozessor. Es handelt sich dabei um einen winzigen Rechner, dessen Teile direkt auf einem Chip untergebracht sind: das Rechen- und Steuerwerk in Miniaturformat auf der Siliziumscheibe. Der erste dieser Wunderchips hieß »Intel 4004«. Der Weg war damit frei für die vierte Generation der Computer.

Man muß sich vor Augen führen, welches Verhältnis die Menschen Mitte der siebziger Jahre noch zu den Elektronenrechnern hatten. Für den Normalverbraucher gab es keine Möglichkeit, Zugang zu einer der großen Rechenmaschinen zu erhalten, die es damals gab. Und selbst die Auserwählten, die täglich mit den sündhaft teuren Computern umgehen durften, arbeiteten noch längst nicht mit Bildschirmen oder gar Dialogsystemen. Mühsam mußte aus den Fehlern, die passierten, auf die Ursachen geschlossen und dann je nach Bedarf in der Hard- oder Software etwas verändert werden. Meist benutzte man dazu Maschinensprache, und auch die bereits bekannten Programmiersprachen waren noch recht kompliziert. So umgab die Computer ein Hauch von Mythos und Allmacht.

Die Computer-Revolution, also der Zugang des Normalbürgers zu elektronischen Rechnern, setzte erst mit der Erfindung des Personal Computers, des »PC«, ein. Seine Ursprünge lassen sich nicht mehr mit letzter Sicherheit rekonstruieren. 1965 soll Douglas Englebart vom Stanford Research Institute in einem Forschungsprogramm einen Prototyp eines modernen PC entwickelt haben: Man konnte ihm Befehle eintippen, er hatte einen Bildschirm, und er besaß bereits die brandneue Errungenschaft einer »Maus«. Der erste, wenn auch noch sehr teure »Heimcomputer« wurde 1969 in einem Katalog der Firma Neiman-Marcus angeboten: als »Küchencomputer«, der Kochrezepte speichern, den Speiseplan aufstellen und nebenbei die Ergebnisse von Golfturnieren verwalten sollte. Sein Preis von 10600 Dollar dürfte aber die meisten potentiellen Kunden abgeschreckt haben.

Der erste Computer, der später als PC anerkannt wurde, war der von John von Blankenbaker 1971 entworfene »Kenbak-1«. Er besaß allerdings noch keinen Bildschirm und keine Tastatur, sondern lediglich einige Knöpfe und Anzeigenlämpchen. 1973 schließlich wurde es ernst: Im renommierten Palo Alto Research Center (PARC) der Firma Xerox in Kalifornien entstand der »Alto«. Alan Kay, der den Alto konzipierte, sagte später: »Wir kristallisierten unsere Träume in der Designidee eines persönlichen dynamischen Mediums von der Größe eines Notizbuchs – das Dynabook. Jeder sollte es besitzen können, und es sollte so mächtig sein, alle Informationsbedürfnisse seines Besitzers zu befriedigen.«[7] Das Dynabook arbeitete mit einer eigens dafür entwickelten Programmsprache, »Smalltalk« genannt, die nicht Wörter oder Formeln, sondern Objekte benutzte, bildliche Darstellungen, die »angeklickt« werden mußten. Das war in der Tat ein enger Verwandter des modernen Mac. 1980, als Steven Jobs das PARC besuchte, war er davon so beeindruckt, daß er einige Leute abwarb und sein späteres Macintosh-System daraus entwickeln ließ.

Den Nachfolger des Alto versuchte Xerox zu vermarkten; da sich sein Preis aber nie unter 20 000 Dollar drücken ließ, war er zu teuer für private Kunden. Diese äußerten jedoch immer häufiger den Wunsch nach einem erschwinglichen Rechner. Ed Roberts, dessen Firma 1974 in Finanzschwierigkeiten war, machte sich schließlich daran, auf der Basis des Mikroprozessors 8080 von Intel einen kleinen »Volkscomputer« zu bauen. Er überredete Banken zu einem Kredit von 65 000 Dollar, erwarb den 8080 in größerer Stückzahl zum Vorzugspreis von 75 Dollar (der Normalpreis lag bei 375 Dollar) und startete zusammen mit der Zeitschrift ›Popular Electronics‹ eine Initiative: In der Januar-Ausgabe 1975 bot die Zeitschrift einen Selbstbausatz für einen Minicomputer an. Er hieß »Altair 8800« und kostete ganze 397 Dollar. Seine Firma konnte sich vor Bestellungen kaum mehr retten. Es ging so viel Geld ein, daß die Firma saniert werden konnte. Dabei bot der Winzling keinen Komfort: Er hatte weder einen Bildschirm noch eine Tastatur; zum Programmieren mußte man in Maschinensprache Signale per Kippschalter eingeben. Die Ergebnisse konnte man an Lämpchen ablesen, die aufleuchteten.

Viele Bastler und Computerbegeisterte machten sich nun daran, bessere Ein- und Ausgabemedien, Erweiterungen des Arbeitsspeichers, Verbindungen zu Fernsehgeräten und Kassettenrecordern und vor allem Programmiersprachen zu entwickeln. Einer davon war Bill Gates, der für den Altair die Sprache »Tiny BASIC« schrieb, eine abgespeckte Version des BASIC, das bereits für Studenten existierte. Ein trickreicher Diebstahl seines Programms und damit seiner Sprache verhinderte zwar, daß

Gates damit Geld verdienen konnte, hielt ihn aber nicht davon ab, weiter auf dem Gebiet tätig zu sein. Später wurde Gates Chef der größten Softwarefirma der Welt, Microsoft.

Der Preisverfall der Mikroprozessoren ging nicht kontinuierlich vor sich, er erfolgte sprungweise. Einen besonders großen Sprung machte er Mitte 1975, als die Firma MOS-Technologies einen Chip mit dem Namen 6502 zum Preis von sensationellen 25 Dollar anbot. Der Durchschnittspreis für den Konkurrenten von Intel, den 8080, lag zu der Zeit bei 179 Dollar. Jack Tramiel war der Geschäftsmann, der hinter dem Überraschungscoup stand. Bekannt für skrupellose Geschäftsmethoden, gehörte er zu den wenigen, die rechtzeitig erkannten, daß mit den kleinen Computern das große Geld zu machen war. Unter den ersten Käufern des Billigchips befand sich Stephen G. Wozniak, ein junger Computerspezialist, der bei Hewlett-Packard arbeitete. Er montierte den Mikroprozessor in eine Zigarrenkiste und nannte ihn »Apple I«. Ende der siebziger Jahre tat er sich mit seinem Freund Steven P. Jobs zusammen. In einer Garage bauten die beiden Twens nun Computer in Serie zusammen. Bereits vom Apple I verkauften Wozniak und Jobs 1976 rund 200 Stück. Im Jahr darauf stellten die beiden das Nachfolgemodell vor, das mit Tastatur und Bildschirm nur fünf Kilogramm wog und ganze 1298 Dollar kostete, eine bis dahin für unglaublich gehaltene Leistung.

Der PC – wie er nun genannt wurde – brachte den beiden jungen Männern ungeahnten wirtschaftlichen Erfolg: Bereits drei Jahre später, 1980, hatte ihre gemeinsame Firma Apple einen Jahresumsatz von 117 Millionen Dollar. Der Gang an die Börse brachte den Jungunternehmern 400 Millionen Dollar ein. Im Jahr 1982 machte Apple bereits über zwei Milliarden Dollar Umsatz. Nun war die Karriere der kleinen, aber leistungsstarken Computer nicht mehr aufzuhalten.

Konkurrenz bekam der PC allerdings für einige Jahre noch vom »Homecomputer«. Billigmodelle, die für Büro und Beruf wenig geeignet waren, aber ideal waren für die nun aufkommenden Computerspiele. Tramiel verdiente viele Millionen mit seinem »Commodore C 64«, der die Wohnzimmer der ganzen Welt eroberte. Wo aber blieb der Branchenriese IBM? Die Firma, die zunächst auf Großrechner gesetzt und das PC-Geschäft nach Ansicht von Experten verschlafen hatte, zog erst Anfang der achtziger Jahre nach. Am 12. August 1981 kündigte man den IBM-PC offiziell an. Er arbeitete mit einem Betriebssystem, das Bill Gates von Microsoft entwickelt hatte. Die marktbeherrschende Stellung wirkte sich schnell aus: Es wuchs ein Markt von »IBM-kompatiblen« Geräten heran, die mit der gleichen Software betrieben werden konnten. Seit dieser Zeit ist die Computerwelt in zwei Lager gespalten: auf der einen Seite das IBM-Lager, auf der anderen das der Apple-Anhänger.

Dies verhinderte aber nicht den weiteren Aufstieg der kleinen Rechner, die immer potenter wurden. Der Computer begann innerhalb nur eines Jahrzehnts die Welt, vor allem die Arbeitswelt, massiv zu verändern. Viele Arbeiten wurden rationalisiert, Registrierungs- und Speicheraufgaben übernahm die Elektronik und ersparte damit Zeit. Ganze Berufe wurden überflüssig, vor allem durch die mit der Elektronisierung einhergehende Automatisierung von Produktionsprozessen. Viele mechanische Arbeiten konnten nun Robotern übertragen werden, die durch Mikroprozessoren so schnell und genau gesteuert werden, daß der Mensch nicht mit ihnen konkurrieren kann.

Als erstes waren die Büros an der Reihe. Dort war ja das eigentliche Feld der Rechner, dort waren sie entstanden. Nun traten jedoch Qualitäten des Computers in den Vordergrund, die über das pure Rechnen weit hinausgingen, vor allem seine Fähigkeit, Texte zu verwalten. Schreibmaschinen kamen aus der Mode; Textverarbeitung wurde zur Sache der Computer. Bei der Entwicklung der dazu nötigen Software lieferten sich eine ganze Reihe von Firmen ein erbittertes Rennen, aber während lange Zeit »Wordstar« die Nase vorn hatte, ist gegen Ende des 20. Jahrhunderts das Textverarbeitungsprogramm »Word« von Microsoft praktisch weltweit üblich.

Computer übernahmen auch Aufgaben des Telefons; sie bilden Ende der neunziger Jahre zentrale Multimediastationen, die Nachrichten senden und empfangen können und über die unterschiedlichsten Netze Zugriff auf vielfältige Datenbanken ermöglichen. Ein Büro ohne PC ist in den neunziger Jahren kaum mehr denkbar.

Datenverarbeitung betrifft jedoch nicht nur Texte, sondern mit zunehmender Speicherkapazität auch Bilder. Was Anfang der achtziger Jahre noch mit großem Zeit-, da Rechenaufwand verbunden war, schaffte in den neunziger Jahren ein moderner PC in Sekunden: Zeichnen und Gestalten am Bildschirm. Eine ganze Reihe von Berufen erhielten damit ein neues Gesicht – nötig wurde allerdings auch eine andere Ausbildung. Architekten beispielsweise zeichneten bald per Maus und Bildschirm, sie lassen sich die Entwürfe gleich dreidimensional berechnen, von allen Seiten vorführen und im richtigen Maßstab ausdrucken.

Grafiker haben den Zeichenstift in die Schublade gelegt und zu Lichtgriffel und Maus gegriffen – der Computer bietet mittels ausgefeilter Grafikprogramme Gestaltungsmöglichkeiten in großer Fülle. Vor allem Gebrauchsgrafik, insbesondere aber Zeitungs- und Zeitschriftengrafik ist fast überall eine Domäne der leistungsstarken Tischrechner. Seit es dazu hochauflösende Drucker zu erschwinglichen Preisen gibt, hat sich die Branche umgestellt. Der alte Beruf des Setzers ist dadurch überflüssig geworden, denn die Texte werden elektronisch erfaßt und sofort in den Seitenumbruch übernommen.

Auch eine eigene Kunstform hat sich entwickelt: Computerkunst. Sie nutzt die Möglichkeiten des Rechners aus, indem sie Objekte verfremdet, vervielfacht, mit Farben spielt und neue Objekte errechnen läßt. Die »Apfelmännchen« oder Fraktale des IBM-Forschers Benoit Mandelbrodt, die vor dem Computerzeitalter völlig unbekannt waren, sind so fast zu einem Kultobjekt geworden.

In der Industrie haben Computer alles übernommen, was einer Steuerung bedarf. Das von Henry Ford erfundene Fließband existiert zwar noch, aber meist ist es menschenleer. Allenfalls Roboter montieren – computergesteuert – Teile zusammen. So arbeiten in Autofabriken nur noch wenige Menschen; die Hallen werden beherrscht von der totalen Automatisierung. Selbst in klassischen Branchen, wie beispielsweise der Bauindustrie, haben Computer inzwischen wichtige Aufgaben: Beton ist zum Beispiel auch heute noch der meistverwendete Baustoff. Er muß exakten Anforderungen genügen, in der Bundesrepublik richten sich die einzelnen Sorten nach der DIN-Norm, in der Europäischen Union sind ebenfalls Prüfverfahren für die wichtigsten Zementsorten vorgeschrieben. So ist die Industrie verpflichtet, ein Produkt von gleichbleibender Qualität zu erzeugen, und das, obwohl die Ausgangsstoffe oft eine sehr unterschiedliche Zusammensetzung aufweisen. Um eine gleichmäßige Betonqualität zu erhalten, müssen viele Faktoren überwacht und aufeinander abgestimmt werden. Einige europäische Forschungsprojekte befassen sich mit der Qualitätssicherung von Beton. Sie erreichen dies durch automatische Überwachung der Zusammensetzung der einzelnen Bestandteile und durch Steuerung des gesamten Produktionsablaufs. Dazu wurden eine ganze Reihe von Hardware- und Software-Werkzeugen entwickelt. Ein Verschleißdetektor mißt beispielsweise ständig bis auf einen Zehntelmillimeter genau die Abnutzung an den Mahlwerken. Eine Computersimulation errechnet die optimalen Maschineneinstellungen für bestimmte Qualitätsanforderungen. Ein Korngrößen-Detektor, der auf elektronischer Bildverarbeitung beruht, analysiert bis auf fünf Prozent genau Form und Durchmesser der Teilchen.

Der zweitgrößte Zement- und drittgrößte Fertigbetonhersteller der Welt, das französische Unternehmen Ciments Lafarge, geht Ende der neunziger Jahre in seinem Werk La Couronne bei Angoulême in Westfrankreich bereits einen Schritt weiter. Das Werk arbeitet mit einem rechnergestützten Automatisierungssystem. Es ermöglicht in Echtzeit die Regelung und Steuerung aller Verfahrensschritte bei der Zementproduktion. Die Software besitzt eine hochauflösende graphische Bedieneroberfläche. So kann der Operator mittels des Prozeßleitsystems jederzeit auf seinem Bildschirm die nötigen Daten abrufen bzw. in den Prozeßablauf eingreifen, indem er bestimmte Parameter ändert. Ein Software-Paket erlaubt die Optimierung des Verfahrensablaufs, indem es menschliches Expertenwissen in Regelvorgänge einfließen läßt. Dazu wurde die sogenannte Fuzzy Logic eingesetzt. So nannte im Jahr 1965 der amerikanische Computerwissenschaftler Lotfi Zadeh seine geniale Idee. Wie kann man – so hatte er gefragt – komplizierte Prozesse steuern, die keinen genauen mathematischen Gesetzen folgen? Seine Antwort: In der Art, wie auch der menschliche Geist arbeitet, nämlich nach ganz einfachen Regeln – nicht exakt, sondern ungefähr, intuitiv, »fuzzy«. »Fusselig, kraus, verschwommen« ist dafür die Übersetzung, und beschreibt das, was Zadeh vorschwebte, sehr genau.

Ein Scannersystem erfaßt kontinuierlich die Temperatur des Ofenmantels und meldet sie an die Systemsteuerung. Weitere Expertensysteme dienen zur Optimierung der Ofendrehzahl, des Ofenzugs, des Lufteintritts, der Brennstoffzufuhr, der Kühl- und der Druckregelung. Der französische Betreiber hofft, mit diesem Konzept eine rigorose Kostenkontrolle durch optimale Prozeßführung und Kapazitätsauslastung zu erreichen.

Dies ist nur ein – wenn auch typisches – Beispiel für den Einsatz von Computern in der Industrie. Seit die Konstruktionsbüros ebenfalls mit Computern bestückt sind, lassen sich die elektronischen Befehle gleich von dort an die Anlagen übermitteln. In den neunziger Jahren wurde CAD (computer-aided design)-CAM (computer-aided manufacturing) zum Standard vieler Fabriken.

Vernetzung ist durch den massenhaften Einsatz von Computern zu einem der wichtigsten Schlagworte geworden. Wie alle anderen hat jedoch auch diese Medaille zwei Seiten: Vernetzung kann bedeuten, daß jeder flächendeckend kontrolliert werden kann – am Arbeitsplatz, im Auto, beim Arzt, bei der Versicherung, bei den verschiedenen Behörden. Deshalb regt sich vielfacher und begründeter Widerstand gegen eine zu intensive Vernetzung beispielsweise zum Zweck der Verbrechensbekämpfung.

Andererseits bietet Vernetzung auch die Möglichkeit der gegenseitigen Unterstützung, der Zusammenschau und des Überblicks. Beispielsweise im Umweltschutz: In Bayern gibt es bereits seit 1974 ein zentral gesteuertes, kontinuierlich arbeitendes Luftgütemeßnetz. Es hat sich inzwischen weiterentwickelt. Seit 1990 erfassen 68 Meßstationen in ganz Bayern Luftschadstoffe wie Schwefeldioxid, Kohlenmonoxid, Stickstoffoxid, Kohlenwasserstoffe oder Ozon sowie bestimmte meteorologische Größen. Über das »Lufthygienische Landesüberwachungssystem Bayern« sind die Meßstationen zu einem Netz verknüpft. Sie melden die Werte, die sie bereits vorverarbeitet und zwischengespeichert haben, im Normalfall dreimal täglich an die Zentrale im Umweltministerium. Dort werden die rund 50 000 Daten, die pro Tag einlaufen, in Prozeßrechnern verarbeitet. Das System löst automatisch Alarm aus, wenn bestimmte Grenzwerte überschritten werden, zum Beispiel bei Smogwetterlagen. Die Regierung kann daraufhin entsprechende Maßnahmen (etwa Fahrverbote) einleiten. Außerdem werden die Meßwerte gespeichert und dienen so als wichtige Datenbasis für statistische und wissenschaftliche Untersuchungen. Selbstverständlich gibt es ähnliche Systeme auch in anderen Ländern; so wurde beispielsweise die radioaktive Wolke, die bei der Explosion des Kernkraftwerks in Tschernobyl freigesetzt wurde, von schwedischen Überwachungssystemen entdeckt, die wegen der dort festgestellten erhöhten Radioaktivität Alarm geschlagen hatten.

Die Eigenschaften des Computers kamen Wissenschaft und Technik besonders zugute. Komplizierte Berechnungen, die von Hand gar nicht möglich waren, wurden nun selbstverständlich. Meßdaten konnten sofort erfaßt, ausgewertet und zur Nachregelung von technischen Systemen benutzt werden. Dabei hat ein erst durch den Computer entstandenes Werkzeug, ausgehend vom wissenschaftlichen Bereich, immer mehr Anwendungen gefunden: die Simulation komplizierter Sachverhalte. Vorgänge, die sich nicht detailliert beobachten lassen, weil sie zu schnell, zu heiß, zu gefährlich oder zu teuer sind, können mit den modernen Superrechnern nachgestellt und in allen Einzelheiten berechnet werden. Sei es bei der Analyse der Wirkungsweise komplizierter organischer Moleküle, sei es beim Bau verwickelter Magnetspulen für die Kernfusion, bei der optimalen Steuerung von Kraftwerken oder bei der Erforschung der Prozesse, die im Inneren von Sternen ablaufen – numerische Methoden haben sich dabei bewährt. Sie sind in der Lage, auch Prozesse nachzuvollziehen, die mit konventionellen mathematischen Verfahren nicht berechenbar sind: insbesondere nichtlineare und chaotische Vorgänge. Und seit die Leistungsfähigkeit der Computer so groß ist, daß auch umfangreiche Simulationen mit vertretbarem Zeitaufwand durchgerechnet werden können, ist deren Siegeszug nicht mehr aufzuhalten.

Ein Beispiel sind die Vorgänge in einem Hochofen: Der Computer berechnet, wo welche Temperaturen herrschen und wie man mit Hilfe der Brennstoffzuführung optimale Betriebszustände erreicht. Das gleiche gilt im Hinblick auf das Verhalten des Sonnenwinds rund um die Atmosphäre der Erde: Hier ermittelt der Computer, wie die geladenen Teilchen, von der Sonne kommend, am Schutzschild der Erde abprallen oder sich entlang der Magnetfeldlinien in Form von Nordlichtern bemerkbar machen.

Dies sind nur willkürlich herausgegriffene Beispiele für Simulationen. Die Anwendungsmöglichkeiten sind jedoch nahezu unbegrenzt. Sie reichen von der Hochrechnung der Verkehrsströme auf die Zukunft über die Erforschung der Entstehung von Sternen bis hin zu detaillierten Wettervorhersagen. Gerade das letzte Beispiel zeigt jedoch, wie umfangreich die Daten sind, die bei derartigen Simulationen berechnet werden. Meist zerlegt das Programm das Objekt in viele kleine Zellen, in denen die Werte einzeln hochgerechnet werden, jeweils in Beziehung zur Nachbarzelle. Um solche Unmengen von Daten zu verarbeiten, werden die Rechner der fünften Generation benötigt.

Diese Superrechner besitzen nicht nur die leistungsfähigsten Chips, die auf dem Markt erhältlich sind, sondern sie setzen ihre Rechenkraft besonders effektiv ein. Eine der wichtigsten Strategien hierfür ist die sogenannte Parallelverarbeitung. Nicht wie konventionelle Rechner, die ein Programm Schritt für Schritt nacheinander abarbeiten, geht dieser Rechner vor, sondern er führt viele Rechenschritte gleichzeitig, also parallel, durch. Daß hierfür eine besonders leistungsfähige Software nötig ist, versteht sich von selbst, muß sie doch dafür sorgen, daß die Schritte aufeinander abgestimmt sind und der Rechner jeweils Zugriff auf die nötigen Ergebnisse der Parallelprozessoren hat. Das Vorbild für derartige Parallelrechner ist das Gehirn, das die von den Sinnesorganen einlaufenden Daten in der Hauptsache parallel verarbeitet.

Trotz ihrer Schnelligkeit werden auch die modernsten Superrechner immer noch durch einen Umstand behindert: Die Elektronen, die letztlich die Informationen transportieren, benötigen Zeit, um von einem Ort zum nächsten zu kommen. Dabei werden außerdem die Bauelemente warm, denn es wird Energie verbraucht. Der Traum der Computerbauer ist deshalb der optische Computer. In ihm soll Licht an Stelle von Strom die Daten übertragen – natürlich mit Lichtgeschwindigkeit. Labors auf der ganzen Welt arbeiten mittlerweile an der Entwicklung der Komponenten für ein derartiges Gerät. Im Fraunhofer-Institut für Festkörpertechnologie in München ist dazu vielleicht die entscheidende Entdeckung gemacht worden: Es gelang, Silizium durch Anlegen einer elektrischen Spannung zum Leuchten zu bringen. Normalerweise verhält sich Silizium so, daß es eingestrahlte oder elektrische Energie, die die Elektronen anregt, nicht in Form von Licht, sondern als Wärme wieder abgibt. Mehr oder weniger durch Zufall fand man aber heraus, daß sogenanntes nanokristallines Silizium bei Anlegen einer Spannung zu leuchten beginnt.

Das nanokristalline Silizium wird durch Ätzen mit Flußsäure hergestellt. So entstehen unzählige winzigste Poren in dem Material, die offenbar die energetischen Eigenschaften des Halbleiters verändern. Der genaue Mechanismus ist noch nicht restlos erforscht.

Der Leuchteffekt eröffnet völlig neue Aussichten in der Silizium-Technologie. Er wird es ermöglichen, optische Komponenten auf einem Chip mit anderen Funktionen zu integrieren, beispielsweise bei der optischen Datenübertragung. Als Fernziel könnte damit ein optischer Computer auf Siliziumbasis konstruiert werden.

Was in den sechziger Jahren mit der Mikroelektronik begann und rasch die gesamte Wirtschaft revolutionierte, setzte sich in den siebziger Jahren mit einer Perfektionierung der Technologien fort. Es gelang, die Leistungsfähigkeit und Genauigkeit der Bauelemente zu steigern und die Ausbeute zu erhöhen. Die Miniaturisierung griff seit Anfang der neunziger Jahre von der Elektronik auch auf die Mechanik über: Neue Herstellungsverfahren und unkonventionelle Wirkungsmechanismen eröffneten den Ingenieuren Wege, immer winzigere mechanische, elektrische und magnetische Strukturen zu produzieren.

Seit 1980 hat sich die Miniaturisierung von der Elektronik auch auf die Sensorik ausgedehnt. Sensoren, die früher faustgroß waren, wie etwa der Füllanzeiger in der Waschmaschine, wurden nun auf Millimetergröße verkleinert. Meßgeräte für immer neue Aufgaben kamen hinzu, vor allem zur Detektion chemischer Größen; außerdem gewannen Biosensoren zunehmend an Bedeutung.

Aktoren nennt man hingegen die Teile, die eine »Handlung« ausführen. Ein Sensor »fühlt« etwas und sendet ein entsprechendes Signal aus, ein Aktor empfängt ein Signal und »handelt«. Die Verbindung zwischen den beiden bildet die Signalverarbeitung, die von der Elektronik erledigt wird. Wenn man also alle drei Bereiche kombiniert, erhält man Geräte, die in komplexen Systemen bestimmte Aufgaben erledigen können.

Bei den winzigen Aktoren handelt es sich meist um Ventile, Stellantriebe oder Motoren im Mikrometerbereich. (Ein Mikrometer ist ein tausendstel Millimeter.) Viele Bauteile sind inzwischen so weit geschrumpft, daß sie auf einen Elektronikchip passen und sich damit der Miniaturisierung der Mikroelektronik anschließen. Einen entscheidenden Impuls erhielten diese Bemühungen, als 1987 in den USA ein Mikromotor mit Abmessungen von 0,2 Millimetern vorgestellt wurde. Parallel zu dieser Entwicklung wurde natürlich auch die Mikroelektronik vorangetrieben.

Ein Beispiel aus der Medizin mag den Einsatz derartiger Kombinationen verdeutlichen: Ein Sensor ermittelt die Konzentration eines Arzneimittels in einem Infusionsgerät, die Elektronik vergleicht die gemeldete Konzentration mit dem erwünschten Wert. Falls sie zu niedrig ist, gibt sie an den Aktor das Signal »Arzneimittel zugeben«. Der Aktor muß also in diesem Fall ein Dosiersystem sein, das einen elektrischen Befehl in eine mechanische Reaktion umsetzt, etwa ein Ventil öffnet oder ein Tröpfchen der Arznei freigibt. Ein derartiges System könnte beispielsweise einem Zuckerkranken unter die Haut eingepflanzt werden und ihn kontinuierlich und individuell abgestimmt mit Insulin versorgen.

Der erste Schritt zu einer Miniaturisierung war es, Verfahren zu suchen, mit denen man winzigste mechanische Präzisionsteile herstellen konnte. In den neunziger Jahren gelang es mit dem sogenannten LIGA-Verfahren, das die Technik der Chipherstellung mit galvanischen Methoden kombiniert, winzigste Turbinenrädchen und hochgenaue Uhrwerks-Planetengetriebe herzustellen, die nur Bruchteile von Millimetern groß sind. Ein anderes, das sogenannte Batch-Verfahren, bei dem Strukturen in einen Silizium-Einkristall geätzt werden, brachte ebenfalls erste

Erfolge: Man schuf damit Membranen, winzige Spiegel, Siebe und Sonden.

Damit, daß man konventionelle Bauelemente immer weiter verkleinert, ist es aber nicht getan. Im Grunde ist jeder normale Elektromotor ein Aktor, ebenso wie jede Pumpe oder jeder Hydraulikzylinder. Aber diese althergebrachten Geräte eignen sich kaum dazu, mit weniger als einem tausendstel Millimeter Genauigkeit zu arbeiten, außerdem sind sie meistens auch nicht schnell genug, und oft sind ihre Reaktionszeiten zu lang. Etwa in einer vollautomatischen Kamera, in der noch während der Lichtmessung in Bruchteilen von Sekunden die Blende auf- oder zugefahren wird, wäre ein konventioneller Motor viel zu langsam und zu ungenau.

Bei der Miniaturisierung von Aktoren müssen deshalb oft andere, »intelligente« Wirkungsmechanismen ausgenutzt werden, um die erwünschte Genauigkeit und die nötigen Reaktionszeiten zu erzielen. So benutzt man beispielsweise Keramikschichten, die sich zusammenziehen, wenn man eine elektrische Spannung anlegt (Piezokeramik), und umgekehrt eine elektrische Spannung aufbauen, wenn sie verformt werden. Piezoelemente werden seit langem vielfältig verwendet und eignen sich sehr gut zur Miniaturisierung. Man benutzt sie zur Schwingungsdämpfung, aber auch als Antriebselement in Ultraschallmotoren, zur Dosierung von Schmiermitteln oder zur Auslösung von Tintendruckköpfen. Andere Materialien reagieren auf magnetische Felder, und zwar ebenfalls mit einer Längenänderung (magnetostriktive Werkstoffe). Sie eignen sich zur Herstellung aktiver Schwingungsdämpfer oder für Einspritzventile.

Besonders unkonventionell und überraschend funktionieren sogenannte Memory-Metalle. Es handelt sich dabei um Legierungen, die sich eine einmal angenommene Form »merken« können und nach einer Verformung immer wieder in diesen Urzustand zurückkehren. So kann ein vorgeformter Draht durch einen geraden Katheter in den Körper eingeführt werden und nimmt dort nach dem Zurückziehen des Katheterrohres seine ursprüngliche Form wieder an. Auf diese Weise lassen sich zum Beispiel unter einem Röntgenschirm Tumoren für eine spätere Operation kennzeichnen.

Manche Memory-Legierungen verändern ihre Form bei einer ganz bestimmten Temperatur, das heißt, sie wechseln zwischen zwei Formen hin und her, je nach Temperatur. Dies kann man ausnutzen, wenn eine Erwärmung oder Abkühlung in eine mechanische Bewegung umgesetzt werden soll, etwa bei thermostatischen Ventilen oder Überlastschaltern an elektrischen Leitungen. Auch im Bereich der Mikroaktoren könnten Memory-Metalle zu neuen Lösungen führen, da sie keine komplizierte Übertragungsmechanik benötigen.

Der Vorstoß in winzigste, für das menschliche Auge gar nicht mehr erfaßbare Dimensionen ist noch nicht gelungen, auf diesem Feld wird aber ebenfalls bereits geträumt. Man stellt sich winzige Roboter vor, die in der menschlichen Blutbahn kreisen und Reparaturen ausführen, oder fingergroße Raketen, die den Weltraum durchstreifen und Signale zur Erde funken. Die Ziele, die am Ende des Jahrtausends schon in greifbarer Nähe sind, klingen aber nicht weniger faszinierend: So werden die Winzlinge sicherlich bald zu Tausenden in Computern sitzen und dort auf mechanische Art Daten speichern. Oder sie werden in Diagnoseautomaten minutenschnell Blut- oder Urinwerte bestimmen.

Für die Jahrhundertwende zeichnet sich der Trend zur Systemintegration ab. Während man sich bisher meist nur mit einzelnen Sensoren oder Aktoren, ihren Wirkmechanismen und ihrer Produktion beschäftigt hat, geht man zunehmend dazu über, die Bausteine zu kombinieren und miniaturisierte intelligente Produkte herzustellen, die eigenständig Daten erfassen, auswerten und daraus resultierend Aktionen durchführen können. So wurde die Disziplin mit dem Namen »Mikrosystemtechnik« geboren.

Nach einer Schätzung des Battelle-Instituts wird der Weltmarkt für Sensoren bis zum Jahr 2000 ein Volumen von rund 25 Milliarden ECU erreichen. Mehr als 70 Prozent davon werden voraussichtlich miniaturisierte Systeme sein. Einsatzmöglichkeiten für Mikrosysteme finden sich fast überall: Im Umweltschutz dienen sie zur dezentralen Überwachung und Analyse, in der Meß-, Steuer- und Regelungstechnik zur Regulierung von Durchflußmengen, PH-Wert, chemischen Größen oder Drükken. Im Auto finden sie als Auslöser für den Airbag Verwendung, aber auch als Füllstandsanzeiger; in Zukunft wohl auch innerhalb des Motors zur Überwachung der chemischen Grenzwerte. Besonders wichtig sind Mikrosysteme in der Medizintechnik: Dort können sie Medikamente präzise dosieren, Blutwerte kontinuierlich überwachen und der Endoskopie auf den Weg helfen. In Maschinenbau, Feinwerktechnik und Optik sind vor allem mechanische Sensorsysteme gefragt, die Beschleunigungen, Drücke und Durchflußmengen ermitteln und steuern. Ein bereits weit verbreitetes System, das allerdings noch relativ groß ist, ist die Autofokus-Steuerung moderner Kameras. Auch in Haushaltsgeräten werden Mikrosysteme bald unentbehrlich sein.

Silizium spielt in der Mikrosystemtechnik die entscheidende Rolle. Es ist inzwischen das besterforschte Material der Welt und besitzt neben seiner Halbleiterfunktion hervorragende mechanische Eigenschaften: geringes Gewicht, gute Wärmeleitfähigkeit, hohe Elastizität. Außerdem, und das ist entscheidend, sind die Technologien zu seiner Bearbeitung vielseitig und wurden bereits in der Mikroelektronik bis ins Detail erprobt.

Nach Einschätzung des New Yorker Instituts für Elektro- und Elektronikingenieure (IEEE) entwickelt sich auf dem Sektor der Mikrosystemtechnik ein aufblühender Wirtschaftszweig. Allein auf dem Gebiet der Sensoren wurde in den neunziger Jahren weltweit jährlich eine Milliarde Dollar umgesetzt. Am weitesten verbreitet sind wohl miniaturisierte Drucksensoren. Angetrieben durch militärische Forschung, wurden Geräte entwickelt, die robust und zuverlässig sind. Sie arbeiten in einem Temperaturbereich zwischen minus 40 und plus 125 Grad Celsius, und ihre Fehlerquote beträgt nur etwa ein Prozent. Sie werden, obwohl ursprünglich für Raketen und Flugzeuge entwickelt, hauptsächlich in der Autoindustrie eingesetzt. Dort überwachen sie Treibstoffzufuhr und Kompression und sorgen für geringen Verbrauch und reduzierte Abgase.

In der Automobilbranche tut sich auch für Beschleunigungssensoren ein gewaltiger Markt auf. Vor allem die in Mode gekommenen Airbags werden nicht mehr von mechanischen Schaltern ausgelöst, sondern von Silizium-Minisensoren, die blitzschnell die Beschleunigung messen und darauf reagieren. Allein in den USA wurden 1993 rund vier Millionen dieser Sensoren hergestellt, und das IEEE schätzt, daß der Markt sich bis zum Jahr 2005 verzehnfachen wird.

Beschleunigungssensoren können auch zur automatischen Dämpfung von Fahrzeugen benutzt werden: Sie messen die Beschleunigung der Karosserie und verstellen die Federung in Sekundenbruchteilen von weich zu hart oder umgekehrt. Außerdem lassen sie sich bei Allradantrieb einsetzen, bei Antiblockier- ebenso wie bei Antischlupfsystemen. Sie könnten auch nützlich sein bei der Schwingungsanalyse von mechanischen Geräten. So vibriert beispielsweise ein intakter Bohrkopf anders als ein stumpfer, ein funktionierender Roboterarm anders als ein gebrochener. Auch in einer intelligenten Maus zum Abtasten dreidimensionaler Objekte benötigt man winzige Beschleunigungssensoren. Im militärischen Sektor schließlich, für den sie einst entwickelt wurden, gibt es immer noch genügend Anwendungen, etwa bei intelligenter Munition, die ihre Flugbahn durch ständige Hochrechnung selbst verfolgt und steuert.

Ein völlig anderer Markt, der große Zuwachsraten verzeichnet, liegt im Bereich der Medizintechnik. Blutdrucksensoren etwa waren noch zu Beginn der achtziger Jahre empfindliche mechanische Geräte, die etwa 600 Dollar das Stück kosteten. Seither explodierte der Umsatz von 40 000 verkauften Geräten auf rund 17 Millionen jährlich, und der Preis für einen Mini-Blutdrucksensor sank auf gerade noch zehn Dollar. Ähnliche Sensoren könnte man auch einsetzen für die Kontrolle des Wehendrucks bei der Geburt, für die Steuerung des Ballondrucks bei der künstlichen Adererweiterung (Angioplastie) und für die Überwachung von Infusionspumpen. Die geschätzten Bedarfszahlen gehen hier jeweils in die Hunderttausende pro Jahr.

Grundvoraussetzung für einen großtechnischen Einsatz wird auch sein, daß man sich auf allgemein gültige Standards einigt. Erst dann sind Mikrogeräte – analog zu den integrierten Schaltkreisen – universell verwend- und kombinierbar. Vor allem die digitale Datenübermittlung von den Sensoren zu den Aktoren oder zur mikroelektronischen Weiterverarbeitung muß normiert werden, geeignete Schnittstellen werden nötig. Hier ist die Zusammenarbeit aller gefragt, sowohl der Industrie als auch der Universitäten und Grundlagenforscher.

Die Schaltungen, die auf Silizium-Chips geätzt werden, bestehen aus Strukturen, die schmaler sind als ein tausendstel Millimeter. Bis zum Jahr 2000 wird man dies auf ein Drittel reduzieren können. Die Herstellungsverfahren werden immer raffinierter, hinzu kommt die Tendenz, Chips nicht nur als flache Plättchen auszubilden, sondern sie auch übereinander zu schichten. Wenn es weiterhin gelingt, mit noch geringeren Stromstärken auszukommen, erhitzen sich die Bauelemente weniger. Damit vermindert sich das Problem der Kühlung, das bei dichter Packung von Schaltelementen immer gravierender wird.

Trotz aller Fortschritte wird aber im 21. Jahrhundert das Ende der konventionellen Miniaturisierung erreicht sein: Weniger als ein zehntausendstel Millimeter schmale Strukturen sind in der klassischen Mikroelektronik kaum mehr möglich. Dann wird man zu neuen Werkstoffen greifen müssen, die noch winzigere Schaltelemente zulassen, größere Hitze vertragen und Informationen auf besondere Art speichern.

Seit etwa 1975 wurden alle drei bis vier Jahre die Strukturen der elektronischen Schaltkreise so weit verkleinert, daß die Leistungsfähigkeit der Chips bei gleichem Preis jeweils vervierfacht wurde. Daß dies nicht beliebig weitergehen kann, liegt auf der Hand.

Im 21. Jahrhundert wird man zu völlig neuen elektronischen Bauelementen übergehen. Sie werden aus Halbleitern bestehen, die man nach Bedarf in passender Form untereinander mischt, etwa Galliumarsenid, Aluminiumarsenid, Silizium oder Germanium. Die Strukturen werden so winzig sein, daß bereits einzelne Atome, ja sogar Elektronen eine Rolle spielen. Oberflächen werden Atom für Atom aufgebaut, ganz nach den Wünschen der Auftraggeber. Technische Produkte, die vom Menschen gefertigt wurden, werden damit erstmals in der Geschichte der Menschheit natürlichen Strukturen ähnlich werden. Der Quantensprung von makroskopischen Anordnungen in Größenordnungen, die für das menschliche Auge sichtbar und für menschliche Dimensionen greifbar waren, zu Vorrichtungen, die auf atomarer Basis operieren, wird eine völlig neue Qualität in die Werkstofftechnik bringen. Er wird nicht nur die entscheidenden Vorgänge »unsichtbar«, weil zu klein für Lichtmikroskope, machen, sondern er wird auch das Wissen über die Welt verändern.

Es gibt nur noch wenige Laien, die wirklich wissen, wie die technischen Geräte funktionieren, mit denen sie tagtäglich umgehen, sei es das Auto, der Taschenrechner, die Kasse am Supermarkt oder das mobile Telefon. Für die Herstellung und Reparatur dieser Geräte sind Experten zuständig, die über das nötige Wissen verfügen. Je komplizierter, feiner und umfassender jedoch die technischen Systeme werden, desto weniger wissen auch die Fachleute über deren Innenleben Bescheid. So besitzt kein Systemanalytiker der neunziger Jahre mehr Einblick in die komplizierten Schaltungen der hochintegrierten Megachips, mit denen er täglich hantiert, und er muß es auch nicht, ebensowenig wie beispielsweise ein Arzt stets weiß, welche molekulare Wirkungen die von ihm verschriebenen Medikamente auslösen.

Diese Tendenz wird sich mit zunehmender Komplexität weiter verstärken. Damit bildet sich zwangsläufig eine neuartige Kultur der Weitergabe von Wissen heraus, die für technische Weiterentwicklungen lebensnotwendig ist. Kein Ingenieur wird mehr die Schritte verstehen, die zu den Systemen geführt haben, die er nur weiterentwickelt; er baut lediglich darauf auf. So ähnelt diese Kultur im Grunde jeder Tradition in Völkern und Gruppen: Spätestens nach einigen Generationen ist das Wissen um die Ursprünge und Bezüge verloren (oder nur noch in Archiven zugänglich), lebendig bleibt lediglich das Korrelat, die pragmatische Anwendung.

Kapitel 7

Wissenschaft im Dienst der Industrie

Die Chemie als ökonomischer Faktor

Die Chemie als theoretische Wissenschaft hatte ihre große Zeit im 19. Jahrhundert, der Zeit des Übergangs von der Alchimie zur modernen Chemie. Im 20. Jahrhundert dagegen bestach sie vor allem durch große anwendungsorientierte Leistungen. Damit jedoch hat sie das Gesicht dieses Jahrhunderts entscheidend mitgestaltet; die Chemie ist von einer Technik, die »nur Soda und Farbstoffe bedeutete«[1], zu einer »Technologie« geworden, die zunächst nur theoretisch, später auch praktisch die Herstellung beliebiger Stoffe erlaubte. 1880 kannte man rund 15000 organische chemische Verbindungen; 1910 waren es schon zehnmal so viele, und 1935 etwa 350000. Um die Jahrtausendwende schätzt man die Zahl der bekannten chemischen Verbindungen auf zehn bis 13 Millionen.

Daß es Atome gab, nahm man um das Jahr 1900 an, wenn auch die Atomtheorie noch umstritten war (siehe dazu Kapitel 2). Man ging davon aus, daß sich diese Atome zu unterschiedlichen chemischen Verbindungen zusammenschlossen. Seit sich die beiden Schüler des Chemikers Justus von Liebig, Edward Frankland und Friedrich August Kekulé von Stradonitz, mit der Erforschung der Wertigkeit der einzelnen Elemente befaßt hatten, besaß man auch eine Vorstellung davon, in welcher Weise sich die Atome zu Molekülen verbanden. Aber von den subatomaren Vorgängen, die dahintersteckten, wußte man damals natürlich noch nichts. Auch die Möglichkeiten, wie man das Verhalten der Substanzen auf molekularer Ebene beeinflussen konnte, kannte man um 1900 noch nicht. Man begnügte sich mit dem rein empirischen Grundrepertoire des Chemikers, das zum Teil noch aus der Zeit der Alchimie stammte: Mischen, Erhitzen, Destillieren, Kochen, Auflösen, Filtrieren.

So war im Grunde alles in der Chemie zu jenem Zeitpunkt Erreichte aus rein pragmatischen Überlegungen entstanden. Man benötigte beispielsweise einen künstlichen Dünger, der den zunehmend knapper werdenden natürlichen Guano, den man seit 1839 aus Peru importiert hatte, ersetzen konnte: Aus dieser Notwendigkeit heraus hatte man den Nitratdünger entwickelt. Die aufblühende Textilindustrie – um ein weiteres Beispiel zu nennen – verbrauchte große Mengen an Farbstoffen, die man gegen Ende des 19. Jahrhunderts aus Steinkohlenteer herzustellen gelernt hatte. Die herausragende Stellung nahmen dabei Krapprot und Indigoblau ein – sie standen nun als Prototypen für neue, künstliche Farben. Im Jahr 1901 entdeckte der BASF-Chemiker René Bohn einen synthetischen blauen Farbstoff: Indanthren-Blau RS übertraf den Indigo an Wasch- und Lichtechtheit bei weitem. Mehr noch: Das neue Syntheseprinzip beschränkte sich nicht auf Blau. Bald folgte das gelbe Flavanthren mit ähnlich hoher Qualität. Bohns kongenialer Kollege und Gegenspieler bei Bayer, Robert Emanuel Schmidt, erkannte sofort die Bedeutung der neuen Erfindung. Später erinnerte er sich an den aufkeimenden Wettbewerb: »Das war nun für uns, die bisher immer die Führung gehabt hatten, ein harter Schlag, und wir mochten uns noch so viel selbst vorreden, die technische Bedeutung des Produktes sei gering – die Trauben waren sauer, und innerlich war unser Ehrgeiz chronisch entzündet.«[2] Die nun einsetzenden Entwicklungsarbeiten bei Bayer führten nach fünf Jahren zum Erfolg: 1906 stand eine Reihe hochechter Farbstoffe zur Verfügung, die zunächst das Wort »Algol« als Markenzeichen erhielten. Da auch andere Konkurrenten lichtechte Farbstoffe entwickelten, entstand nun eine verwirrende Vielfalt, die sich auch in den Patenten widerspiegelte. Um die Situation zu bereinigen, kamen 1922 Bayer, Hoechst und die BASF überein, die besten der von ihnen hergestellten Farbstoffe unter dem Namen Indanthren gemeinsam in den Handel zu bringen. Dieses Warenzeichen wurde bald ein Begriff.

Deutschland war um die Jahrhundertwende das Weltzentrum der Chemie. Im Kaiserreich entwickelte sich die chemische Industrie zur Großwirtschaft. Den wichtigsten Anteil daran hatte die auf den Anilinverbindungen aufbauende Teerfarbenproduktion. Seit den sechziger Jahren des 19. Jahrhunderts war eine ganze Reihe von Farbenfabriken gegründet worden, darunter die Firmen Meister, Lucius & Brünnig (die spätere Hoechst AG in Frankfurt), Friedrich Bayer & Co. in Elberfeld (die spätere Bayer AG in Leverkusen) und die Badische Anilin- und Sodafabrik in Ludwigshafen (BASF), also die Vorläufer der großen Chemie-Unternehmen. Im Katalog der Weltausstellung 1900 in Paris hieß es: »Die Badische Anilin- & Sodafabrik ist unbestritten die größte chemische Fabrik der Welt. Sie beschäftigt in Ludwigshafen am Rhein 148 wissenschaftlich gebildete Chemiker, 75 Ingenieure und Techniker, 305 kaufmännische Beamte[3]. Die Zahl der Arbeiter, welche im Gründungsjahre der Fabrik, 1865, 30 betrug, ist fortdauernd gestiegen. Sie erreichte am 1. Januar 1900: 6207.«[4]

Insbesondere auf dem Farbensektor besaßen die deutschen Firmen einen großen technologischen Vorsprung gegenüber ihren Konkurrenten außerhalb Deutschlands. So wurden in den Jahren von 1886 bis 1900 den sechs größten chemischen Firmen in Deutschland nicht weniger als 948 Patente auf Farbstoffe erteilt – den sechs größten britischen Firmen hingegen nur 86. Der Weltmarktanteil an der Farbproduktion betrug 1877 schon um die 50 Prozent, 1913 sogar 80 Prozent.

»Allerdings«, so betont Stephen F. Mason in seiner Wissenschaftsgeschichte, »beschränkte sich die Überlegenheit Deutschlands auf die chemische Feinindustrie, die für die Entwicklung der organischen Chemie von Anfang an große Bedeutung besessen hatte. Die britischen Chemieindustriellen erkannten nur langsam, daß wissenschaftliche Forschung für die Entfaltung ihrer Betriebe von Wichtigkeit war, und fielen daher in bezug auf chemische Feinerzeugnisse zurück. Jedoch konnten sie ihre Stellung auf dem Gebiet der schweren Chemikalien behaupten, für das ständige wissenschaftliche Forschung erst im gegenwärtigen Jahrhundert notwendig wurde. Im Jahre 1909 z. B. wurden neunzig Prozent der in Großbritannien verwendeten Farbstoffe in Deutschland hergestellt, obwohl Großbritannien damals einen Ausfuhrüberschuß in Höhe von £ 644 000 für Chemikalien, vornehmlich schwere Chemikalien, besaß.«[5] Vor allem die für die Seifenherstellung nötige Sodaindustrie war nur in geringem Maße wissenschaftsabhängig.

Im Zeichen des Aufschwungs orientierte sich die chemische Industrie nicht nur an der rein wirtschaftlichen Seite, die Entwicklung ging auch hin zu grundlegenden wissenschaftlichen Erkenntnissen. Ab 1890 hatten die großen chemischen Konzerne mit dem Aufbau eigener Großlaboratorien nach universitärem Muster begonnen. Bayer & Co. beispielsweise gab 1,5 Millionen Mark aus für ein Labor mit Glasbläsern, Färbern, Analytikern, Technikern und zwölf Chemikern. In einer wöchentlichen Mitarbeiterkonferenz wurden neueste Ergebnisse diskutiert. Damit versuchte man den akademischen Stil nachzuahmen. Im Jahr 1896 beschäftigte Bayer bereits 108 Chemiker.

Die theoretischen Grundlagen der Chemie, die letztlich auf der Aufklärung des Atombaus beruhen, konnten naturgemäß erst entstehen, als dieser zumindest in Grundzügen bekannt war (siehe dazu Kapitel 2). Erst nach dem Jahr 1920 verschmolz die theoretische Chemie mehr und mehr mit der Atomphysik. Trotzdem gab es auch in der Chemie Entdeckungen, die der Grundlagenforschung zuzurechnen sind. Die vielleicht wichtigste überhaupt war 1901 die Erkenntnis Wilhelm Ostwalds, daß manche chemischen Reaktionen durch sogenannte Katalysatoren beschleunigt werden konnten. Es handelte sich dabei um Stoffe, die zwar offenbar in den Reaktionsablauf eingriffen, selbst aber am Ende unverändert zurückblieben. Die Entdekkung paßte zu der »Tempo«-Begeisterung der Jahrhundertwende (siehe Kapitel 1). Die Suche nach Katalysatoren gewann ständig an Bedeutung, blieb allerdings in den darauffolgenden Jahrzehnten noch im Stadium des methodischen Ausprobierens.

Katalysatoren stellten eine der Voraussetzungen dar für die großtechnische Herstellung einer Vielzahl von chemischen Produkten. Eine weitere war die Verfeinerung der Verfahrenstechnik in der Chemie. Eine Apparatur, die im Labormaßstab gute Dienste leistet, ist noch lange nicht tauglich für die Herstellung von Produkten im Tonnenbereich. So entstand ein neuer Zweig der Ingenieurstechnik, der interdisziplinär zwischen Chemie und Maschinenbau angesiedelt war, ein Phänomen, das der damaligen Tradition der deutschen Chemie ziemlich zuwiderlief und einen gewissen Gewöhnungsprozeß erforderte, der sich teilweise erst in der nächsten Chemikergeneration durchsetzte. Eines der frühesten Beispiele für einen neu entwickelten Produktionsprozeß, der erst mit Hilfe eines Katalysators wirtschaftlich wurde, ist die Ammoniaksynthese. Kunstdünger war zu einem wichtigen Geschäftszweig der chemischen Industrie geworden. Die rasch wachsende Bevölkerungszahl in Verbindung mit der durch Justus von Liebig auf den Weg gebrachten »modernen« Landwirtschaft erforderte große Mengen von Stickstoff-, Kali- und Phosphatdünger, um die nötigen Ernteerträge zu erzielen. Die Intensivierung der Landwirtschaft nahm erstaunliche Ausmaße an: Um 1800 ernährten sechs Bauern einen »Nichtbauern«. 1950 kamen auf eine in der Landwirtschaft tätige Person bereits 55 Verbraucher. Gegen Ende des Jahrhunderts war diese Zahl – auch durch die fortschreitende Industrialisierung der Landwirtschaft – auf 91 gestiegen.

Als das zunächst verwendete Naturprodukt Guano immer knapper und teurer wurde, ging man zur künstlichen Herstellung von Düngemitteln über: Im Jahr 1858 begann Heinrich Albert mit seinen Brüdern Georg und Eugen in Wiesbaden-Biebrich eine Superphosphatproduktion aus Knochenmehl. Bald stieg man auf Phosphorverbindungen um, die man im Boden fand, beispielsweise Lahnphosphorite. Durch die Weiterentwicklung der Stahlproduktion entstand dort in den neu eingeführten Bessemer-Birnen ein Abfallstoff, der ebenfalls phosphorhaltig war, das sogenannte Thomasmehl. »Um 1900 wurden allein in Deutschland 600 000 t Superphosphat, 500 000 t Knochenmehl, Guano und andere Phosphate als Düngemittel verbraucht«, schreibt der Industriechemiker Gert Hansen.[6] Entsprechend verhielt es sich mit dem Kalidünger, der in erster Linie aus den Abraumsalzen der Steinsalzproduktion in Straßfurt gewonnen wurde. Um 1900 wurden in Deutschland bereits rund eine Million Tonnen Kalidünger verbraucht.

Stickstoffdünger, der aus Salpeter hergestellt wurde, den man seit 1852 überwiegend aus Chile bezog, sollte nun durch eine chemische Synthese produziert werden. Das dazu als Ausgangsstoff nötige Ammoniak wollte man idealerweise aus seinen Grundbestandteilen Stickstoff, der zu 80 Prozent in der Luft vorhanden ist, und Wasserstoff erzeugen. Hansen bewertet die

Dringlichkeit dieser Aufgabe äußerst hoch: »Um die Wende zum 20. Jahrhundert war die Synthese von Ammoniak, Salpetersäure und Nitraten das Weltproblem Nummer eins.«[7]

Ab 1904 begann Fritz Haber, der seit 1898 Professor für physikalische Chemie an der TH Karlsruhe war, sich mit der Herstellung von Ammoniak zu befassen. Nach langwierigen Forschungsarbeiten teilte er 1908 in einem Brief an die BASF mit, daß die Synthese des Ammoniaks »unter sehr hohem Druck zu lösen sei«.[8] Er richtete sich damit nach dem Prinzip des geringsten Widerstands, das für die Chemie der französische Chemiker Henri Louis le Chatelier 1884 publiziert hatte. Es sagte nichts anderes aus, als daß ein System bei Ausübung hohen Drucks und bei hoher Temperatur den physikalischen Zwängen dadurch »aus-weicht«, daß eine chemische Reaktion stattfindet. Der damalige Direktor der BASF, Heinrich von Brunck, versprach sich viel von der Ammoniaksynthese und ließ deshalb Habers Vorschläge von Carl Bosch in der Praxis erproben. Aber trotz Temperaturen von 500 Grad und enormem Druck ließ sich nur eine Ausbeute von 14 Prozent Ammoniak erzielen. Wirtschaftlichkeit erreichte das Verfahren nur dadurch, daß man in einem Kreislauf ständig die nicht verbrauchten Ausgangsstoffe wieder zurückführte. Der zwölf Meter hohe und 80 Tonnen schwere Reaktor, in dessen Inneren die Synthese ablief, arbeitete schließlich einigermaßen zufriedenstellend, nachdem seine Vorgänger den enormen Temperaturbelastungen zum Teil kaum 80 Stunden lang standgehalten hatten.

Einen Ausweg aus dem Dilemma konnte nur ein Katalysator bieten, nach dem nun eine fieberhafte Suche begann. Rund 20000 Kandidaten wurden geprüft – von Platin, Mangan und Osmium über Uran bis zu Eisen. 1910 kam endlich der Erfolg: Alwin Mittasch, der Leiter des Ammoniaklaboratoriums der BASF, fand den idealen Katalysator für diesen Prozeß – aktiviertes Eisen. Die weitere Ausarbeitung des Verfahrens erforderte jedoch nicht nur eine ausgereifte Meß- und Regeltechnik, sondern auch noch umfangreiche Pionierarbeiten bei der Konstruktion der Reaktionsöfen. Man erprobte vor allem neue Stahlarten, da Wasserstoff dem normalen Stahl den Kohlenstoff entzog und ihn dadurch versprödete.

Die Entwicklungsarbeiten entpuppten sich als schwierig. Die technische Verwirklichung des inzwischen »Haber-Bosch-Verfahren« genannten Prozesses drohte bereits zu scheitern, als Carl Bosch selbst 1912 die richtige Lösung fand: ein Doppelrohr mit einem inneren Futter aus weichem, kohlenstoffarmen Eisen und einem äußeren Stahlmantel, der den Druck abfing. Ein Jahr nach dem ersten Spatenstich für die neue Anlage begann 1913 drei Kilometer nördlich von Ludwigshafen die Produktion von Stickstoffdüngemitteln aus dem nach Haber und Bosch erzeugten Ammoniak. Die Jahresproduktion betrug 7200 Tonnen Ammoniak, die zu 36000 Tonnen Ammoniumsulfat verarbeitet wurden. Damit erschloß sich das Unternehmen, das bis dahin eine reine Farbenfabrik gewesen war, einen neuen Zweig der Chemie. Fritz Haber erhielt für seine Verdienste um die Ammoniaksynthese im Jahr 1918 den Nobelpreis, Carl Bosch 1931.

Ebenso wie die Elektrizitätsversorgung wurde die Chemie im frühen 20. Jahrhundert zu einer nationalen Angelegenheit, ein Prozeß, der vor allem durch den Ersten Weltkrieg gefördert wurde. Die danach andauernden politischen Unruhen, die Beeinträchtigungen durch Reparationsverpflichtungen und Demontagen, Kohlemangel und Transportprobleme brachten die Vertreter der chemischen Großindustrie an einen Tisch. Man sprach über eine Intensivierung der bereits seit 1916 bestehenden lockeren Zusammenarbeit. Die Rationalisierung von Fabrikation und Verkauf stand dabei im Vordergrund. 1925 beschlossen die sechs größten Chemiefirmen ihren Zusammenschluß zur »Interessengemeinschaft Farbenindustrie Aktiengesellschaft«, besser bekannt unter dem Namen IG Farben. Sie existierte bis zum Ende des Zweiten Weltkriegs und erleichterte zentralistische Maßnahmen, die vor allem vor dem Krieg auf die chemische Industrie zukamen, enorm.

Daß ausgerechnet die Ammoniaksynthese, ursprünglich zur Ernährung der Menschheit erdacht, zu einem der wichtigsten Hilfsmittel bei der Versorgung mit Munition wurde, entbehrt nicht einer gewissen Tragik. Die Sprengstoffindustrie war abhängig von den Salpeterimporten aus Chile. Die Salpetervorräte zu Beginn des Ersten Weltkriegs hätten lediglich für ein Jahr ausgereicht. Aber kriegstechnisch gesehen gerade rechtzeitig wurde die Ammoniaksynthese zu verfahrenstechnischer Reife entwickelt. Noch bei Kriegsausbruch herrschte in dieser Branche, deren Exportquote bei Farben 82 Prozent betrug, Katastrophenstimmung; das BASF-Werk Oppau mußte vorübergehend schließen. Aus Angst vor administrativen Eingriffen lehnten die Farbstoffunternehmen die Mitarbeit in der geplanten Kriegschemikaliengesellschaft zunächst ab; mit Rücksicht auf ihren Export wären sie damals im Krieg wohl am liebsten neutral geblieben. Es war eine dramatische Wende, als die Chemie schon kurz darauf zur militärischen Schlüsselindustrie und zur Retterin vor Sprengstoff- und Düngemittelknappheit wurde.[9]

In einer Festschrift der BASF wird die Entwicklung etwas euphemistisch so beschrieben: »Im August 1914 beginnt der Erste Weltkrieg. Im Deutschen Reich wird ein umfangreicher kriegswirtschaftlicher Organisationsapparat aufgebaut, der zunehmend in das Wirtschaftsleben eingreift. Der Weltkrieg macht der jungen Industriegesellschaft zum ersten Mal die Ambivalenz vieler Produkte auch im Bereich der Chemie deutlich: Synthetisches Ammoniak beispielsweise, geschaffen, um die Ernährung der Menschheit zu sichern, genießt angesichts des schon Ende 1914 drohenden Munitionsmangels höchste Priorität seitens des Staates. Im Oppauer Werk wird es in Salpetersäure umgewandelt und anschließend an die Sprengstoffindustrie weitergeliefert.«[10] Chlor und Phosgen, wichtige Zwischenprodukte beispielsweise zur Herstellung von Farbstoffen oder Arzneimitteln, dienten den Militärs auf beiden Seiten der Front als Kampfgase. Andere Ersatzstoffe für Naturprodukte folgten später, zum Teil durch die Erfordernisse des Krieges erzwungen: Buna anstelle von Naturkautschuk, Benzin aus Kohle als Ersatz für den konventionell aus Erdöl gewonnenen Treibstoff.

Im Jahr 1890 betrug der Weltverbrauch an Kautschuk noch 26975 Tonnen; 20 Jahre später bereits 95000 Tonnen und 1920 sogar 342500 Tonnen. Der Grund für diesen raschen Anstieg lag vor allem in der zunehmenden Motorisierung. Schließlich hatte 1896 Dunlop den luftgefüllten Autoreifen erfunden. So war es nicht verwunderlich, daß die USA Hauptabnehmer waren, denn dort hatte Henry Ford im Jahr 1903 die Massenproduktion von Autos aufgenommen (siehe Kapitel 1).

»Wissenschaftliche Unterstützung«, so schreibt Wilhelm Strube, wurde von den Kautschukfabrikanten erst ziemlich spät gesucht. Die ersten Verbesserungen betrafen die Vulkanisationsbeschleuniger, die durch den Einsatz von Anilinen und Ende des 19. und Anfang des 20. Jahrhunderts durch andere organische Basen erzielt wurden.«[11]

Künstlichen Kautschuk herzustellen gelang zum ersten Mal Fritz Hofmann im Jahr 1909 durch Wärmepolymerisation von Dimethyl-Butadien. Nach diesem Verfahren wurde der künstliche Gummi ab 1913 produziert, er war aber dem Naturprodukt unterlegen. Erst eine Reihe von Verbesserungen des Verfahrens ermöglichten die großtechnische Herstellung eines Synthesekautschuks, der in manchen Eigenschaften sogar besser als Naturkautschuk war.

Erst die Spekulation auf die heraufziehende Automobilisierung brachte die künstliche Kautschukherstellung auf Touren. Als 1930 der natürliche Kautschuk einen Preiseinbruch erlebte, beschloß die IG Farben die Einstellung der Entwicklungsarbeiten. Eine kleine Gruppe von Forschern konnte jedoch weiterarbeiten, allerdings nur, um das Gebiet im Auge zu behalten. Es wurde gespart. Das änderte sich erst durch die politischen Ereignisse in Deutschland im Jahr 1933. Nun gaben die nationalsozialistischen Machthaber die Parole aus, Deutschland solle von importierten Rohstoffen unabhängig werden. Das hieß unter anderem auch, daß künstlich hergestellter Kautschuk benötigt wurde. So wurden die Entwicklungsarbeiten bei der IG Farben wieder aufgenommen und intensiv vorangetrieben. Unter der Leitung von Erich Konrad in Leverkusen wurden die unterschiedlichsten Synthesekautschuke getestet. Es stellte sich heraus, daß das Styrol-Butadien-Copolymerisat Buna S als Reifenwerkstoff die besten Eigenschaften hatte. Mit einem solchen Buna-Reifen konnte man 35 000 Kilometer weit fahren, während der Naturgummireifen nur eine Lebensdauer von 28 000 Kilometern aufwies. Buna S wurde deshalb gezielt für Autoreifen optimiert. Bei der Automobilausstellung 1936 in Berlin wurden erste Erfolge mit einem »Fanfarenstoß« bekanntgegeben. Die Presse feierte die Vorstellung von »Buna, dem deutschen synthetischen Kautschuk« als technische Sensation. Im Grunde genommen war dies noch propagandistische Hochstapelei, denn erst 1937 nahm in Schkopau bei Halle eine Großversuchsanlage ihren Betrieb auf.[12]

Der Aufbau der Synthesekautschuk-Industrie erfolgte nicht nach kommerziellen, sondern in erster Linie nach politischen Gesichtspunkten. Im Rahmen seiner Autarkiepolitik verlangte der Staat den beschleunigten Ausbau großer Produktionsanlagen. Der Vierjahresplan von 1936 sah vier große Kautschukfabriken vor. 1938 wurden für die großtechnische Produktion die Chemischen Werke Hüls AG gegründet. Das Buna-Werk der IG Farben in Auschwitz erlangte traurige Berühmtheit: Hier wurden während des Zweiten Weltkriegs KZ-Häftlinge als Zwangsarbeiter eingesetzt. Trotz aller Anstrengungen wurde die geplante Gesamtkapazität von 170000 Jahrestonnen jedoch nie erreicht. Kriegsbedingt lag die Spitze 1943 bei knapp 119000 Tonnen.

Als die Alliierten 1941 durch den Krieg im Pazifik von den wichtigsten Erzeugungsgebieten des Naturkautschuks abgeschnitten wurden, entstanden in den USA innerhalb kürzester Zeit mit einem Kostenaufwand von 750 Millionen Dollar regierungseigene Fabriken. 1945 erreichte die Produktion dort 820000 Tonnen Kautschuk. Der überwiegende Teil war »Government Rubber Styrene«, ein abgewandeltes Buna S.

Nach dem Krieg erließen die Alliierten in Deutschland ein Verbot für die Erforschung und Herstellung von Synthesekautschuk, das erst 1951 gelockert wurde. Nun durften wieder 500 Tonnen pro Monat produziert werden. 1956 entstanden in Marl bei Recklinghausen die Bunawerke Hüls, zu jener Zeit das größte und modernste Werk für synthetischen Kautschuk in Europa. Bis zu den neunziger Jahren erreichte die Kautschukproduktion in Deutschland wieder eine Jahreskapazität von rund 275000 Tonnen.

Hand in Hand – sowohl in wirtschaftlicher, politischer als auch in technischer Hinsicht – mit der Bunaproduktion ging die künstliche Treibstoffherstellung. Im Rahmen der nationalsozialistischen Autarkiepolitik spielte natürlich die Suche nach synthetischem Treibstoff, der im Lande selbst hergestellt werden konnte, eine ganz entscheidende Rolle. Es lag nahe, als Rohstoff dafür die heimische Steinkohle zu verwenden und aus ihr mittels

Hydrierung Benzin zu gewinnen. Zunächst erschien dieser Weg als so bestechendes Konzept, daß er zwangsweise zum Erfolg führen mußte. Hatte doch schon Lord Curzon über den Ersten Weltkrieg gesagt, der Sieger sei »auf einem Meer von Brennstoff zum Sieg geschwommen«. Angesichts der zunehmenden Motorisierung und der aufkommenden Flugzeugtechnik erschien es als geradezu zwangsläufig, daß Benzin überragende machtpolitische Bedeutung erlangen müsse. Der Historiker Joachim Radkau schildert die damalige Lage: »War unter solchen Umständen in einem Land wie Deutschland, das nur wenig eigenes Erdöl, dafür aber die weltweite Führung in der organischen Chemie besaß, nicht so oder so die synthetische Treibstoffherstellung der richtige Weg? Julius Hirsch, vormaliger Staatssekretär im Reichswirtschaftsministerium, bezeichnete 1928 die künstliche Benzinerzeugung als Element der ›Rationalisierung‹ schlechthin.«[13]

Die IG Farben baute auf dem bei der Ammoniaksynthese gewonnenen Know-how über die Hochdrucktechnik auf und begann 1927 mit Arbeiten über synthetische Treibstoffe. Bereits 1913 hatte Friedrich Bergius unter hohem Druck mit Einwirkung von Wasserstoff aus Steinkohle flüssige Reaktionsprodukte erhalten. Darauf aufbauend nahmen die Leunawerke ihre Arbeit auf. Das Treibstoffhydrier-Projekt erinnerte in seinen gewaltigen Dimensionen bereits an spätere Projekte der Kerntechnik. Obwohl die Industrie aus anderen Entwicklungen an lange Forschungs-und Erprobungszeiten gewöhnt war, bedeutete die Hochdrucksynthese dennoch einen »Quantensprung«[14] in der technischen Entwicklung. Zwar verließ Ende 1927 der erste Kesselwagen mit Autobenzin aus Kohle die Leunawerke, aber die großtechnische Entwicklung war damit längst nicht zu Ende. Alternativ zur Hochdruckmethode war am Mülheimer Kohlenforschungsinstitut das Fischer-Tropsch-Verfahren entwickelt worden. Es gelangte in den dreißiger Jahren zu großtechnischer Reife. Die Bunaproduktion ließ sich mit der Benzinsynthese technisch gut koppeln: Die Abgase der Kohlehydrieranlagen waren die Ausgangsbasis der Bunaproduktion, bei der wiederum Wasserstoff für die Hydrierwerke anfiel.

Während die künstlich hergestellten Konkurrenzprodukte für Dünger, Kautschuk und Treibstoff zunächst immer noch einen Geruch von »Ersatz« und Kriegsnot hatten, wandelte sich die Philosophie bald: Carl Bosch, der Vater der Ammoniaksynthese, gab die Parole aus: »Es gibt keinen Naturstoff, der sich nicht einmal synthetisch gewinnen ließe. Gestern waren es die Farbstoffe, heute sind es die Düngemittel, morgen wird es das Eiweiß sein.«[15] Wie hellsichtig dieser Ausspruch war, läßt sich erst gegen Ende des 20. Jahrhunderts ermessen. Mit der Gentechnik wird es in zunehmendem Maße möglich, viele Arten von Eiweißstoffen künstlich herzustellen. (Siehe dazu Kapitel 4.) So charakterisiert Carl Boschs Zitat die Entwicklung der chemischen Industrie im 20. Jahrhundert: Es gibt heute fast kein Material mehr, das nicht inzwischen entweder synthetisch hergestellt werden könnte oder durch ein gleichwertiges – mitunter sogar besseres – künstliches ersetzt wurde.

Dies gilt auch für die Naturfasern. Neben Wolle, Baumwolle und Leinen benutzt die Textilindustrie eine Unzahl chemisch hergestellter oder zumindest aufbereiteter Kunstfasern. Ihre Eigenschaften sind teilweise den Naturprodukten überlegen. Ein Beispiel von beträchtlicher wirtschaftlicher Tragweite war etwa die Erfindung von Nylon 1934 bei Du Pont in Wilmington, USA. Sie ist gleichzeitig verbunden mit dem traurigen persönlichen Schicksal des Erfinders, Wallace Hume Carothers.[16] Der junge Harvard-Dozent ließ sich 1927 überreden, in das Industrielabor des amerikanischen Chemiegiganten überzuwechseln, weil man ihm versprochen hatte, daß er sich dort der Grundlagenforschung widmen könne. In der Tat gelang es ihm, in einer Reihe klassischer wissenschaftlicher Veröffentlichungen darzustellen, daß es sich bei den Polymeren nicht um geheimnisvolle Aggregate handelte, sondern um ganz normale, wenn auch besonders große Moleküle. Als er wegen des Wechsels in der Leitung des Labors gezwungen wurde, sich mehr anwendungsorientierten Fragen zuzuwenden, erklärte er sich bereit, seine Aufmerksamkeit wieder der Entwicklung künstlicher Fasern zuzuwenden. 1934 entdeckte er eine Möglichkeit zur Herstellung von Nylon, einem Polyamid. Die Kunstfaser wurde ein enormer geschäftlicher Erfolg in einer Zeit, als sich die amerikanische Industrie erst ganz allmählich von der großen Depression zu erholen begann.

Carothers konnte den Erfolg seiner Erfindung nicht mehr miterleben. In den darauffolgenden Jahren verfiel er mehrfach in Depressionen, glaubte, als Wissenschaftler versagt zu haben, und mußte sich in psychiatrische Behandlung begeben. Von einem schweren Nervenzusammenbruch 1936 erholte er sich nie wieder ganz. Am 29. April 1937 vergiftete er sich im Alter von erst 41 Jahren mit Zyankali in einem Hotelzimmer in Philadelphia.

Das erste Nylonprodukt von Du Pont war nicht gerade revolutionär: Es war eine Zahnbürste mit Nylonborsten. Die Firmenstrategen sahen aber einen großen Markt voraus und ließen deshalb 1939 in Seaford, Delaware, die erste Großanlage für Nylonfasern errichten. Den Arbeiterinnen bot man je zwei Paar Nylonstrümpfe für 2,30 Dollar an, ein sensationell niedriger Preis im Vergleich zu Seidenstrümpfen. Den »Strumpf aus Kohle, Wasser und Luft« – so die Werbung – brachte Du Pont am 15. Mai 1940 USA-weit heraus. Die fünf Millionen Paar Nylonstrümpfe, die auf den Markt geworfen wurden, waren innerhalb weniger Stunden ausverkauft.[17] Später wurde das Wort »Nylons« zu einem Synonym für Strümpfe aus Kunstfasern und stand für Fortschritt und amerikanische Lebensart.

Kurz nach der Erfindung des Nylons in den USA gelang es allerdings in Europa der IG Farben, mit Perlon nachzuziehen. Paul Schlack, Chemiker im IG-Werk Aceta in Berlin-Lichtenberg, hatte unabhängig von Carothers schon seit Jahren über Polyamide gearbeitet und im Januar 1938 ebenfalls eine vielversprechende Kunstfaser gefunden, das sogenannte Perlon. Im Zweiten Weltkrieg wurde daraus in großem Stil Fallschirmseide gewebt, denn das Material erwies sich als weitaus fester als echte Seide. Deutschland, das 1913 der weltgrößte Kunstseidenproduzent war, bevor es von Italien überflügelt wurde, entwickelte in den dreißiger Jahren zunächst seine Zellstoffindustrie. Der Anteil der Zellwolle am deutschen Textilfaserverbrauch stieg in den zehn Jahren von 1933 bis 1943 von 0,7 auf 32,3 Prozent, der der Baumwolle sank gleichzeitig von 53,7 auf 2,9 Prozent.[18]

Das Kunststoffzeitalter hatte begonnen. Die Polymere, die von Carothers richtig als Kettenmoleküle erkannt worden waren, wurden zur Grundlage eines neuen Industriezweigs. 1906 hatte Leo Hendrik Baekeland mit der Herstellung von sogenannten Kunstharzen aus Phenol und Formaldehyd begonnen; sie erhielten den Namen Bakelit. Vor allem für die aufkommende Elektroindustrie und später für die Radiobranche wurde dieser Kunststoff bald unentbehrlich. In den zwanziger und dreißiger Jahren stieg die Kunststoffindustrie zu immer größerer Bedeutung auf. Polystyrol entstand in großtechnischem Maßstab ab 1930, Polyvinylchlorid und Polyisobutylen 1931, Polyvinylether 1934 und Polyethylen 1937, drei Jahre später Polyamid. Eine Erfindung zog stets weitere nach sich. Für die neu entwickelten Kunstfasern mußten neue Farbstoffe erfunden werden, da die vorher üblichen Farben für die neuen Fasern vielfach nicht geeignet waren. Und ständig arbeiteten die Wissenschaftler weiter an der Erprobung neuer Katalysatoren.

Daß irgendein Zufall zu einer bedeutenden Entdeckung geführt haben soll, wird immer wieder kolportiert. Meist sind dies aber nur Anekdoten mit geringem Wahrheitsgehalt. Bei der Entdeckung der Metallocene, einer neuen Klasse von Hochleistungs-Katalysatoren, gab es aber tatsächlich einen solchen Zufall, der die Forscher auf die richtige Spur brachte: Es geschah 1975 in einem Labor des Instituts für Technische und Makromolekulare Chemie an der Universität Hamburg. Dort wurden gerade Untersuchungen durchgeführt, bei denen die Herstellung von Polyethylen durch neuartige Katalysatoren beschleunigt werden sollte. Wie der Leiter des Instituts, Walter Kaminsky, berichtete, drang in eines der Röhrchen mit einer Lösung aus Titanocen, Ethen und einer Aluminiumverbindung versehentlich Wasser ein. Daraufhin begann das Ethen plötzlich rund 1000mal schneller als vorher zu polymerisieren. Dieser Vorfall eröffnete den Weg zu einer stürmischen Entwicklung, die noch längst nicht abgeschlossen ist und im 21. Jahrhundert die Kunststoffchemie revolutionieren wird. Zum ersten Mal können Wissenschaftler mit Katalysatoren chemische Verbindungen nach Maß herstellen, indem sie den jeweils geeigneten Katalysator auswählen.

Seit der Chemiker Karl Ziegler 1953 am Max-Planck-Institut für Kohlenforschung in Mülheim entdeckte, daß sich kleine organische Moleküle, sogenannte Ethylen-Bausteine, mit einem speziellen Katalysator schon bei 50 bis 150 Grad und ohne äußeren Druck zu langen Ketten zusammenfinden und auf diese

Weise Polyethylen formen, wurde die industrielle Herstellung dieses Kunststoffs zu wirtschaftlichen Preisen möglich. Wenige Monate danach gelang es dem italienischen Chemiker Giulio Natta am Institut für industrielle Chemie in Mailand, Zieglers Erkenntnisse auf die Polymerisation von Propylen anzuwenden. Die beiden Forscher erhielten 1963 den Nobelpreis für Chemie; der nun »Ziegler-Natta« genannte Katalysator trat einen Siegeszug um die Welt an.

Die Jahresproduktion an Kunststoffen aus Ethen und Propen beträgt Mitte der neunziger Jahre weltweit rund 50 Millionen Tonnen, und die daraus hergestellten Produkte sind aus dem Alltag kaum mehr wegzudenken: Sie tauchen überall auf, von der Plastiktüte bis zu Autoteilen, von Textilien bis zu Sportgeräten und medizinischen Hilfsmitteln. Ihre Grundbausteine können leicht aus Erdöl hergestellt werden. Da sie lediglich aus den Elementen Kohlenstoff und Wasserstoff aufgebaut sind, enthalten sie keine kritischen Atome wie Chlor oder Stickstoff, die sich beim Recycling durch Bildung von Schadstoffen wie Dioxinen oder Stickoxiden unangenehm bemerkbar machen können. Diese Kunststoffe können daher leicht rezykliert oder unter Energiegewinn verbrannt werden, wobei nur Kohlendioxid und Wasser entstehen. Sie eignen sich daher ideal für eine Kreislaufwirtschaft.

Metallocene, die neuen Katalysatoren, sind metallorganische Verbindungen mit einer sogenannten Sandwichstruktur. Den Forschern Geoffrey Wilkinson und Ernst Otto Fischer war 1952 die Aufklärung der Struktur des Ferrocens gelungen, das zur Familie der Metallocene gehört. Sie erhielten dafür 1973 den Nobelpreis. Versuche, diese neuen Verbindungen als Katalysatoren bei der Kunststoffherstellung einzusetzen, hatten in den ersten Jahren kaum Erfolg, bis der erwähnte Zufall passierte. Danach machten sich die Hamburger Forscher daran, systematisch den verantwortlichen »Kokatalysator« zu suchen, der die Reaktion so stark beschleunigt hatte. Sie fanden ihn 1977 in Form von Methylalumoxan (MAO). Werden Metallocene, insbesondere Zirkonocene, mit diesem MAO versetzt, erhält man Katalysatoren, welche die Kohlenwasserstoffe noch zehn- bis hundertmal schneller zu Ketten verknüpfen können als die besten bekannten

Ziegler-Natta-Systeme. Bei der Polymerisation von Ethen werden beispielsweise 40 Tonnen Polyethylen mit Hilfe von nur einem Gramm Zirkonium produziert. Der Katalysator kann deshalb im Produkt verbleiben und muß nicht wie früher mit aufwendigen Methoden herausgewaschen werden.

Die Ausgangsprodukte für Kunststoffe werden in der Regel aus Erdöl und Erdgas hergestellt. Die dazu notwendige sogenannte Petrochemie entstand in den fünfziger Jahren. Dazu war ein tiefgreifender Wandel innerhalb der Chemie nötig. Statt Kohle wurden nun die flüssigen und gasförmigen Bodenschätze zu den wichtigsten Rohstoffen. Vorher beruhte die organisch-chemische Industrie im wesentlichen auf zwei Rohstoffgruppen, auf Naturstoffen und Kohle. Besondere Bedeutung hatte Steinkohleteer, der bei der Kokserzeugung entsteht. Er enthält die ganze Skala der ringförmigen Kohlenwasserstoffe wie Benzol, Toluol, Xylol, Naphtalin oder Anthracen. Der Bedarf der chemischen Industrie an Teerprodukten wuchs jedoch schneller als der Koksverbrauch der Hüttenwerke, so daß man sich nach anderen Rohstoffquellen umsehen mußte.

Die industrielle Petrochemie hatte ihre Anfänge in den USA. Bereits in den zwanziger und dreißiger Jahren hatten amerikanische Erdöl- und Chemieunternehmen damit begonnen, organische Grundprodukte aus Erdöl und Erdgas zu gewinnen. Der riesige Bedarf besonders an Toluol zur Herstellung von Sprengstoffen führte während des Zweiten Weltkriegs zu einem forcierten Ausbau der Kapazitäten.[19] Die modernen Verfahren der petrochemischen Industrie wurden aber auch in den USA erst nach dem Krieg entwickelt. In Deutschland gründete die Bayer AG zusammen mit der Deutschen Benzin und Petroleum AG, der deutschen Tochter der British Petroleum Co. Ltd. (BP), 1957 die Firma »Erdölchemie GmbH«. Andere Chemieunternehmen gingen ähnliche Wege. Erdöl war damals billig, erst die Ölkrise von 1973 verteuerte den inzwischen unentbehrlichen Rohstoff. Rund acht Prozent des Rohöls wurde in den achtziger Jahren von der Chemie verbraucht, der Rest wurde verheizt oder zu Transportzwecken verwendet.

Nicht nur die Menge, sondern auch die Qualität des Treibstoffs wurde entscheidend verändert und verbessert. 1901 noch schrieb Baudry de Saunier, der Verfasser eines der ersten Bücher über das Auto: »Beinahe sämtliche Betriebsstörungen rühren vom Motor her.« Das ist aus heutiger Sicht kaum überraschend, denn die Motorenentwicklung steckte noch in den Kinderschuhen, und der Betriebsstoff Benzin, den man in der Apotheke kaufte, erfüllte seinen neuen Zweck nur bedingt. Hier liefen die Entwicklungen parallel zur weiteren Verbesserung des Motors. Um das Jahr 1910 wurde eine für die Automobilentwicklung revolutionäre Entdeckung gemacht: Durch die Erhöhung der Kompression des Kraftstoff-Luftgemischs im Brennraum läßt sich die Motorleistung deutlich steigern. Doch die anfängliche Euphorie verflog schnell. Man stellte nämlich fest, daß der Kompressionsanstieg mit den damals verfügbaren Kraftstoffen zu einer unkontrollierbaren Druckerhöhung führte. Die explosionsartige Selbstzündung des Kraftstoff-Luftgemischs, das sogenannte Klopfen, hatte Motorschäden zur Folge. Man erkannte schnell, daß das Problem nur über eine Verbesserung des Kraftstoffs gelöst werden konnte. In diesem Stadium erwies sich eine Entdeckung amerikanischer Chemiker als äußerst nützlich: Man hatte 1922 herausgefunden, daß die metallorganische Verbindung Bleitetraethyl das Klopfen sehr wirkungsvoll hemmt, indem es bei der Verbrennung gebildete freie Radikale abfängt. Da diese Wirkung sehr stark ist, ließ sich die Klopffestigkeit von Benzin bereits mit Spuren von Bleitetraethyl drastisch erhöhen. Dies war die Geburtsstunde der sogenannte Kraftstoffadditive. Die stetige Leistungsverbesserung der Motoren (siehe Kapitel 1) in den folgenden Jahrzehnten wäre ohne eine chemische Verbesserung der Klopffestigkeit des Treibstoffs nicht realisierbar gewesen. Dabei kamen entscheidende Impulse aus dem Rennsport und der Fliegerei, denn dort waren Leistung und Zuverlässigkeit entscheidende, wenn nicht sogar lebenswichtige Kriterien.

Die Anzahl der Autos wuchs ständig: Während im Jahr 1901 weltweit rund 10 000 Autos fuhren, gab es im Jahr 1929 bereits 32 Millionen. Spätestens diese Entwicklung stellte die Mineralölindustrie vor ein neues Problem: die Bereitstellung der großen Kraftstoffmengen und die gleichzeitige Verwertung der bei ihrer Herstellung anfallenden minderwertigen Nebenprodukte. 1920 überstieg der Benzinbedarf die Kapazität der damaligen Raffinerien. Es wurden nicht nur neue Raffinerien gebaut, sondern auch Verfahren entwickelt, um die Kapazität der Anlagen zu erhöhen. Tatsächlich gelang es, durch neuartige Spaltprozesse die Ausbeute an verwertbaren Benzinkomponenten insgesamt zu erhöhen. Allerdings lieferten sie auch mehr instabile Komponenten und verringerten damit die Lagerstabilität des Benzins. Auch dafür wurde schließlich eine chemische Lösung gefunden. Man entwickelte sogenannte Antioxidantien, die den durch Sauerstoff ausgelösten Zerfall des Benzins verhindern oder stoppen.

Die Zahl der Treibstoffadditive hat sich stets erhöht; für fast jeden Zweck wurde ein chemisches Produkt erfunden. Im Zuge einer verbesserten Umweltpolitik mußte das Bleitetraethyl seinen Rückzug aus dem Markt antreten. Es wurde ersetzt durch andere klopffeste Komponenten auf organischer Basis, die vollständig verbrennen. Moderner Kfz-Treibstoff besteht aus einer Vielzahl chemischer Produkte, die erst im Zusammenspiel die üblichen Motorleistungen ermöglichen.

Teure und seltene Naturstoffe durch synthetische Produkte zu ersetzen, gelang der chemischen Industrie nicht nur im Werkstoff-, Farben- und Treibstoffbereich, sondern auch fast bei allen Geruchs- und Geschmacksstoffen. Begonnen hatte alles mit Nitrobenzol, dem ersten künstlichen Duftstoff, der in der zweiten Hälfte des 19. Jahrhunderts unter dem Namen Mirbanöl zur Herstellung von Mandelseifen verwendet wurde. Es ging weiter mit Vanillin, dem der Holzmindener Chemiker Wilhelm Haarmann seine Doktorarbeit gewidmet hatte, und mit dem 1893 isolierten Veilchenduft. Haarmann gründete 1874 in seiner Heimatstadt eine Firma für die Herstellung synthetischer Düfte. Das erste Holzmindener Vanillin war mit 7000 Mark pro Kilogramm noch fast so teuer wie Gold, aber 1902 war synthetisches Vanillin bereits für 60 Mark pro Kilogramm zu haben. 1974 begann die großtechnische Produktion von Menthol, das man vorher aus Pfefferminzpflanzen gewonnen hatte. Entsprechend konnte bis zum Ende des Jahrhunderts so gut wie jeder Duft- und Geschmacksstoff künstlich hergestellt werden. Der Verbraucher findet die Essenzen in seiner Nahrung, in Kosmetik- und Reinigungsprodukten.

Die hier geschilderten chemischen Entdeckungen und Produktionslinien sind nur ein geringer Teil der Palette, welche die chemische Industrie im Lauf des Jahrhunderts entwickelte und auf den Markt brachte. Ein besonders wichtiger Zweig, vor allem, weil er in den neunziger Jahren stark in die öffentliche Diskussion geriet, ist die sogenannte Chlorchemie. Kurz nach der Jahrhundertwende faßte man in den damaligen Farbenfabriken Bayer den Entschluß, in die zukunftsträchtige Chlorchemie einzusteigen. Man wollte Chlorbenzol, das sich zu einer vielversprechenden Basischemikalie für organische Farbstoffe gemausert hatte, selbst herstellen. Damit brauchte man zum ersten Mal größere Mengen an Chlor. Und auch damit wollte man sich nun selbst versorgen. Im April 1912 hieß es im Werk Leverkusen: »Alles klar für Chlor«.[20] Die erste Chlorfabrik des Unternehmens nahm ihren Betrieb auf. Seitdem wuchs die Zahl der Produkte, die mit Chlor hergestellt wurden, und damit natürlich auch der Bedarf an diesem Grundstoff. Kam Bayer 1912 noch mit 1000 Tonnen Chlor im Jahr aus, so benötigte man in den sechziger Jahren bereits rund 140000 Tonnen im Jahr. 1995 wurde allein in den Bayerwerken weit mehr als die fünffache Menge hergestellt und verwendet. Das Element Chlor wird üblicherweise durch die elektrische Aufspaltung von Kochsalzlösung, die »Elektrolyse«, gewonnen. 1891 stellte der Chemiker Ignaz Stroof auf der Frankfurter Elektrizitätsausstellung erstmals ein funktionierendes Verfahren dafür vor. Seine Methode wird weltweit verwendet.

Seit die Chemie sich zur Großtechnik entwickelte, geriet sie in vielen Fällen in Konflikt mit den Bürgern, da sie häufig »eine offensichtliche und starke Umweltbelastung« darstellte. Die Chlorchemie ist nicht das einzige Beispiel: Als man etwa 1890 in Barmen anfing, Merkaptan herzustellen, »wurden die Anwohner der unteren Wupper durch einen fürchterlichen ›Katzengeruch‹ belästigt, spürten in nächtlichen Exkursionen der Ursache nach, [...] und ein polizeiliches Verbot brachte den Merkaptanbetrieb zum Erliegen.«[21]

Ein anderes Beispiel: Die Zellulosefabrik Rostosky (gegr. 1884) am Dransbach bei Bonn wurde wegen der Bachverschmutzung in zweiter Instanz zu so hohen Geldbußen verurteilt, daß sie schließen mußte. Hunderte derartiger Konflikte sind dokumentiert, und in den siebziger Jahren galt die chemische Industrie der aufkommenden Ökologiebewegung geradezu als klassischer Umweltverschmutzer. Die politischen und gesellschaftlichen Spannungen, die sich daraus entwickelten, führten nach und nach zu einem veränderten Umweltbewußtsein auch auf seiten der chemischen Industrie. Die verantwortlichen Manager erkannten zunehmend, daß der Schutz der Umwelt und die Schonung von Ressourcen letztlich auch ihren eigenen Interessen entgegenkam. So wurden vielfach ganze Produktionslinien aus ökologischen Gründen eingestellt, in Bemühungen um Luft- und Wasserreinhaltung wurde viel Geld investiert. Recycling als Grundlage für Kreislaufprozesse kam mehr und mehr ins Gespräch. Nicht zuletzt durch Berichte wie die ›Grenzen des Wachstums‹ des Club of Rome, der Anfang der siebziger Jahre erschien, wurde das Bewußtsein der allgemeinen Öffentlichkeit für Umweltprobleme geschärft.

Indessen erkannte auch die physikalisch-chemische Forschung neue Gefährdungen für die Umwelt, die in den siebziger Jahren noch völlig unbekannt waren. An erster Stelle stehen hier die globale Erwärmung und die Schädigung der überlebenswichtigen Ozonschicht in der Atmosphäre. Beiden Phänomenen ist gemeinsam, daß sie global sind und deshalb alle Nationen gleich betreffen; nationale oder regionale Gegenmaßnahmen bleiben wirkungslos. Amerikanische Wissenschaftler wiesen 1974 nach, daß Fluorkohlenwasserstoffe (FKW), die beispielsweise zum Betrieb von Kühlaggregaten, zum Aufschäumen von Schaumstoffen oder als Treibmittel für Spraydosen in großen Mengen hergestellt wurden, Ozon abbauen können. Die Chemikalien, die wegen ihrer außerordentlich hohen Stabilität geschätzt wurden – sie können sich beispielsweise nicht entzünden und sind chemisch nicht aktiv –, reichern sich in der Atmosphäre an und setzen dort einen katalytischen Prozeß in Gang, der unter Einfluß von UV-Strahlung abläuft. Eine Schädigung des Ozongürtels der Erde schadet der gesamten Biosphäre, da er normalerweise die tödliche UV-Strahlung des Sonnenlichts abschirmt. Folge einer erhöhten UV-Intensität auf der Erde wäre eine Zunahme von Mutationen, was eine Erhöhung der Krebsrate und, noch schlimmer, eine Zunahme an genetischen Mißbildungen zur Folge hätte.

Deshalb einigten sich die Industriestaaten auf der Umweltschutzkonferenz von Rio im Juni 1992, Produktion und Verbrauch von FKW massiv einzuschränken. Bis 1975 wurden allein von den beiden wichtigsten Arten der FKW jährlich weltweit mehr als sieben Millionen Tonnen emittiert. Da die Ausbreitung der Stoffe in der Atmosphäre und damit ihre Wirkung Jahre und Jahrzehnte in Anspruch nimmt, wurden die Folgen erst lange Zeit nach Einführung der Produkte bekannt, und in den neunziger Jahren noch in den oberen Luftschichten vorhandene Schadstoffe werden erst Mitte des nächsten Jahrhunderts allmählich wieder verschwinden.

Die Wissenschaft wuchs im Zuge dieser Vorhersagen und der Wirkungsforschung, die man Ökotoxikologie nannte, in eine neue, vorher nicht gekannte Rolle hinein. Während sie in den ersten zwei Dritteln dieses Jahrhunderts in erster Linie neue Chemikalien, neue Produkte und neue Syntheseverfahren entwickelt hatte und damit zum unentbehrlichen Helfer der Industrie wurde, verlagerte sich ihre Aufgabe in den achtziger Jahren zumindest teilweise in einen industriekritischen Bereich. Mehr und mehr wurden Forscher zu Warnern und sahen ihre Funktion darin, die Vorgänge in der Natur aufzuklären, die zu deren Schädigung führten.

Ein typisches Beispiel hierfür ist das sogenannte Waldsterben, das Anfang der achtziger Jahre erstmals in Deutschland bemerkt wurde. Zunächst waren nur Fichten betroffen, bald griffen die Schäden aber auch auf andere Arten über. Der Waldschadensbericht der Bundesregierung wies beispielsweise in seiner Bilanz für Bayern 1988 aus, daß 55 Prozent der Fichten, 60 Prozent der Kiefern, 83 Prozent der Tannen, 71 Prozent der Buchen und 76 Prozent der Eichen geschädigt waren. Bereits 15 Prozent des bayerischen Schutzwaldes galten damals als dringend sanierungsbedürftig. Ähnliche Zahlen galten für die übrigen Alpenländer.

Die alarmierenden Meldungen führten zu einer intensiven Forschungstätigkeit. In interdisziplinären Arbeitsgruppen wollte man versuchen, den Ursachen für das Waldsterben auf die Spur zu kommen. Schnell stellte sich heraus, daß einfache Modelle, die man zunächst favorisiert hatte, nicht griffen. Die Ursachen schienen so vielfältig zu sein und derartig intensiv miteinander vernetzt, daß großangelegte Studien nötig wurden. Zum Ende des Jahrhunderts scheint es, als seien die Gründe eine Kombination aus Luftschadstoffen und saurem Regen, aus klimatischem Streß und Folgen einer übertriebenen Monokultur. Einer der wichtigsten Teilaspekte scheinen die Stickoxide zu sein, die vor allem als Emissionen des Autoverkehrs entstehen.

Noch gravierender waren Umweltschäden, die unmittelbar in das Wirtschaftsgefüge eingriffen oder direkt den Menschen selbst betrafen: Erosion des fruchtbaren Bodens durch intensive Landwirtschaft, Artensterben durch Regulierung der Landschaft und Einsatz von Pestiziden, Ozonbelastung am Boden durch Kfz-Emissionen, Erwärmung des Erdklimas durch Kohlendioxyd und Spurengase, Zerstörung des Ozongürtels in der Stratosphäre. Vielfältige wissenschaftliche Initiativen entwickelten sich weltweit, um den Ursachen der Bedrohungen nachzugehen und Gegenmaßnahmen zu entwickeln. Vielfach war das Vertrauen in die Wissenschaft so groß, daß man hoffte, Umweltschäden stets durch bessere Technik wieder beseitigen zu können. Daß dies nur in seltenen Einzelfällen möglich ist, diese Erkenntnis setzte sich erst in den letzten Jahren des 20. Jahrhunderts durch.

Immerhin tat das schwedische Nobelpreis-Komitee einen wichtigen Schritt: Zum ersten Mal erhielten 1995 Umweltforscher die Auszeichnung. Die drei Forscher Paul Crutzen, Mario Molina und Sherwood Rowland wurden mit dem Chemie-Nobelpreis für ihre Arbeiten über die Entstehung und den Abbau der Ozonschicht ausgezeichnet. In der offiziellen Begründung wurde die Ozonschicht als die »Achillesferse der Biosphäre« bezeichnet, ein Symbol dafür, wie empfindlich die globalen atmosphärischen Vorgänge nun eingeschätzt wurden.

Die erste große internationale Umweltkonferenz fand 1972 in Stockholm statt. Sie war zwar geprägt von intensiven Meinungsverschiedenheiten über das weitere Vorgehen. Dennoch gilt dieses Treffen von immerhin 1200 Delegierten aus 113 Nationen als Beginn einer bewußten übernationalen Umweltpolitik. Sie fand auch Ausdruck in der Gründung des United Nations Environmental Program (UNEP), im gleichen Jahr in Nairobi. Sie wurde fortgesetzt durch die Gründung einer ganzen Reihe von internationalen Organisationen zum Schutze der Umwelt sowie durch regelmäßige Konferenzen, von denen zwei besondere Wichtigkeit erlangten: 1986 verabschiedeten Vertreter von 46 Staaten in Montreal das sogenannte Montreal-Protokoll zum Schutz der Ozonschicht. Es definierte die gefährlichsten Produkte und ihr jeweiliges Abbaupotential. Außerdem sah das Protokoll vor, daß bis zum Juli 1989 die Produktion der Fluorchlorkohlenwasserstoffe auf dem Stand von 1986 eingefroren werden sollte, was einer Reduktion um circa 20 Prozent entsprach. Danach war eine schrittweise Senkung der FCKW vorgesehen, nämlich bis zum Juli 1993 auf 80 Prozent und fünf Jahre später auf 50 Prozent der Emissionen von 1996. Das Abkommen trat am 1. Januar 1989 in Kraft. Fast 50 Nationen hatten es zu diesem Zeitpunkt bereits unterzeichnet, 30 sogar schon ratifiziert. 1992 wurde das Montreal-Protokoll in Kopenhagen weiter verschärft: Bereits Anfang 1996 sollte die weltweite Produktion von FCKW eingestellt werden, weitere Maßnahmen wurden beschlossen.

Die zweite Konferenz, die international Aufsehen erregte, war die Weltklimakonferenz im Juni 1992 in Rio. Auch auf ihr wurden umfangreiche Bestimmungen beschlossen und Absichtserklärungen veröffentlicht. Hier ging es in erster Linie um die Erwärmung der Erdatmosphäre durch CO_2 und Spurengase, auch dies ein Problem, dessen Ursache erst durch intensive Forschungsarbeiten geklärt werden konnte. Ohne Zweifel stand nur fest, daß der Mensch die Zusammensetzung der Atmosphäre stört. Daß dies das Weltklima beeinflußt, war bis Mitte der achtziger Jahre lediglich eine Vermutung.

Seit dem Jahr 1750 ist die mittlere Konzentration des Kohlendioxyds in der Atmosphäre von 280 auf 353 millionstel Volumenanteile gestiegen. Ähnliche Anstiege findet man für Methan und Stickstoffdioxid. In den neunziger Jahren nahmen die Anteile langlebiger Spurengase jedes Jahr um 0,7 bis ein Prozent zu. Seit 160000 Jahren waren der Methan- und Kohlendioxidgehalt der Luft nie auch nur annähernd so hoch.[22] Gleiches gilt für das Ozon in den tiefen Schichten bis etwa zwölf Kilometer.

Die Eigenschaft dieser Gase, Sonnenstrahlung fast ungehindert zur Oberfläche der Erde durchdringen zu lassen und die direkte Abstrahlung von Wärme von der Oberfläche der Erde in den Weltraum zu behindern, führt zu einer Erhöhung der Temperatur auf der Erdoberfläche. Dies ist es, was als Treibhauseffekt bezeichnet wird.

Da die ablaufenden Prozesse äußerst kompliziert und vielfältig voneinander abhängig sind, war es lange Zeit nicht möglich, sie detailliert aufzuklären. Erst aufgrund der enormen Zunahme der Speicher- und Rechenkapazität der Computer in den neunziger Jahren gelang es, Simulationen durchzuführen, die das Weltklima rechnerisch nachbilden (siehe Kapitel 6). Große Datenmengen waren nötig, um die Rechnungen so zu verfeinern, daß einigermaßen zuverlässige Vorhersagen für die Entwicklung des Klimas unter unterschiedlichen Prämissen machbar wurden. Zur Jahrhundertwende belegen Rechnungen jedoch zwingend, daß mit einem Anstieg der Welttemperatur um bis zu drei Grad zu rechnen ist. Überschwemmungen der Küstenstreifen und Ausweitung der Wüsten wären die Folge. Auf der Weltklimakonferenz in Rio wurde immerhin der Versuch unternommen, die Weltöffentlichkeit auf die Problematik aufmerksam zu machen und erste Gegenmaßnahmen einzuleiten. Die praktische Durchführung einschneidender Maßnahmen scheiterte jedoch in erster Linie am Einspruch der USA.

Trotzdem besteht am Ende des 20. Jahrhunderts immerhin die Aussicht, daß in den großen Industriestaaten des Westens die schlimmsten Umweltgefahren erkannt sind. Daß viele Firmen ihre ökologisch bedenkliche Politik in Drittweltländern fortsetzen, dürfte voraussichtlich in den kommenden Jahrzehnten zu neuen Konflikten führen.

Die Zukunftsaussichten für die chemische Industrie sind um die Jahrtausendwende aber keineswegs nur negativ. Vielfältige Aufgaben, vor allem im Werkstoffbereich, stehen zur Lösung an. Die Zeiten, in denen der Mensch sich mit den Materialien begnügte, die ihm die Natur zur Verfügung stellt, sind längst vorbei. Kunststoffe, Legierungen und Verbundwerkstoffe gehören inzwischen zum Alltag und werden bald durch weitere Stoffe ergänzt werden. Bald wird es für jeden Zweck, und sei er noch so exotisch, den maßgeschneiderten Werkstoff geben: »Material Tailoring« heißt das Schlagwort. Die Palette reicht vom

»Schaummetall« und Aerogel, das etwa so gebaut ist wie durchsichtige Luftschokolade, über Turbinenschaufeln, die man aus einem einzigen Kristall züchtet, bis hin zum Hochtemperatur-Supraleiter, der bereits bei Zimmertemperatur Strom ohne Verluste leiten kann. Die Materialforscher haben sich einiges vorgenommen: Sie wollen »intelligente« Werkstoffe bauen, etwa Kunststoffe, die sich wie Magnete benehmen, organische Folien, die Strom leiten können, oder Tragflügel, deren Profil sich den Flugbedingungen jeweils optimal anpaßt. Sie wollen sogar Gegensätze in einem einzigen Werkstück vereinen. So könnten zum Beispiel Flugzeugteile an einem Ende sehr hart, am anderen weich und elastisch sein, ohne daß sich dazwischen eine Naht befindet.

Oft lohnt es sich nicht, ein ganzes Bauteil aus einem hochwertigen und teuren Werkstoff anzufertigen. In solchen Fällen genügt es meist, die Oberfläche des Materials so zu verändern, daß sie den extremen Anforderungen genügt. Beschichtung mit dem besonders harten Diamant beginnt sich bereits in einigen Anwendungsbereichen durchzusetzen, aber sie ist nur eine von vielen Möglichkeiten. Eine andere ist die Erzeugung von Kohlenstoff-Oberflächen, die fast keine Reibung mehr haben. Mit ihnen kann man Schmierstoffe sparen und den Verschleiß vermindern.

Sogenannte funktionelle Oberflächen können sogar selbständig Aufgaben übernehmen: In Solarzellen verwandeln sie Licht in Strom, in künstlichen Adern regulieren sie die Durchlässigkeit für Wasser und Eiweiße, in Energiespar-Fenstern verändern sie die Lichtdurchlässigkeit, bei Prothesen verhindern sie Korrosion und Abnutzung, in der chemischen Verfahrenstechnik beschleunigen sie Reaktionen durch Katalyse, an Klebeflächen sorgen sie für extreme Haftung.

Gleichzeitig sind neuartige Werkstoffe aus Kohlefasern und Keramik auf dem besten Weg, alle Träume der Flugzeug- und Raketenbauer zu erfüllen: Sie sind leicht, mechanisch stabil, bruchsicher und vor allem extrem hitzefest. Bei der Landung des Space Shuttle steigt beispielsweise die Temperatur an der Oberfläche des Raumgleiters bis auf 1800 Grad. Ähnliche Probleme ergeben sich für Raketenantriebe, denn die dort eingesetzten Turbinen und Brennkammern müssen – wenn auch meist nur für kurze

Zeit – extremer Hitze standhalten. Und sollten Hyperschall-Flugzeuge wie der »Sänger« verwirklicht werden, wird man an manchen Bauteilen Temperaturbeständigkeit bis 2000 Grad benötigen. Zum Vergleich den Schmelzpunkt einiger Metalle: Eisen schmilzt bei 1535 Grad, Aluminium bereits bei 660 Grad, selbst Titan wird bei 1725 Grad flüssig. Nur Wolfram übersteht 3300 Grad. Metalle sind also für solche Anwendungen kaum geeignet.

Der Ausweg heißt Keramik. Seit alters her weiß man, daß keramische Werkstoffe fast beliebige Hitze aushalten, aber auch, daß sie extrem spröde sind. Aus Keramik ein Triebwerk zu bauen oder gar ein Turbinenrad, war 1975 noch undenkbar. Es reichte gerade noch für die plumpen Kacheln an der Außenseite des Shuttle, die nur als Wärmeschutz dienten; die tragenden Strukturen saßen darunter und waren aus Metall. Inzwischen hat sich auf diesem Gebiet der Werkstoffentwicklung eine Revolution ereignet. 1975 stellten Ingenieure Bauteile her, die leicht sind, unzerbrechlich und auch bei einer Temperatur von 2800 Grad noch funktionsfähig bleiben. Sie bestehen aus verschiedenen Arten von Verbundwerkstoffen, deren Hauptbestandteil Kohlefasern sind. Logischerweise sind insbesondere Waffen- und Raketenhersteller auf diesem Gebiet führend.

Europas größter Produzent von Raketenantrieben – sowohl militärischer als auch ziviler Art – ist die französische Firma Société Européenne de Propulsion (SEP), die 1969 durch den Zusammenschluß mehrerer Firmen entstand. Sie beschäftigte 1995 rund 4000 Mitarbeiter in drei Zweigwerken, ihren Hauptsitz hat sie in Suresnes bei Paris. In ihrem Werk in Le Haillan bei Bordeaux befindet sich die Abteilung für Verbundwerkstoffe. Früher bestanden Raketentriebwerke aus etwa 80 Prozent Metall und 20 Prozent Verbundwerkstoffen. Inzwischen hat sich dieses Verhältnis umgekehrt: Nur noch maximal ein Fünftel der Struktur wird aus Metall gefertigt. Auf diese Weise konnte man eine Verminderung des Gewichts bei gleicher Größe um das Zwei- bis Dreifache erreichen.

Zunächst entwickelte man bei der SEP Kohlefaser-Verbundwerkstoffe. Bei ihnen sind Fasern aus Kohlenstoff in eine sogenannte Matrix aus Kunstharz eingebettet. Fasern und Harz müssen dabei aufs engste miteinander verschweißt werden, was durch Erhitzen und Pressen in einem Autoklaven erreicht wird. Dabei polymerisiert der Kunstharz, das heißt, er verbindet sich zu festen, langen Molekülketten. Das Material ist leicht und besitzt gute mechanische Eigenschaften, es ist unter Luftabschluß auch sehr hitzebeständig. Bei Anwesenheit von Sauerstoff beginnen jedoch die Kohlefasern nach einiger Zeit zu brennen, wenn sie heiß genug werden.

Das daraufhin entwickelte Material, das nicht mehr brennen kann, ist Faserkeramik. Sie setzt sich zusammen aus einer keramischen Matrix, in die temperaturbeständige Fasern aus Kohlenstoff oder Silizium-Karbid eingelagert sind. Die Keramik schützt gegen Hitze und Oxidation, die Fasern gewähren Bruchsicherheit.

Als Ausgangsmaterial für die Matrix werden siliziumhaltige Verbindungen verwendet, die bei der anschließenden Erhitzung keramische Strukturen entwickeln, etwa mit Faserkristallen verstärktes Siliuziumnitrid. Andere Beispiele sind organische Silizium-Polymere auf der Basis von Polycarbosilanen und Polysilazanen.

Besondere Bedeutung hat die Verbindung zwischen Fasern und Matrix. Sie muß einerseits fest sein, damit das Bauteil mechanisch stabil ist, andererseits doch so locker, daß auftretende Spannungen nicht zu einem großen Bruch, sondern zu vielen Mikrorissen führen und so die Energie ableiten.

Anwendungen außerhalb des Raketensektors sind noch selten. Während Bremsscheiben für Formel-1-Rennwagen, Hochgeschwindigkeitszüge, Panzer und den Airbus bereits serienmäßig aus Kohle/Kohle-Verbundwerkstoffen hergestellt werden, ist die Anwendung von Faserkeramiken bisher auf den Luft- und Raumfahrtsektor begrenzt. Sie werden in erster Linie für besonders belastete Teile bei Düsentriebwerken und für Brennkammern und Düsen von Flüssigtriebwerken bei Raketen verwendet. Tests mit Turbinen für den Antrieb von Marschflugkörpern fanden bereits statt.

»Intelligente Lösungen finden« heißt die Devise der Zukunft. In der Praxis bedeutet das Systeme, die flexibel auf veränderte Umweltbedingungen und Anforderungen reagieren können. Ein heute bereits allgemein übliches Beispiel ist die Kamera, die intelligent auf Licht, Entfernung, Motiv und Film reagiert und die optimale Einstellung selbst errechnet. Ähnlich sollten in Zukunft viele Systeme arbeiten – die Zähigkeit von Öl in vollautomatischen Kupplungen könnte sich mit der Drehzahl ändern, das Profil eines Flugzeugleitwerks mit der Geschwindigkeit, die Arbeitsfrequenz einer Insulinpumpe für einen Diabetiker mit der Blutzuckerkonzentration.

Die intelligentesten Systeme, die man kennt, haben sich im Lauf einer Jahrmillionen währenden Evolution in der Natur herausgebildet. Biologische Abläufe sind extrem flexibel und passen sich optimal den äußeren Bedingungen an. Daß man der Natur in dieser Beziehung viele Tricks abschauen kann, haben Wissenschaftler der unterschiedlichsten Disziplinen inzwischen erkannt. Bedingung dafür ist jedoch, daß man die oft sehr komplizierten Funktionsweisen erst einmal erkennt – einer der wichtigsten Gründe für die oft verkannte Grundlagenforschung.

Computer, die so leistungsfähig sind wie unser Gehirn, Zellen, die eine eingebaute Uhr tragen und damit Krebsgeschwülste zum schnellen Absterben bringen, künstliche Immunstoffe, die der körpereigenen Abwehr nachempfunden sind und Aids seine Schrecken nehmen, Pflanzen, die Salzwasser, Trockenheit oder Frost vertragen – dies sind die Bereiche, in denen zukünftig die Wissenschaft der Industrie die Voraussetzungen liefern wird.

So wird die Chemie der Zukunft immer kleinere, intelligentere Systeme hervorbringen, die den biologischen Vorbildern nachgebildet sind. Erste Schritte sind schon getan: Membranen, die selektiv Stoffe hindurchlassen oder zurückhalten, Kolloide, die ihre Eigenschaften blitzschnell verändern, und künstliche Gene, die in Zellen eingeschleust werden. Neue Entdeckungen, die es auch nach der Jahrtausendwende in der Chemie geben wird, werden anders als vor 100 Jahren nicht industrielle Großanlagen mit Massenproduktionen von Millionen Tonnen hervorbringen, sondern kleine, intelligente Produktionseinheiten, in denen Vorgänge ablaufen, die denen der Natur ähnlich sind. Ein Weg »zurück zur Natur«, allerdings in einem völlig anderen Sinne, als er einst von Rousseau und seinen Nachfolgern erahnt werden konnte.

Kapitel 8

Wissenschaft und ihre Umsetzung

Chancen, Gefahren und Lösungen

Das vielstrapazierte Bild vom Wissenschaftler im Elfenbeinturm steht als Symbol für zweierlei: einerseits für den Forscher, der ungestört von äußeren Einflüssen seiner Denkarbeit nachgeht, andererseits aber auch für den weltfremden Gelehrten, der sich nicht darum kümmert, was mit den Ergebnissen seiner Arbeit geschieht oder womöglich geschehen könnte. Bis Mitte oder gar Ende des 19. Jahrhunderts mag dieses Bild den Realtypus des Wissenschaftlers gut beschrieben haben; für das 20. Jahrhundert jedoch gilt es nur noch als Zerrbild, als Karikatur, zumindest in den Naturwissenschaften. Moderne Wissenschaft ist nicht mehr denkbar ohne Verknüpfung mit der »Außenwelt«, ohne Rückkopplungen und Interdependenzen mit der Gesellschaft, der Politik und der Wirtschaft. So beklagte beispielsweise Hans F. Zacher, der damalige Präsident der Max-Planck-Gesellschaft, bei einer Diskussion im Jahr 1994 die zunehmenden Einschränkungen: »Die Forschung sieht sich im Lauf der Jahrzehnte zunehmend eingefangen in einem immer dichter werdenden Netz von Bindungen. Ihre Handlungsmöglichkeiten wurden und werden auf immer neue Weise und auf immer neuen Feldern eingeschränkt. Die Forscher sehen sich vielfältig gehindert, Wege ihrer Arbeit zu gehen, die ihnen wesentlich und erkenntnisträchtig erscheinen [...]. In diesem Sinne sind viele Freiheiten heute einem spürbar dichteren Netz der Auseinandersetzungen und der Schranken ausgesetzt. Dies gilt auch für die Freiheit der Forschung.«[1]

In der Tat ist es schwieriger geworden, nicht nur für Institutionen wie die Max-Planck-Gesellschaft, sondern auch für den einzelnen Forscher, dessen Arbeit in der Regel vom Staat finanziert wird und der schon allein aus diesem Grund für eine gewisse Akzeptanz sorgen muß. Grundlagenforschung, wie sie beispielsweise in der Max-Planck-Gesellschaft und an den Universitäten betrieben wird, schuldet dem Steuerzahler, auf dessen Kosten dieser vielfach als Luxus betrachtete Zweig der Forschung betrieben wird, Rechenschaft. Industrieforschung bewegt sich ohnehin in weit engeren Bahnen; hier ist die pragmatische Ausrichtung an den Zielen des Unternehmens und »Erfolgskontrolle« Alltag. Gleiches gilt für die militärische Forschung.

Die Anwendung der Naturwissenschaften in der Neuzeit geht weit über die schon im Altertum üblichen Aufgaben der Landvermessung und Kalenderrechnung hinaus. Die zunehmende Menge an neuen Erkenntnissen wurde zunächst in der Navigation, später in Industrie, Landwirtschaft und Medizin benutzt. So trug die Forschung zur Ausbildung der modernen Zivilisation entscheidend bei. Allerdings zeichnet sie in zunehmendem Maße auch für Fehlentwicklungen verantwortlich, die ohne hochstehende Technik nicht stattgefunden hätten. Ein gravierendes Beispiel ist das Verkehrswesen: Unbestreitbare Erfolge stehen Konsequenzen gegenüber, die für die gesamte Menschheit allmählich bedrohliche Ausmaße annehmen, von der Verschwendung unwiederbringlicher Ressourcen bis zur Vergiftung der Atmosphäre.

Nicht zu Unrecht macht deshalb in zunehmendem Maße die Gesellschaft die Wissenschaft und damit den Forscher verantwortlich für Fehlentwicklungen und Versäumnisse. Daraus entstehen Herausforderungen, dem sich im Grunde jeder Naturwissenschaftler stellen muß, vor allem aber jeder, der in diesem Bereich Führungsaufgaben wahrnimmt. Dieses Selbstverständnis ist spätestens im letzten Drittel des 20. Jahrhunderts zur Normalität geworden. Die Rolle des Forschers impliziert für seine Umwelt automatisch auch die Möglichkeit, die Umwelt zu verändern, Schaden anzurichten, aber auch Schlechtes zum Guten zu wenden. Die abgehobene Stellung, die schon allein aufgrund der wissenschaftsspezifischen Fachsprache früher fast unüberwindlich schien, gilt allenfalls noch als Relikt aus Zeiten, in denen der Dialog zwischen Wissenschaft und Bürger noch nicht üblich oder gar verpönt war.

Heute, kurz vor der Jahrtausendwende, müssen sich Forscher der unterschiedlichsten Disziplinen die Frage gefallen lassen, was sie gegen die Zerstörung der Umwelt zu tun gedenken, wie sie die Lebenswelt der Bürger vor noch stärkerer Entfremdung schützen können oder wie sie den Gefahren, welche die Gentechnik in sich birgt, begegnen wollen. Naturwissenschaftler, die sich derartigen Antworten verweigern, gelten als Relikte einer überholten Zeit.

Der Forscher als Individuum hat jedoch nur noch relativ wenig Entscheidungsfreiheiten. »Wenn ich etwas nicht erforsche, tut es mein Konkurrent, also behalte ich lieber die Fäden in der Hand«, diese vielgebrauchte Argumentation entbehrt nicht einer gewissen Logik. Die wirklichen Entscheidungen fallen zunehmend in größerem organisatorischem Rahmen, denn der Fortschritt der Technisierung hat auch eine Steigerung des Organisationsgrades nach sich gezogen. So führte schon die Erfindung der Dampfmaschine im 19. Jahrhundert zu einer Konzentration der Industrie, bei der der Einzelne sich einer größeren Organisation unterordnen mußte, mit allen Vor- und Nachteilen. Ähnlich verlief die Entwicklung bei der Elektrizitätsversorgung. Elektrische Kraftwerke machten die stationären Dampfmaschinen überflüssig. Als man erkannte, daß Stromtransport durch Überlandleitungen wirtschaftlich war, schloß man die Zentralen zu großen Verbänden zusammen. Als schließlich der Übergang zur friedlichen Nutzung der Atomenergie beschlossen wurde, erschienen die Kosten zu hoch und die Gefahren zu groß, als daß man diese Technik noch dem privaten Auftraggeber überlassen wollte: So erhielt in diesem Sektor der Staat einen Einfluß[2], der ansonsten in einer privatwirtschaftlich organisierten Wirtschaft nicht vorgesehen war.

Nun waren und sind Forscher und Wissenschaftler trotz ihres hohen Bildungsstandes keine grundsätzlich besseren Menschen als andere. Mit anderen Worten, auch ihre Triebfedern für Handeln oder Unterlassen sind von einer Mischung aus grundsätzlichen Überlegungen, moralischen Maximen und pragmatischen Gesichtspunkten bestimmt. In dieser Konstellation haben mit Sicherheit die beiden erstgenannten Beweggründe im Lauf des 20. Jahrhunderts an Bedeutung verloren. Die Säkularisierung des Denkens hat hier ihren Einfluß geltend gemacht, bis hin zur Modifizierung moralischer Normen. So haben sich beispielsweise viele Biologen bemüht, aus der Evolutionstheorie ethische Maßstäbe abzuleiten. Die Folgen waren katastrophal.

Basierend auf den Theorien des englischen Naturforschers Francis Galton, eines Vetters von Charles Darwin, der die Lehre von der Eugenik entwickelte, entstand in Deutschland nach 1900 eine Schule deutscher »Rasseforscher«, die zur Verbesserung der deutschen Rasse aufriefen. Sie hielten dabei an einem wissenschaftlich bereits überholten statischen Konzept der Vererbungstheorie fest. Mit Beginn des nationalsozialistischen Regimes verknüpfte man die Eugenik mit der Anthropologie, es entstand die sogenannte »Rassenhygiene«. Der Begriff der »Erbgesundheitspflege« schlug sich in zwei inhumanen Gesetzen nieder: 1933 wurde das »Gesetz zur Verhütung erbkranken Nachwuchses« und 1935 das »Gesetz zum Schutze der Erbgesundheit des Deutschen Volkes« erlassen. Die praktischen Konsequenzen dieser Gesetze bestanden in der Zwangssterilisierung von Menschen, die von »Erbgesundheitsgerichten« – oft nach willkürlichen Kriterien – als »Erbkranke« deklariert wurden. Insgesamt wurden während des Dritten Reiches etwa eine Viertelmillion Menschen zwangsweise sterilisiert.

Mit Ausbruch des Zweiten Weltkriegs erweiterte man die eugenischen Maßnahmen zur »Euthanasie«, um hilflose Menschen, deren Leben man für lebensunwert erklärte, aus »rassehygienischen« Gründen töten zu können. Amtlich bestellte Ärzte sonderten in Heil- und Pflegeanstalten psychisch kranke Personen aus, die dann in Lastwagen vergast oder in Konzentrationslager gebracht wurden. Bis 1941 kamen so rund 70000 Menschen ums Leben, bis 1945 schätzungsweise weitere 200000.

Ein anderes Gesetz, das 1935 erlassene »Gesetz zum Schutze des deutschen Blutes und der deutschen Ehre«, ermöglichte schließlich den nationalsozialistischen Machthabern die Ausgrenzung und spätere Ermordung von Juden und anderen Bevölkerungsgruppen als »nicht artverwandt mit der deutschen Rasse«. Bis zum Ende der Hitlerdiktatur wurden fünf bis sechs Millionen Juden und andere für minderwertig erklärte Menschen ermordet.

»Es ist aus heutiger Sicht kaum noch begreiflich, daß diese inhumane Haltung von bis dahin anerkannten Ärzten und Biologen, die an den Universitäten als Anthropologen und Rassenhygieniker lehrten und forschten, [...] mitgetragen wurden. Großen Einfluß auf die politische Rassengesetzgebung gewannen sie durch zahlreiche Schriften und neugegründete Institutionen für Anthropologie wie das schon 1927 ins Leben gerufene Kaiser-Wilhelm-Institut für Anthropologie, menschliche Erblehre und Eugenik in Berlin.«[3] Nicht nur durch die Bereitstellung der theoretischen Grundlagen trugen Wissenschaftler jedoch zu den Greueltaten in jener Zeit bei, sondern auch aktiv, beispielsweise durch Menschenversuche in den Konzentrationslagern und in Kliniken.

Daß auch nach dem Ende des Zweiten Weltkriegs derartige Vorstellungen von der Überlegenheit bestimmter Rassen noch weiterlebten, dafür gibt es vielfältige Gründe. Auf einer Podiumsdiskussion an der Technischen Hochschule Berlin im Mai 1980 zeichneten die Teilnehmer ein teilweise erschreckendes Bild der Situation. Die Äußerung des Berliner Medizinhistorikers Gerhard Baader ist kennzeichnend: »Gerade die Tatsache, daß sozialdarwinistische Ideen gemeinsames Gedankengut der Bourgeoisie von 1933 – nicht nur der Ärzte, aber auch der Ärzte – waren, ist heute noch sehr beeindruckend. Man erschrickt bisweilen, wenn man sieht, wie naturwissenschaftliche Modelle in vergleichbarer Weise [...] auf gesellschaftliche Phänomene übertragen werden, oder wie zum Beispiel in den angelsächsischen Ländern neu aufkommende Konzepte der Soziobiologie kritiklos übernommen werden. Genau solche Elemente sind es aber, die für die Vernichtungsmaschinerie des Dritten Reiches als Begründung herhalten mußten, und diese Vorstellungen sind heute auch noch keineswegs überwunden.«[4]

Das hier geschilderte Beispiel ist besonders eklatant, es ist jedoch nicht das einzige. Dies liegt unter anderem auch daran, daß die Motivationen der Gelehrten andere geworden sind. Wer sich vor 100 Jahren entschloß, sein Berufsleben der Forschung zu widmen, war meist getrieben von der Idee, bestimmte Fragestellungen aufzuklären, beispielsweise, ob man aus Teer Farbstoffe herstellen könne, ob die Materie tatsächlich aus Atomen bestehe oder wie bestimmte Krankheiten zustandekämen. Dieser Antrieb beflügelt wohl auch zur Jahrtausendwende noch die

Grundlagenforschung, deren Bedeutung jedoch im Vergleich zur angewandten Forschung weit zurückgegangen ist. Gegen Ende des Jahrhunderts stehen jedoch ganz andere Fragestellungen im Vordergrund, Fragen wie zum Beispiel »Lassen sich bestimmte Produktionsprozesse weiter verbilligen?«, »Wie kann Kommunikation noch schneller und effektiver werden?«, oder »Welche Möglichkeiten der genetischen Veränderung sind zulässig?«. All diese Fragen haben unmittelbar mit Verantwortung zu tun, denn ihre Beantwortung in die eine oder andere Richtung führt zu weitreichenden Auswirkungen auf die reale Welt.

Es waren aber nicht nur die praktischen Folgen von Forschung, sondern auch die Ideen und Theorien, die die Welt verändert haben. Glaubte man einst noch an höhere Mächte, welche die Gestirne steuern, die Gezeiten bewegen oder die Seele des Menschen beflügeln, so bewirkte das Vordringen der Naturwissenschaften eine tiefgreifende Säkularisierung des menschlichen Geistes. Sie veränderten die Vorstellung über die Beschaffenheit des Weltalls ebenso grundlegend wie die Einschätzung der Stellung des Menschen. Er wurde – zusammen mit dem gesamten Sonnensystem – an den Rand gedrängt und zu einem Phänomen unter Milliarden degradiert. Andererseits war seine Selbsteinschätzung nie so hoch wie heute. Er benötigt keinen Gott mehr, um die Welt zu bewegen, um seine Umwelt zu gestalten, selbst für Ethik und Kultur hat die Wissenschaft weitgehend mechanistische Erklärungsmuster gefunden. »Wahrscheinlich hat die naturwissenschaftliche Denkweise an sich einen größeren Einfluß auf menschliche Ideale ausgeübt als irgendeine spezielle Theorie. Die wissenschaftliche Methode verläßt sich lieber auf logische Argumente als auf Emotionen. Will man sie befolgen, so muß man die Empirie als Kriterium zur Entscheidung zwischen unterschiedlichen Auffassungen anerkennen, ein Verfahren, das sich heute sogar auch in den persönlichen Beziehungen der Menschen untereinander durchgesetzt hat und noch vor einem Jahrhundert unbekannt war«[5], resümiert der britische Wissenschaftshistoriker Stephen F. Mason.

Die Zunahme des Einflusses der Naturwissenschaften läßt sich auch an schieren Zahlen ablesen. Im Jahr 1910 gab es rund 8000 deutsche und britische Physiker und Chemiker. Ende der achtziger Jahre wurde die Zahl der naturwissenschaftlichen Forscher weltweit auf etwa fünf Millionen geschätzt.[6] Etwa eine Million von ihnen lebt in den USA, etwas mehr in Europa. 1991 schätzte die UNO die Zahl der Forscher, die in der ehemaligen Sowjetunion tätig war, auf rund 1,5 Millionen.

Während in der Vergangenheit die Richtung, die die Wissenschaft nahm, kaum von außen gesteuert wurde, wurde es im 20. Jahrhundert üblich, Forschung bewußt auf bestimmte Gebiete auszurichten, deren Auswahl den Gelehrten zunehmend häufiger aus der Hand genommen wurde. Die dadurch entstehende Spezialisierung und die nun mehr und mehr institutionalisierte Bezahlung von Forschern durch öffentliche oder private Gelder bewog immer mehr Menschen, sich berufsmäßig der Wissenschaft zu widmen und führte zu dem enormen Anstieg.

In den ersten Jahrzehnten des 20. Jahrhunderts galt Europa und dort Deutschland als die führende Kraft auf wissenschaftlichem Gebiet. Durch die Verfolgung der Juden durch das nationalsozialistische Regime wurden viele hervorragende Forscher gezwungen, das Land zu verlassen. So hatte sich spätestens nach dem Zweiten Weltkrieg das Gewicht verschoben. Deutschland hatte seine Führungsrolle verloren, die USA waren an seine Stelle getreten. Zwischen 1900 und 1933 gingen nur sieben wissenschaftliche Nobelpreise an Forscher in den USA, zwischen 1933 und 1970 hingegen 77.[7]

Nicht nur der geographische Schwerpunkt verlagerte sich, auch die Arbeitsweise des typischen Wissenschaftlers war einer grundlegenden Wandlung unterworfen. Während die angewandte Forschung zunächst noch für Verbesserungen in Industrie, Landwirtschaft und Medizin zu sorgen hatte, trat schließlich die militärische Forschung immer mehr in den Vordergrund. So gab die britische Regierung im Haushaltsjahr 1950/51 einen Betrag für Militärforschung aus, der 67mal so hoch lag wie in der Periode 1936/37. Im gleichen Zeitraum stiegen die Forschungsgelder im industriellen Bereich nur auf das Zehnfache, in der Medizin auf das Neunfache und in der Landwirtschaft auf das Achtfache. Grundlagenforschung an Universitäten wurde von der britischen Regierung nur sechsmal so stark gefördert wie 1936/37.[8]

Diese Zahlen zeigen eine Tendenz, die nicht nur für Großbritannien gilt. In allen Industriestaaten hat nach dem Ersten Weltkrieg die militärische Forschung große Bereiche an sich gerissen. Wichtige, ja die wichtigsten wissenschaftlichen Entwicklungen des ausgehenden 20. Jahrhunderts beruhen auf militärischer Forschung: Computertechnik, Luft- und Raumfahrt, Radar, Materialforschung, Satellitentechnik ebenso wie Laserforschung, modernste Kommunikationstechnik und Software-Entwicklung. Die drahtlose Nachrichtenübermittlung, für Militärs von entscheidender Bedeutung, führte schließlich zum Rundfunk. Auch Gebiete der Grundlagenforschung fielen in den Einflußbereich der Militärs, was zu einer fortschreitenden Geheimhaltung führte. Viele wichtige Forschungsergebnisse wurden erst Jahrzehnte nach ihrer Entdeckung bekannt.

Paradebeispiel für ein erfolgreiches militärisches Projekt ist die Entwicklung der amerikanischen Atombombe in Los Alamos. Im Dezember 1942 war es Enrico Fermi in Chicago zum ersten Mal gelungen, in Uran eine Kettenreaktion aufrechtzuerhalten. Im sogenannten Manhattan-Projekt, das von General Lesley Groves geleitet wurde, entwickelten Wissenschaftler unter höchster Geheimhaltung daraufhin die Atombombe. Robert Oppenheimer war der Chef der Wissenschaftler. Emilio Segrè, einer der berühmtesten Physiker, die an dem Projekt beteiligt waren, erinnerte sich später an die Anfänge: »Für das neue Laboratorium benötigte man einen Ort, der bestimmte geographische Bedingungen zu erfüllen hatte, vor allem aber weit abgelegen und gut geschützt sein mußte. Oppenheimer, der das Hochland von Neumexiko von Jugend auf kannte, war hierbei behilflich; die Wahl fiel auf einen wunderschönen Ort, an dem sich eine Privatschule für Jungen, die Los Alamos School, befunden hatte. Das Laboratorium wurde im Eiltempo hochgezogen und mit einer ungewöhnlichen Ansammlung wissenschaftlicher Talente besetzt. Die ersten drei Atombomben wurden hier gebaut.«[9]

Im Morgengrauen des 16. Juli 1945 detonierte die erste von ihnen auf dem Versuchsgelände in der Nähe von Alamogordo. Die zweite wurde nur drei Wochen später, am 6. August, auf Hiroshima abgeworfen, die dritte – eine Plutoniumbombe – am 9. August auf Nagasaki. Der unmittelbare militärische Einsatz der Bombe und seine katastrophalen Folgen für die Betroffenen ließ viele der beteiligten Wissenschaftler aus ihrer kritiklosen Begeisterung erwachen. Zu sehr hatten sie sich im wissenschaftlichen Getto von Los Alamos von der Faszination der Aufgabenstellung blenden lassen, zu wenig an eventuelle Folgen gedacht. Nun war es zu spät. Briefe, Appelle und Eingaben blieben wirkungslos. Im Gegenteil: Die Sowjetunion zog mit ihrem Atomprogramm nach, die Wasserstoffbombe wurde auf beiden Seiten entwickelt, und ein wahnwitziges atomares Wettrüsten zwischen den beiden Großmächten war nicht mehr aufzuhalten. In seinen Erinnerungen schilderte der spätere Nobelpreisträger Richard Feynman den Tag, als die Versuchsbombe erfolgreich explodiert war: »Nachdem das Ding hochgegangen war, gab es eine ungeheure Begeisterung in Los Alamos. Jeder veranstaltete Parties, wir machten alle die Gegend unsicher. [...] Aber ein Mann, daran kann ich mich erinnern, Bob Wilson, saß nur herum und machte eine saure Miene. Ich fragte: Warum machen Sie so eine saure Miene? Er sagte: Es ist etwas Furchtbares, was wir gemacht haben. Ich sagte: Aber Sie haben doch damit angefangen. Sie haben uns dazu gebracht. Denn mir war es genauso gegangen, wie es den anderen ging: Wir hatten aus einem guten Grund *angefangen,* und dann arbeitet man sehr hart, um etwas zustande zu bringen, und das macht Spaß, es ist aufregend. Und man hört auf zu denken, nicht wahr; man hört einfach auf. Bob Wilson war der einzige, der in dem Moment noch darüber nachdachte.«

Nie zuvor arbeiteten Forscher in solch großen Gruppen zusammen. Mit fortschreitender Komplexität der Experimentieranlagen wurden große Gruppen jedoch die Regel. Der Einzelforscher wurde abgelöst von Teams aus Hunderten von Spezialisten. Eine ausgefeilte Infrastruktur wurde für viele Forschungszweige nötig, die teilweise so teuer ist, daß sie von einzelnen Staaten gar nicht mehr zu bezahlen ist, ganz zu schweigen von einzelnen Personen. Dies gilt beispielsweise für die großen Forschungszentren wie etwa dem Centre Européen pour la Recherche Nucléaire (CERN) in Genf: Rund 6600 Experten aus der ganzen Welt sind in einer Art Wissenschaftsstadt versammelt, um Teilchenforschung zu betreiben, also den letzten Geheimnissen der Materie auf die Spur zu kommen. Einzelkämpfer sind dort nicht mehr gefragt. So bestand das Team des Nobelpreisträgers Carlo Rubbia, der 1984 ausgezeichnet wurde, aus 137 Mitarbeitern. Allein die Aufzählung der Namen füllte eine ganze Seite.

Diese Entwicklung hatte sich in den ersten Jahrzehnten des 20. Jahrhunderts bereits abgezeichnet. Damals vollzog sich ein Übergang von den einsamen, stillen Denkern und Forschern, die allein in ihren Labors gearbeitet hatten, zu größeren Organisationen. Teams wie am Cavendish-Laboratorium in Cambridge oder an der Ecole supérieure de physique et de chimie industrielles in Paris wurden – rund um bedeutende Forscherpersönlichkeiten – zu erfolgreichen Keimzellen der wissenschaftlichen Arbeit. Rutherford versammelte beispielsweise in Cambridge eine ganze Reihe genialer junger Kollegen um sich, die er zunächst führte und leitete, und die später in seiner Tradition weiterarbeiteten. Ähnliches gilt für die Curies in Paris, die dort eine außerordentlich fruchtbare Schule begründeten, aus der mehrere Nobelpreisträger hervorgingen, bis hin zu Gilles de Gennes im Jahr 1992. Entsprechendes läßt sich für Niels Bohr in Dänemark sagen, der in den Kreisen der Atomtheoretiker ebenso als Herrscher anerkannt war wie Rutherford bei den Experimentatoren.

Viele Physiker sahen sich in den dreißiger Jahren gezwungen, aus Deutschland zu emigrieren. Die europäische Scientific Community, die sich vorher regelmäßig zu äußerst anregenden Treffen und Diskussionen getroffen hatte, den sogenannten Solvay-Konferenzen, fand sich nun plötzlich zum großen Teil im Exil wieder. Zwar wurde auch dort der Kontakt untereinander intensiv weitergepflegt, aber die Forschungs-Infrastruktur der Alten Welt war im Zweiten Weltkrieg nachhaltig zerschlagen worden. Die neuen Zentren und Netzwerke bildeten sich im Ausland, vornehmlich in den USA und Japan. Ganz allmählich zogen weitere Länder nach. Zwar hatte es auch schon vorher herausragende Forscherpersönlichkeiten in China oder Indien gegeben, aber sie blieben die Ausnahme.

Eine Sonderrolle spielte die Sowjetunion. Hier wurden Forschung und Wissenschaft straff organisiert und den zentralistischen Staatszielen untergeordnet. Auf diese Weise wurde eine hervorragende technische, wenn auch linientreue, Elite erzeugt, die durch vielfältige Glanzleistungen bestach. Nur eines von vielen Beispielen ist die Raumfahrt mit ihren großen Erfolgen in den sechziger Jahren. Ebensogut könnte man die Laserforschung nennen oder die Entwicklung der Atom- und der Wasserstoffbombe, bei denen der Osten – außer im Fall von Fuchs' Spionage – unabhängig von den Vorgängen in den USA einen eigenen Weg beschritt. Sieht man einmal ab von den durch diese Programme – übrigens auch in den USA – verursachten Umweltverseuchungen und ihren politischen Implikationen, so läßt sich nicht leugnen, daß beide Programme technisch sehr erfolgreich waren.

Verantwortung kann der Forscher nur dann übernehmen, wenn er eine Möglichkeit findet, sich an die Öffentlichkeit, und sei es nur die Fachöffentlichkeit, zu wenden. Wie aber bringt ein Wissenschaftler seine Ergebnisse unters Volk? Die Gründung der nationalen Akademien und wissenschaftlichen Gesellschaften bot schon seit dem 17. Jahrhundert ein gutes, wenn auch exklusives Forum, um über neue Theorien und Ergebnisse zu berichten. Hinzu kamen nun immer mehr und immer spezialisiertere Fachzeitschriften. »Publish or perish«, »veröffentlichen oder untergehen«, hieß bald die Devise, zumal das Ansehen und die Leistungsfähigkeit eines Wissenschaftlers zunehmend durch die Anzahl seiner fachlichen Veröffentlichungen bewertet wurde. Wer als erster etwas veröffentlicht, gilt als Urheber einer Idee. Meinungsverschiedenheiten über die Urheberschaft für neue, revolutionäre Ideen ließen sich auf diese Weise meist gut entscheiden. Dies wurde in dem Maße wichtiger, als neue wissenschaftliche Erkenntnisse auch zunehmend wirtschaftliche Auswirkungen hatten. Typische Beispiele für den Kampf um die Priorität waren die Aufklärung der Struktur der DNA, die Entdeckung des Laserprinzips oder in allerjüngster Zeit die Entdekkung des Aids-Virus.

Aber es geht nicht mehr nur um den Nachweis der Urheberschaft für eine Idee, sondern auch darum, neue Theorien in der wissenschaftlichen Öffentlichkeit zur Diskussion zu stellen. In den Naturwissenschaften hatte sich seit John Locke das Prinzip durchgesetzt, daß Experimente eine Theorie stützen müssen. Wird eine Hypothese durch das Experiment widerlegt, gilt sie als falsch. Karl Popper baute diese Wissenschaftstheorie weiter aus: Eine Hypothese gilt nur so lange als wahr, bis sie widerlegt wird.

Problematisch ist diese Forderung vor allem für die Wissenschaftler, die sich mit Phänomenen auseinandersetzen, welche sich nicht im Experiment nachstellen lassen, wie etwa die Kosmologen. So bleibt gerade dieses Gebiet, das Auskunft geben soll über Ursprung und Ende des Universums, aus prinzipiellen Gründen das unsicherste. Neben den Fragen, die das menschliche Bewußtsein und seine Seele betreffen, zeigen deshalb vor allem kosmologische Probleme auch am Ende des 20. Jahrhunderts noch, wie wichtig die Philosophie für das Leben der Menschen bleibt. Denn alles, was der Naturwissenschaftler nicht aufklärt, soll der Philosoph interpretieren. Dies zumindest ist über die gesamte Geschichte der Menschheit bisher gleich geblieben.

Anmerkungen

Mare Tranquillitatis, 20. Juli 1969

1 Neil Armstrong, Edwin E. Aldrin jr. und Michael Collins, Wir waren die Ersten. Frankfurt 1970, S. 225.
2 Ebd., S. 264.
3 Heinrich Schiemann, Erlebte Raumfahrt. Frankfurt 1991.
4 Neil Armstrong, Edwin E. Aldrin jr. und Michael Collins, Wir waren die Ersten. Frankfurt 1970, S. 298.
5 Ebd., S. 324.
6 Eine gute Übersicht über die sowjetischen Raumfahrtaktivitäten gibt Rudolf Hofstätter, Sowjetraumfahrt. Basel 1989.
7 Jesco Freiherr von Puttkamer, So platzte der Traum vom »roten Mond«. In: Damals 7 (1994), S. 64 ff.
8 Ebd., S. 69.
9 Christopher Morley, Human Being. New York 1932, Kapitel 11.
10 Joachim Radkau, Technik in Deutschland. Frankfurt 1989, S. 224.

Kapitel 1
Die Erde schrumpft

1 Zitiert nach: Ludwig Bölkow (Hg.), Ein Jahrhundert Flugzeuge. Düsseldorf 1990, S. 14 ff.
2 Douglas Botting, Die Luftschiffe. Amsterdam 1982, S. 27.
3 Siehe auch Walter Rathjen, Historische Entwicklung des Flugzeugs im Überblick. In: Ludwig Bölkow (Hg.), Ein Jahrhundert Flugzeuge. Düsseldorf 1990.
4 Nach Angabe der Autoren Roderich Cescotti und Jean Roeder sind die Zahlen Mittelwerte aus unterschiedlichen Quellen. Entnommen aus Ludwig Bölkow (Hg.), Ein Jahrhundert Flugzeuge. Düsseldorf 1990.
5 Adolf Galland, Die Ersten und die Letzten. Neuaufl. München 1993.
6 Rudolf Pörtner (Hg.), Sternstunden der Technik. Düsseldorf 1986, S. 287.
7 Artur Fürst, Das Weltreich der Technik. Berlin 1923. Nachdruck Düsseldorf 1985, S. 77.
8 Zitiert nach: Thomas P. Hughes, Die Erfindung Amerikas. München 1991, S. 164.
9 Artur Fürst, Das Weltreich der Technik. Berlin 1923. Nachdruck Düsseldorf 1985, S. 78.
10 Ebd., S. 238.
11 Rolf Sonnemann (Hg.), Geschichte der Technik. Leipzig 1978, S. 338.

[12] Zitiert nach: Informationszentrale der Elektrizitätswirtschaft e.V., Impulse eines Jahrhunderts. Frankfurt 1989.

[13] Joachim Radkau, Technik in Deutschland. Frankfurt 1989, S. 226.

[14] Die meisten der hier über Autos aufgeführten Daten stammen aus: Richard von Frankenberg und Marco Matteucci, Geschichte des Automobils. Künzelsau 1973.

[15] Ebd., S. 384.

[16] Ebd., S. 314.

[17] Ebd.

[18] G. Armanski, Wir Geisterfahrer e.V., Lust und Last am Automobil. Bielefeld 1986.

[19] Otto Ulrich, Entwicklung zum Automobilismus. In: Der Fischer Öko-Almanach 91/92. Frankfurt 1991, S. 174.

[20] Rolf Sonnemann berichtet über diese Entwicklung in seiner deutschen Übersetzung der russischen Geschichte der Technik, Leipzig 1984.

[21] Die Zahlen sind entnommen aus: Informationszentrale der Elektrizitätswirtschaft e.V., Impulse eines Jahrhunderts. Frankfurt 1989.

[22] Joachim Radkau, Technik in Deutschland. Frankfurt 1989, S. 234.

[23] Siehe auch Harry O. Ruppe, Die grenzenlose Dimension Raumfahrt. München 1986, aus der eine Reihe der historischen und technischen Details entnommen sind.

[24] Beides zitiert nach: Neil Armstrong, Edwin Aldrin jr. und Michael Collins, Wir waren die Ersten. Frankfurt 1970.

[25] Zitiert nach: Rudolf Hofstätter, Sowjet-Raumfahrt. Basel 1989, S. 29.

[26] Ebd., S. 30.

[27] Neil Armstrong, Edwin Aldrin jr. und Michael Collins, Wir waren die Ersten. Frankfurt 1970, S. 26.

[28] Heinrich Schiemann, Erlebte Raumfahrt. Frankfurt 1991, S. 205.

[29] Harry O. Ruppe, Die grenzenlose Dimension Raumfahrt. München 1986, S.83.

Kapitel 2
Zweifel an der Logik

[1] A.A. Michelson, Light Waves and Their Uses. 1903. Zitiert nach: Kàroly Simonyi, Kulturgeschichte der Physik. Frankfurt 1990.

[2] Max Planck, Vorträge und Erinnerungen. Darmstadt 1975.

[3] Max Planck, Physikalische Abhandlungen und Vorträge. Braunschweig 1958.

[4] Albert Einstein und Leopold Infeld, Die Evolution der Physik. Reinbek 1995, S. 246.

[5] Henri Poincaré, The Value of Science. Paris 1907.

6 Zitiert nach: Emilio Segrè, Die großen Physiker und ihre Entdeckungen. Bd. 2, München 1990.
7 William Thomson (Lord Kelvin), Vorlesungen über Molekulardynamik und die Theorie des Lichts. Leipzig 1909, S. 441.
8 Ebd.
9 Ernst Zimmer, Umsturz im Weltbild der Physik. München 1934, S. 29.
10 Armin Hermann, Einstein. München 1994, S. 218.
11 Zitiert nach I. Bernard Cohen, Revolution in Science. Cambridge/Mass. und London 1985.
12 Albert Einstein, Über die Entwicklung unserer Anschauungen über das Wesen und die Konstitution der Strahlung. In: Physikalische Zeitschrift 10 (1909), Nr. 22, S. 817.
13 Zitiert nach: Frank Close, Michael Marten und Christine Sutton, The Particle Explosion. New York 1987, S. 34.
14 Ernest Rutherford, The electric structure of matter. In: Nature, Bd. 112 (1923), S. 410.
15 Niels Bohr, Abhandlung über Atombau aus den Jahren 1913–1916. Braunschweig 1921, S. 7.
16 P.A. Schilpp (Hg.), Albert Einstein als Philosoph und Naturforscher. Stuttgart 1955, S. 17;) zitiert nach: Emilio Segrè, Die großen Physiker und ihre Entdeckungen. München 1990 S. 133.
17 Ebd., S. 157.
18 Max Born, Physik im Wandel meiner Zeit. Braunschweig 1966, S. 199.
19 Arnold Sommerfeld, Atombau und Spektrallinien. 4. Aufl. Braunschweig 1924.
20 Paul Dirac, The Development of Quantum Mechanics. Rom 1974.
21 Stephen F. Mason, Geschichte der Naturwissenschaft. Stuttgart 1974, S. 665.
22 Zitiert nach: Frank Close, Michael Marten und Christine Sutton, The Particle Explosion. New York 1987, S. 106.
23 Emilio Segrè, Die großen Physiker und ihre Entdeckungen. München 1981, S. 237.
24 Eine kurze, allgemeinverständliche Herleitung der Theorie findet man in Oskar Höfling und Pedro Waloschek, Die Welt der kleinsten Teilchen. Reinbek 1984, S. 223 ff.
25 Ebd., S. 231 ff.
26 Emilio Segrè, Die großen Physiker und ihre Entdeckungen. München 1981, S. 251.
27 Victor Weisskopf, Mein Leben. Bern 1991, S. 140 und 142.
28 Emilio Segrè, Die großen Physiker und ihre Entdeckungen. München 1981, S. 219.

[29] Ein österreichischer Physiker, der sich intensiv mit den Mechanismen der Energieerzeugung in der Sonne befaßt hatte
[30] Eckhard Rebhan, Heißer als das Sonnenfeuer. München 1992, S. 58.
[31] Durch Stöße zwischen den Gasatomen werden bei den hohen Temperaturen die Elektronen der Hülle von den Atomkernen abgerissen. Ein Plasma besteht deshalb aus sogenannten Ionen und Elektronen.
[32] Eckhard Rebhan, Heißer als das Sonnenfeuer. München 1992, S. 63.

Kapitel 3
Nur ein Staubkorn im All

[1] Siehe Kapitel 2.
[2] Julius Scheiner, Populäre Astrophysik. Leipzig 1912, S. 467 ff.
[3] Hans Bethe und Charles Critchfield, The Formation of Deuterons by Proton Combination. In: Physical Review 54 (1938), S. 248.
[4] Hans Bethe, Energy Production in Stars. In: Physical Review 55 (1939), S. 434.
[5] Edward Teller, The Work of Many People. In: Science 121 (1955), S. 267.
[6] Rudolf Kippenhahn, Licht vom Rande der Welt. Stuttgart 1984, S. 101.
[7] Ebd., S. 109.
[8] Bei der Schilderung der Weltinsel-Kontroverse folge ich in großen Zügen der Darstellung von Rudolf Kippenhahn, Licht vom Rande der Welt. Stuttgart 1984.
[9] James Lequeux. In: Der Große IRO-Atlas der Astronomie. München 1987, S. 416.
[10] Zitiert nach: Gerrit L. Verschuur, Die phantastische Welt der Radioastronomie. Basel 1988.
[11] Jacques Roland und Florence Durret. In: Der Große IRO-Atlas der Astronomie. München 1987, S. 350.
[12] Rudolf Kippenhahn, Licht vom Rande der Welt. Stuttgart 1985, S. 257.
[13] Jacques Roland und Florence Durret in: Der Große IRO-Atlas der Astronomie. München 1987, S. 354.
[14] Rudolf Kippenhahn, Licht vom Rande der Welt. Stuttgart 1985, S. 266.
[15] Stephen W. Hawking, Eine kurze Geschichte der Zeit. Reinbek 1988, S. 148.
[16] James Trefil, 1000 Rätsel der Natur. Reinbek 1993, S. 388.
[17] Stephen W. Hawking, Eine kurze Geschichte der Zeit. Reinbek 1988, S. 150.
[18] Ebd., S. 68.
[19] Rudolf Kippenhahn, Licht vom Rande der Welt. Stuttgart 1985, S. 206.
[20] Die hier geschilderte Darstellung folgt dem Beitrag von Anny Cazenave in: Der große IRO-Atlas der Astronomie. München 1987, S. 58.

21 Siehe dazu auch die Ausführungen über die Theorien zur Entstehung des Lebens in Kapitel 6.

Kapitel 4
Herr über Leben und Tod

1 »Was ist Leben?« – Mehr als vierzig Jahre später. In: Erwin Schrödinger, Was ist Leben? München 1989, S. 17.
2 Aldous Huxley, Schöne neue Welt. Hamburg 1953.
3 Ernst Mayr, Die Entwicklung der biologischen Gedankenwelt. Berlin 1984, S. 99.
4 Charles Darwin, Die Entstehung der Arten. Stuttgart 1963.
5 In seinem Buch: Der Bio-Boom. Hamburg 1982.
6 Es handelte sich um Hugo de Vries in Amsterdam, den deutschen Botaniker Carl Correns und den österreichischen Pflanzenforscher Erich Tschermak.
7 Ernst Mayr, Die Entwicklung der biologischen Gedankenwelt. Berlin 1984, S. 582.
8 Stephen F. Mason, Geschichte der Naturwissenschaft. Stuttgart 1974, S. 629.
9 James Watson und Francis Crick, A Structure for Desoxyribonucleic Acid. Nature 171 (1953), S. 737.
10 James D. Watson, Die Doppel-Helix. Reinbek 1993, und Francis Crick, Ein irres Unternehmen. München 1990.
11 DNS steht für Desoxyribonukleinsäure, dem Grundmaterial der Gene. Oft wird es auch als DNA bezeichnet, dies ist der englische Ausdruck dafür.
12 James D. Watson, Die Doppel-Helix. Reinbek 1993, S. 50.
13 Ebd., S. 65.
14 Ebd., S. 141.
15 Philippe Kourilsky, Genetik, Gentechnik, Genmanipulation. München 1989.
16 Auf einer Tagung in Neuwied bei Koblenz trafen sich 1993 Wissenschaftler aus aller Welt, um die Einflüsse der Umwelt auf den Steinzeitmenschen zu diskutieren.
17 Philippe Kourilsky, Genetik, Gentechnik, Genmanipulation. München 1989, S. 57.
18 Siehe Kapitel 5.
19 ›Die Woche‹ berichtete darüber in ihrer Ausgabe vom 4.11.1993.
20 Manfred Eigen, Stufen zum Leben. München 1987, S. 36ff.
21 Siehe auch Der Spiegel 33 (1996), S. 159.

Kapitel 5
Die Mechanisierung des Menschen

1 Siehe hierzu auch die Zusammenfassung der Geschichte der Medizin im 19. Jahrhundert von Heinz Goerke, Schritte in die neue Zeit. In: Damals 12 (1995)
2 Hans Schwabe, Der lange Weg der Chirurgie. Zürich 1986, S. 170.
3 Wolfgang Eckart, Geschichte der Medizin. Berlin 1990, S.261.
4 Siehe dazu auch Fritz Dohn, Antikörper, im Reagenzglas gezüchtet. In: P.M. Perspektive Biotechnik. München 1990, S. 64.
5 Ernst Bäumler, Die großen Medikamente. Bergisch Gladbach 1992, S. 77.
6 Ebd., S. 106.
7 Vereinte Nationen »The Determinants and Consequences of Population Trends«. Population Studies 50 (1973), S. 111.
8 Leonard A. Sagan, Die Gesundheit der Nationen. Reinbek 1992, S. 31.
9 Frank MacFarlane Burnet, The Clonal Selection Theory of Acquired Immunity. Nashville 1959.
10 Gerald M. Edelman, Göttliche Luft, vernichtendes Feuer. München 1995, S. 117.
11 Gwyn Macfarlane hat diese Geschichte in dem Buch: Alexander Fleming, The Man and the Myth, detailliert geschildert. Auszüge finden sich in: Ann G. Carmichael und Richard M. Ratzan, Medizin in Literatur und Kunst. Köln 1994.
12 Jean Vague, Geschichte der Endokrinologie nach dem Zweiten Weltkrieg. In: Jean C. Sournia u.a., Illustrierte Geschichte der Medizin. Salzburg 1983.
13 Ulrich Pfister, Die Anfänge der Geburtenbeschränkung. Europäische Hochschulschriften III/256, Bern 1985, S. 15.
14 Ingrid Müller-Landgraf, Von der Verhütung... In: Die Pille. Berlin 1996, S. 111.
15 Ludwig Haberlandt, Jahresbuch 1919–31, im Besitz der Familie Haberlandt, zitiert nach: Susanne Köstering, Etwas Besseres als das Kondom. In: Die Pille, Berlin 1996, S. 113.
16 Ebd., S. 115.
17 Ebd., S. 125.
18 Sally P. Springer und Georg Deutsch, Linkes Gehirn, rechtes Gehirn. Heidelberg 1993.

Kapitel 6
Die Veränderung der Arbeitswelt

1 Sie trug den Titel ›On Computable Numbers With an Application to the Entscheidungsproblem‹.

2 Eine ausführliche Schilderung der Arbeit Zuses findet sich in der Doktorarbeit des Historikers Paul E. Ceruzzi, The Prehistory of the Digital Computer, 1935–1945: A Cross-Cultural Study.

3 Hans Queisser, Kristallene Krisen. München 1985. Die Schilderung der Erfindung des Transistors folgt in groben Zügen diesem Buch.

4 Ebd., S. 111 ff.

5 Zitiert nach John Diebold, Innovators. Düsseldorf 1991, S. 25.

6 In einem Vortrag zum 40jährigen Bestehen der deutschen IBM-Labors am 16.9.1993 in Böblingen referierte Dr. Karl Ganzhorn die unternehmerischen Entscheidungen.

7 Zitiert nach Reinhard Weber, Auf der Suche nach dem ersten Personal Computer. In: P.M. Computerheft 10 (1986), S. 5ff.

Kapitel 7
Wissenschaft im Dienst der Industrie

1 Joachim Radkau, Technik in Deutschland. Frankfurt 1989, S. 254.

2 Zitiert nach: Erik Verg u.a., Meilensteine. Bayer AG, Leverkusen 1988, S. 173.

3 »Beamte« hießen damals die Angestellten der Industrie.

4 Zitiert nach: BASF AG (Hg.), Chemie für die Zukunft. Ludwigshafen 1990.

5 Stephen F. Mason, Geschichte der Naturwissenschaft. Stuttgart 1974, S. 622.

6 Gert Hansen, Mit Freuden Industriechemiker. Köln 1989, S. 216.

7 Ebd., S. 218.

8 Zitiert nach: Gisela Buchheim und Rolf Sonnemann (Hg.), Geschichte der Technikwissenschaften. Basel 1990, S. 289.

9 Siehe Joachim Radkau, Technik in Deutschland. Frankfurt 1989, S. 263.

10 BASF AG (Hg.), Chemie für die Zukunft. Leverkusen 1990.

11 Wilhelm Strube, Der historische Weg der Chemie. Bd. 2, Leipzig 1976, S. 162.

12 Erik Verg u.a., Meilensteine, Bayer AG, Leverkusen 1988, S. 250.

13 Joachim Radkau, Technik in Deutschland. Frankfurt 1989, S. 265.

14 Ebd., S. 265.

15 Zitiert nach: Joachim Radkau, Technik in Deutschland. Frankfurt 1989, S. 269.

16 Carothers' Schicksal wird geschildert in: Thomas P. Hughes, Die Erfindung Amerikas. München 1991, S. 184ff.

17 Erik Verg u.a., Meilensteine, Bayer AG, Leverkusen 1988, S. 337.

18 Joachim Radkau, Technik in Deutschland. Frankfurt 1989, S. 267.

19 Erik Verg u.a., Meilensteine, Bayer AG, Leverkusen 1988, S. 358.

[20] Uwe Zündorf, Das Rückgrat der Chemie. In: Chemie mit Chlor, Bayer AG, Leverkusen 1995.

[21] Hans-Liudger Dienel, Herrschaft über die Natur? Stuttgart 1992, S. 155.

[22] Hartmut Graßl, Verbrennen wir unsere Zukunft? In: Max-Planck-Gesellschaft, Jahrbuch 1990, S. 52.

Kapitel 8
Wissenschaft und ihre Umsetzung

[1] Hans F. Zacher, Der schrumpfende Freiraum der Forschung. München 1994.

[2] In Deutschland beispielsweise durch das Atomgesetz.

[3] Erwin H. Ackerknecht und Axel H. Murken, Geschichte der Medizin. Stuttgart 1992, S. 171.

[4] Gerhard Baader und Ulrich Schultz, Medizin und Nationalsozialismus. Berlin 1980, S. 16.

[5] Stephen F. Mason, Geschichte der Naturwissenschaft. Stuttgart 1974, S. 690.

[6] Eric Hobsbawm, Das Zeitalter der Extreme. München 1995, S. 645.

[7] Ebd., S. 646.

[8] Stephen F. Mason, Geschichte der Naturwissenschaft. Stuttgart 1974, S. 694.

[9] Emilio Segrè, Die großen Physiker und ihre Entdeckungen. München 1990, S. 222.

Literatur

Einleitung

Anders, Günter, Der Blick vom Mond. München 1994.
Armstrong, Neil u.a., Wir waren die Ersten. Frankfurt 1970.
Hofstätter, Rudolf, Sowjet-Raumfahrt. Basel 1989.
McDougall, Walter A., ...the Heavens and the Earth. New York 1985.
Metzler, Rudolf, Herausforderung Weltraum. Stuttgart 1991.
Ruppe, Harry O., Die grenzenlose Dimension Raumfahrt. Bd. 1 und 2, München 1986.

Kapitel 1

Bölkow, Ludwig (Hg.), Ein Jahrhundert Flugzeuge. Düsseldorf 1990.
Botting, Douglas, Die Luftschiffe. Amsterdam 1982.
Fürst, Artur, Das Weltreich der Technik. Berlin 1923; Nachdruck Düsseldorf 1985.
Hughes, Thomas P., Die Erfindung Amerikas. München 1991.
Lewandowski, Jürgen, Das Jahrhundert des Automobils. München 1987.
Pörtner, Rudolf (Hg.), Sternstunden der Technik. Düsseldorf 1986.
Rowe, Harvey T., Als die Autos fahren lernten. Hannover 1986.
Sonnemann, Rolf (Hg.), Geschichte der Technik. Leipzig 1979.
Weigelt, Horst (Hg.), Fünf Jahrhunderte Bahntechnik. Darmstadt 1986.

Kapitel 2

Bernstein, Jeremy, Erlebte Wissenschaft. Wien 1982.
Born, Max, Physik im Wandel meiner Zeit. Braunschweig 1983.
Close, Frank, Michael Marten und Christine Sutton, The Particle Explosion. New York 1987.
Davies, P.C.W. und J.R.Brown (Hg.), Der Geist im Atom. Basel 1988.
Einstein, Albert und Leopold Infeld, Die Evolution der Physik. Reinbek 1995.
Falkenburg, Brigitte, Teilchenmetaphysik. Mannheim 1994.
Fritsch, Harald, Quarks. München 1981.
Gribbin, John, Auf der Suche nach Schrödingers Katze. München 1987.
Halzen, Francis und Alan D. Martin, Quarks and Leptons. New York 1984.
Heisenberg, Werner, Schritte über Grenzen. München 1984.
Hermann, Armin, Einstein. München 1994.

Höfling, Oskar und Pedro Waloschek, Die Welt der kleinsten Teilchen. Reinbek 1984.
Lüscher, Edgar, Pipers Buch der modernen Physik. München 1978.
Mason, Stephen A., Geschichte der Naturwissenschaft. Stuttgart 1974.
von Meyenn, Karl (Hg.), Triumph und Krise der Mechanik. München 1990.
Pais, Abraham, Inward Bound. Oxford 1986.
Peat, F. David, Superstrings. Chicago 1988.
Planck, Max, Vorträge und Erinnerungen. Darmstadt 1979.
Rebhan, Eckhard, Heißer als das Sonnenfeuer. München 1992.
Sambursky, Shmuel, Der Weg der Physik. München 1978.
Schreier, Wolfgang (Hg.), Geschichte der Physik. Berlin 1988.
Segrè, Emilio, Die großen Physiker und ihre Entdeckungen. Bd. 2, München 1990.
Simonyi, Károly, Kulturgeschichte der Physik. Thun 1990.
Weisskopf, Victor, Mein Leben. Bern 1991.
von Weizsäcker, Carl Friedrich, Aufbau der Physik. München 1985.
Zimmer, Ernst, Umsturz im Weltbild der Physik. München 1934.

Kapitel 3

Der Große IRO-Atlas der Astronomie. München 1987.
Greeley, Ronald, Planetary Landscapes. London 1985.
Hawking, Stephen W., Eine kurze Geschichte der Zeit. Reinbek 1988.
Jastrow, Robert und Malcolm H. Thompson, Astronomy. New York 1984.
Kippenhahn, Rudolf, Licht vom Rande der Welt. Stuttgart 1984.
Kippenhahn, Rudolf, Unheimliche Welten. Stuttgart 1987.
Lüst, Rhea, Die Wunderwelt der Sterne. München 1990.
McDougall, Walter A., ...the Heavens and the Earth. New York 1985.
Peat, David, Superstrings. Chicago 1988.
Ruppe, Harry O., Die grenzenlose Dimension Raumfahrt. Bd. 1 und 2, München 1986.
Scheiner, Julius, Populäre Astrophysik. Leipzig 1912.
Sullivan, Walter, Black Holes. New York 1979.
Trefil, James, 1000 Rätsel der Natur. Reinbek 1993.
Verschuur, Gerrit L., Die phantastische Welt der Radioastronomie. Basel 1989.

Kapitel 4

Arnold, Wolfgang H. (Hg.), Entwicklung. Stuttgart 1989.
Brauer, Dieter u.a., Neue Technologien, ethische Folgen. Köln 1988.

Crick, Francis, Ein irres Unternehmen. München 1988.
Darwin, Charles, Die Entstehung der Arten. Stuttgart 1989.
Desmond, Adrian und James Moore, Darwin. Reinbek 1994.
Dulbecco, Renato, Der Bauplan des Lebens. München 1987.
Eigen, Manfred, Stufen zum Leben. München 1987.
Herbig, Jost, Der Bio-Boom. Hamburg 1982.
Huxley, Aldous, Schöne neue Welt. Hamburg 1953.
Jahn, Ilse u.a., Geschichte der Biologie. Jena 1985.
Kourilsky, Philippe, Genetik, Gentechnik, Genmanipulation. München 1987.
Mason, Stephen F., Geschichte der Naturwissenschaft. Stuttgart 1974.
Mayr, Ernst, Die Entwicklung der biologischen Gedankenwelt. Berlin 1982.
Mayr, Ernst, Evolution und die Vielfalt des Lebens. Berlin 1979.
Schrödinger, Erwin, Was ist Leben? München 1989.
Watson, James D., Die Doppel-Helix. Reinbek 1993.
Winnacker, Ernst-Ludwig, Am Faden des Lebens. München 1993.
Winnacker, Ernst-Ludwig, Gene und Klone. Weinheim 1985.
Wuketits, Franz M., Evolutionstheorien. Darmstadt 1988.

Kapitel 5

Bäumler, Ernst, Die großen Medikamente. Bergisch Gladbach 1992.
Goerke, Heinz, Arzt und Heilkunde. München 1987.
Goerke, Heinz, Medizin und Technik. München 1988.
Ridder, Paul, Im Spiegel der Arznei. Stuttgart 1990.
Schipperges, Heinrich, Heilkunde als Gesundheitslehre. Heidelberg 1993.
Schwabe, Hans, Der lange Weg der Chirurgie. Zürich 1985.
Seidler, Eduard, Geschichte der Medizin und der Krankenpflege. Stuttgart 1993.
Staupe, Gisela und Lisa Vieth (Hg.), Die Pille. Berlin 1996.

Kapitel 6

Kidder, Tracy, Die Seele einer neuen Maschine. Basel 1982.
Queisser, Hans, Kristallene Krisen. München 1985.
Zientara, Marguerite, The History of Computing. Framingham 1981.

Kapitel 7

BASF AG (Hg.), Chemie für die Zukunft. Ludwigshafen 1990.
Buchheim, Gisela und Rolf Sonnemann (Hg.), Geschichte der Technikwissenschaften. Basel 1990.

Dienel, Hans-Liudger, Herrschaft über die Natur? Stuttgart 1992.
Engels, Siegfried und Alois Nowak, Auf der Spur der Elemente. Leipzig 1971.
Hansen, Gert, Mit Freuden Industriechemiker. Köln 1989.
Hughes, Thomas P., Die Erfindung Amerikas. München 1991.
Radkau, Joachim, Technik in Deutschland. Frankfurt 1989.
Schuchardin, Semjon Wiktorowitsch, Allgemeine Geschichte der Technik von 1870 bis etwa 1920. Leipzig 1984.
Strube, Wilhelm, Der historische Weg der Chemie. Leipzig 1981.

Kapitel 8

Ackerknecht, Erwin H. und Axel H. Murken, Geschichte der Medizin. Stuttgart 1992.
Baader, Gerhard und Ulrich Schultz, Medizin und Nationalsozialismus. Berlin 1980.
Feynman, Richard P., »Sie belieben wohl zu scherzen, Mr. Feynman«. München 1985.
Hobsbawm, Eric, Das Zeitalter der Extreme. München 1995.
Zacher, Hans F., Der schrumpfende Freiraum der Forschung. München 1994.

Personenregister

Die Autorin

Brigitte Röthlein, geboren 1949, ist Diplomphysikerin und promovierte 1979 in Zeitungswissenschaft, Pädagogik und Geschichte der Naturwissenschaften. Seit 1973 arbeitet sie als Wissenschaftsautorin bei verschiedenen Zeitschriften, für Fernsehen, Rundfunk und verschiedene Zeitungen. Ihr Hauptinteresse gilt der Grundlagenforschung. Von 1993 bis 1996 leitete sie neben ihrer freien publizistischen Tätigkeit das Geschichtsmagazin ›Damals‹. Ihr Buch ›Unser Gehirn wird entschlüsselt. Sinne, Gedanken, Gefühle‹ erschien 1993.

20 Tage im 20. Jahrhundert

Herausgegeben von Norbert Frei, Klaus-Dietmar Henke und Hans Woller

20 Tagesereignisse aus den letzten hundert Jahren bilden den Ausgangspunkt für eine umfassende Darstellung der historischen, gesellschaftlichen und kulturellen Entwicklung vom Beginn des Jahrhunderts bis zum Ende des Jahrtausends. Als Ergebnis liegt damit eine Bilanz des 20. Jahrhunderts vor.

Volker R. Berghahn
Sarajewo, 28. Juni 1914
Der Untergang des alten Europa
dtv 30601 (1997)

Dietrich Beyrau
Petersburg, 25. Oktober 1917
Die russische Revolution und der Aufstieg des Kommunismus
dtv 30602 (1998)

Hans Woller
Rom, 28. Oktober 1922
Die totalitäre Herausforderung
dtv 30603 (1998)

Jürgen Osterhammel
Shanghai, 30. Mai 1925
Die Chinesische Revolution
dtv 30604 (1997)

Ulrich Herbert
Auschwitz, 17. Juli 1942
Rassenideologie, Genozid und Ausrottungspolitik
dtv 30605 (1998)

Jost Dülffer
Jalta, 4. Februar 1945
Der Zweite Weltkrieg und die Entstehung der bipolaren Welt
dtv 30606 (1998)

Detlef Bald
Hiroshima, 6. August 1945
Die nukleare Bedrohung
dtv 30607 (1998)

Dietmar Rothermund
Delhi, 15. August 1947
Das Ende kolonialer Herrschaft
dtv 30608 (1998)

Franz Knipping
Rom, 25. März 1957
Die Einigung Europas
dtv 30609 (1998)

Robert D. Johnson
Washington, 20. Januar 1961
Der amerikanische Traum
dtv 30610 (1998)

Helmut Mejcher
Sinai, 5. Juni 1967
Krisenherd Naher und Mittlerer Osten
dtv 30611 (1998)

Norbert Frei
Paris, 13. Mai 1968
Kulturprotest und Gesellschaftsreform
dtv 30612 (1998)

Brigitte Röthlein
Mare Tranquillitatis, 20. Juli 1969
Die wissenschaftlich-technische Revolution
dtv 30613 (1997)

Wilfried Loth
Helsinki, 1. August 1975
Entspannung und Abrüstung
dtv 30614 (1998)

Harold James
Rambouillet, 15. November 1975
Die Globalisierung der Wirtschaft
dtv 30615 (1997)

Mária Huber
Moskau, 10. März 1985
Die Auflösung des sowjetischen Imperiums
dtv 30616 (1998)

Franz J. Brüggemeier
Tschernobyl, 26. April 1986
Die ökologische Herausforderung
dtv 30617 (1998)

Walter L. Bernecker
Port Harcourt, 10. November 1995
Aufbruch und Elend in der Dritten Welt
dtv 30618 (1997)

Klaus-Dietmar Henke
Berlin, 9. November 1989
Die deutsche Frage
dtv 30619 (1998)

Lutz Niethammer
Boston, 26. Dezember 2000
Schöne neue Welt: Erwartung und Erfahrung
dtv 30620 (1998)